前　言

随着人类社会进入信息技术高速发展的信息时代，各行业各领域的信息化进程不断加快。数字化的生存环境不仅仅改变人们的学习、工作和生活方式，同时也对人们的信息素养提出了更高的要求。计算机与信息技术知识和技能的广泛推广和普及，使高等学校计算机基础教育面临着严峻的形势和挑战。本书是在深入研究以计算思维为核心的计算机基础教学改革的基础上，为适应新形势新任务而全新推出的新版教材，体现了计算机基础教育的新思路和新办法，突出了培养学生"知识先进、技能实用"的教学理念。

本书是高等学校非计算机专业学生计算机基础课程的实践训练教材，目的是使学生掌握高级办公自动化和数字媒体设计的方法和技能，培养学生利用计算机解决问题的思维与能力，提高学生信息技术的素质和水平，为学生将来利用计算机知识与技术解决本专业实际问题打下基础。

本书以新颖的实践模块组成，每个模块由不同数量的训练任务组成。全书共分上下两篇，上篇是Office高级应用，下篇是数字媒体设计。上篇包括3个训练模块，第一个模块是Word高级应用，其中包括基本操作综合训练、校园艺术节宣传海报设计、毕业论文排版、批量准考证制作和个人求职简历设计等；第二个模块是Excel电子表格数据处理，其中包括基本操作综合训练、成绩表的计算与分析、透视表的使用、员工档案信息分析汇总、全国人口普查统计分析、期末成绩分析等；第三个模块是多媒体演示文稿制作，其中包括基本操作综合训练、演讲稿制作、教学课件设计、电子相册制作等。下篇包括4个训练模块，第一个模块是数字图像处理和设计，其中包括数码照片的色彩和颜色、图像色彩校正、图像修复、图像的拼接合成、使用蒙版合成图像、使用滤镜制作特效图像、使用Alpha通道编辑图像等；第二个模块是数字音频和视频的处理和设计，其中包括利用照片和背景音乐制作视频短片、利用覆叠原理制作影片、利用修剪滤镜和动画制作拼图、利用音频素材制作诗朗诵、利用音乐素材和歌词字幕制作MV、音频文件和伴奏音乐的生成、快剪辑和去掉Logo、利用动画制作视频、制作片头和片尾字幕等；第三个模块是数字动画的设计，其中包括绘制苹果、创建特效文本、补间动画制作、运动引导层动画的设计、利用遮罩制作动画、制作树落苹果、甲壳虫运动会、会游动的鱼、动态新年贺卡等；第四个模块是微课的设计与制作，其中包括项目管理与屏幕录制、轨道管理与媒体剪辑、库和标注的使用、制作字幕、制作背景音乐及音频处理、可视化效果制作、制作光标与转场效果、制作旁白与生成视频。

本书由罗旭、张岩、杨亮任主编，丁茜、黄忐丹、刘哲任副主编。全书由张岩统稿。

本书由工作在教学一线的经验丰富的教师编写，但也难免会有不妥之处，敬请广大读者在使用中提出宝贵意见和建议，以便我们及时改正。希望所有读者能从本书中得到有益的知识和指导。

编者

2019年4月

教育部大学计算机课程改革项目规划教材

大学计算机实训

(第3版)

主　编　罗　旭　张　岩　杨　亮
副主编　丁　茜　黄志丹　刘　哲

高等教育出版社·北京

内容提要

本书是高等学校非计算机专业学生大学计算机课程的实践训练教材,通过完成教材设计的训练任务,帮助学生在实训中巩固所学知识,熟练 Office 高级应用和数字媒体的设计,提高计算机的应用水平和实践能力。

本书以新颖的模块形式组织实践训练内容,每个模块由不同数量的训练任务组成。全书共分上下两篇,上篇是 Office 高级应用,包括 Word 高级应用、电子表格数据处理、演示文稿的制作 3 个模块;下篇是数字媒体设计,包括数字图像处理和设计、数字音频和视频的处理和设计、数字动画的设计和微课的设计与制作 4 个模块。每个模块中有不同的操作任务,先提出任务目的、任务要求,再配以详细的任务步骤,既满足学生的学习兴趣,又符合学生的认知过程。根据具体情况和实际需要,学生可以选择学习或自学其中的部分模块,以提高自身的信息技术素养和能力水平。

图书在版编目(CIP)数据

大学计算机实训 / 罗旭,张岩,杨亮主编. -- 3 版
. -- 北京:高等教育出版社,2019.9
ISBN 978-7-04-052506-9

Ⅰ.①大… Ⅱ.①罗… ②张… ③杨… Ⅲ.①电子计算机-高等学校-教材 Ⅳ.①TP3

中国版本图书馆 CIP 数据核字(2019)第 175381 号

策划编辑	唐德凯	责任编辑	唐德凯	特约编辑	薛秋丕	封面设计	李小璐
版式设计	马 云	插图绘制	于 博	责任校对	张 薇	责任印制	刘思涵

出版发行	高等教育出版社	网 址	http://www.hep.edu.cn
社 址	北京市西城区德外大街 4 号		http://www.hep.com.cn
邮政编码	100120	网上订购	http://www.hepmall.com.cn
印 刷	河北鹏盛贤印刷有限公司		http://www.hepmall.com
开 本	787mm×1092mm 1/16		http://www.hepmall.cn
印 张	19.75	版 次	2010 年 6 月第 1 版
字 数	480 千字		2019 年 9 月第 3 版
购书热线	010-58581118	印 次	2019 年 9 月第 1 次印刷
咨询电话	400-810-0598	定 价	38.50 元

本书如有缺页、倒页、脱页等质量问题,请到所购图书销售部门联系调换
版权所有 侵权必究
物 料 号 52506-00

目　录

上篇　Office 高级应用

模块 1　Word 高级应用 ... 3
- 任务 1　Word 基本操作综合训练 ... 3
- 任务 2　校园文化艺术节活动宣传海报 ... 13
- 任务 3　毕业论文排版 ... 25
- 任务 4　批量准考证的制作 ... 34
- 任务 5　精美的个人求职简历 ... 40

模块 2　电子表格数据处理 ... 47
- 任务 1　Excel 基本操作综合训练 ... 47
- 任务 2　成绩表的计算与设计 ... 62
- 任务 3　数据透视表的使用 ... 79
- 任务 4　员工档案信息的分析和汇总 ... 82
- 任务 5　全国人口普查的统计分析 ... 86
- 任务 6　期末成绩分析 ... 92

模块 3　演示文稿的制作 ... 100
- 任务 1　PowerPoint 基本操作综合训练 ... 100
- 任务 2　生动精彩的演讲稿 ... 120
- 任务 3　结构清晰的教学课件 ... 130
- 任务 4　绚丽多彩的摄影相册 ... 137

下篇　数字媒体设计

模块 4　数字图像处理和设计 ... 153
- 任务 1　增强数码照片的色彩浓度和颜色层次 ... 153
- 任务 2　图像的色彩校正 ... 156
- 任务 3　图像的修复 ... 159
- 任务 4　图像的拼接合成 ... 161
- 任务 5　使用蒙版合成图像 ... 166
- 任务 6　使用滤镜制作特殊效果的图像 ... 170
- 任务 7　使用 Alpha 通道编辑图像 ... 177

模块 5　数字音频和视频的处理和设计 ... 183
- 任务 1　使用给定的照片和背景音乐制作视频短片 ... 183
- 任务 2　利用覆叠原理制作影片 ... 187
- 任务 3　利用修剪滤镜和动画制作拼图 ... 191
- 任务 4　利用音频素材制作诗朗诵 ... 198
- 任务 5　利用音乐素材和歌词字幕制作 MV ... 200
- 任务 6　音频文件和伴奏音乐的制作 ... 202
- 任务 7　快剪辑和去掉 Logo ... 205
- 任务 8　利用动画素材制作视频 ... 217
- 任务 9　制作片头和片尾字幕 ... 222

模块 6　数字动画的设计 ... 227
- 任务 1　使用 Flash 绘制苹果 ... 227
- 任务 2　创建特殊效果的文本 ... 229
- 任务 3　补间动画的制作 ... 230
- 任务 4　运动引导层动画的设计 ... 234
- 任务 5　利用遮罩制作动画 ... 236
- 任务 6　制作树落苹果的动画 ... 237
- 任务 7　甲壳虫运动会 ... 241
- 任务 8　鱼儿水中游 ... 246
- 任务 9　新年贺卡 ... 252

模块 7　微课的设计与制作 ... 257
- 任务 1　项目管理与屏幕录制 ... 257
- 任务 2　轨道管理与媒体剪辑 ... 262
- 任务 3　库和标注的使用 ... 267
- 任务 4　制作字幕 ... 271
- 任务 5　制作背景音乐及音频处理 ... 275
- 任务 6　可视化效果制作 ... 278
- 任务 7　制作光标与转场效果 ... 282
- 任务 8　制作旁白与生成视频 ... 284

附录　数字媒体必备知识 ... 291

参考文献 ... 308

上篇　Office 高级应用

模块1　Word高级应用

任务1　Word基本操作综合训练

1. 任务目标

① 掌握文字及段落的格式设置。
② 掌握图片、文本框等对象的插入及格式设置。
③ 掌握页面的设置。
④ 掌握表格的设置。
⑤ 掌握查找和替换的方法。

2. 任务要求

将"综合练习.docx"文档进行格式设置,完成样式如图1.1所示。

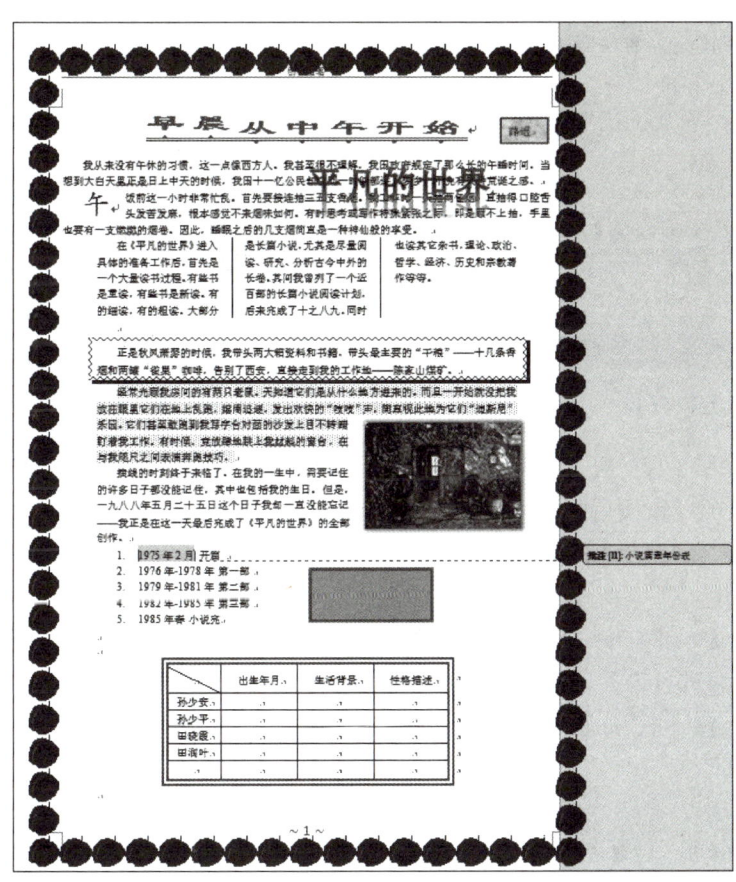

图1.1　文档完成效果

3. 任务步骤

步骤 1 打开"综合练习.docx"文档。将标题(第一行)设置为:隶书、二号字、加粗、红色、加蓝色双下划线、加着重号;字符缩放 150%、字符间距加宽 3 磅、"早晨"两字提升 5 磅;居中对齐。

【小提示】

在"开始"选项卡下的"字体"选项组(也可简称为组)中,单击右下角的小箭头按钮 □(对话框启动器按钮),打开"字体"对话框进行设置,如图 1.2 所示。字符缩放、间距、位置等在"高级"选项卡中设置,如图 1.3 所示。设置时要注意单位是否与要求的一致,如果与默认单位不一致则需要输入单位。

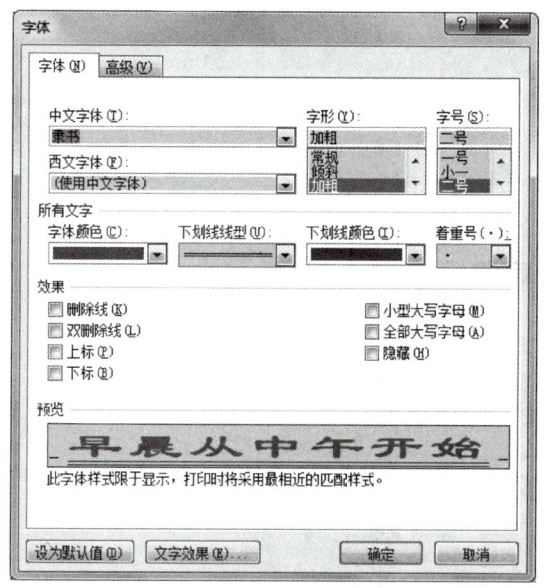
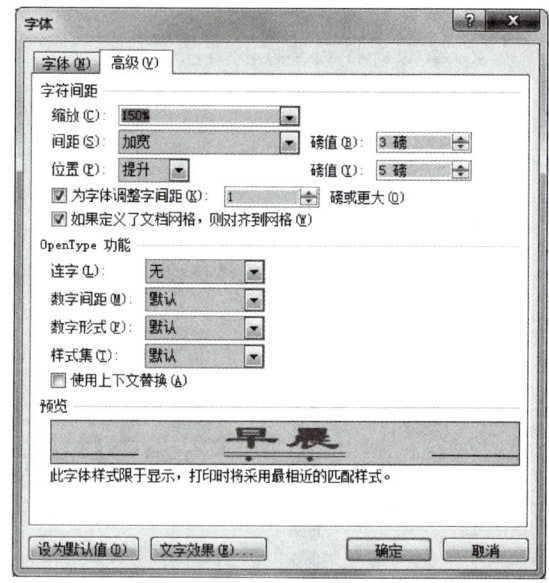

图 1.2 字体　　　　　　　　　　　图 1.3 字符间距

步骤 2 正文第 1 段(从"我从来没有……"开始),设置为二级大纲级别、左右各缩进 0.5 厘米、段前间距为 0.5 行、段后间距 10 磅、15 磅行距。

【小提示】

使用"开始"选项卡下的"段落"选项组,单击右下角小箭头按钮 □(对话框启动器按钮),打开"段落"对话框进行设置,如图 1.4 所示。

步骤 3 将全文(除了标题)设置为首行缩进 20 磅。

【小提示】

在"段落"对话框"特殊格式"中选择"首行缩进",在度量值中输入"20 磅",如图 1.5 所示。

任务 1　Word 基本操作综合训练

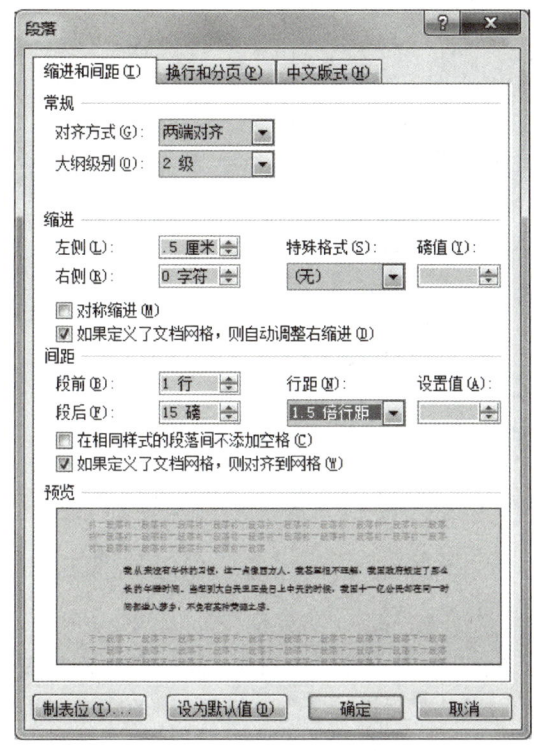

图 1.4　段落设置

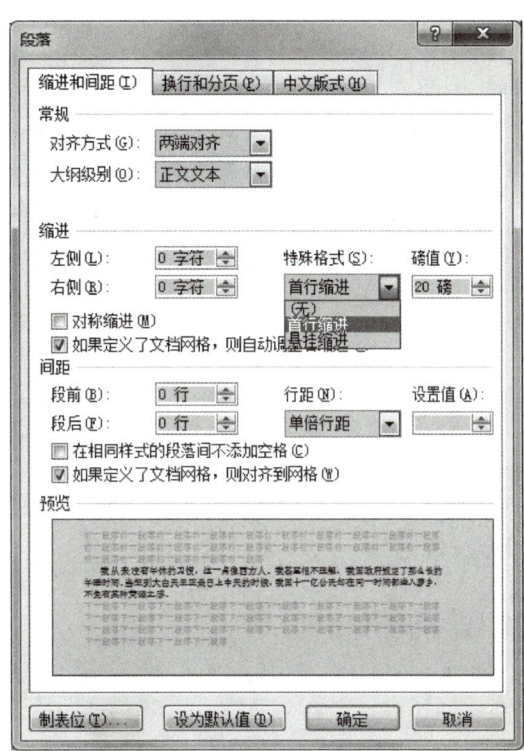

图 1.5　首行缩进设置

步骤 4　将第 2 段（从"午饭前"开始）设置为首字下沉两行、距正文 15 磅、下沉字体为楷体。

【小提示】

选择"插入→文本→首字下沉"命令，打开"首字下沉"的下拉列表，选择"首字下沉"选项，打开"首字下沉"对话框进行设置，如图 1.6 所示。

"插入→文本→首字下沉"中的"→"表示操作顺序，即"插入"选项卡中"文本"选项组中的"首字下沉"命令，为给出明确、易读、易理解的操作轨迹，本书中将简写为上述形式。

步骤 5　将第 3 段分为 3 栏，栏间距 2.5 字符，加分隔线。

图 1.6　首字下沉

【小提示】

选择"页面布局→页面设置→分栏"命令，打开"分栏"下拉列表，选择"更多分栏"打开"分栏"对话框进行设置，如图 1.7 所示。

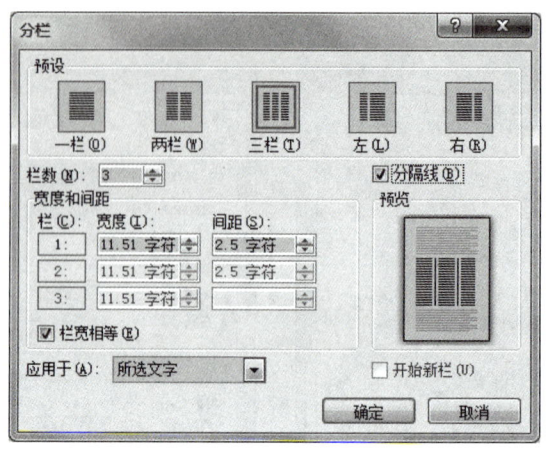

图 1.7 分栏

步骤 6 将第 4 段设置为阴影边框、边框线型为单波浪线、颜色为紫色、宽度为 1.5 磅、应用范围为"段落"。

【小提示】

两种方法实现：① 选择"开始"选项卡，单击"段落"选项组中"下划线"按钮旁边的向下箭头，选择"边框和底纹"；② 选择"页面布局"选项卡，单击"页面背景"选项组的"页面边框"按钮，打开"边框和底纹"对话框，选择"边框"选项卡，如图 1.8 所示。

步骤 7 将第 5 段设置底纹填充颜色"无颜色"，图案样式为"25%"，图案颜色为主题颜色"白色，背景 1，深色 25%"，应用范围设为"文字"。

【小提示】

打开"边框和底纹"对话框，在"底纹"选项卡中进行设置，如图 1.9 所示。

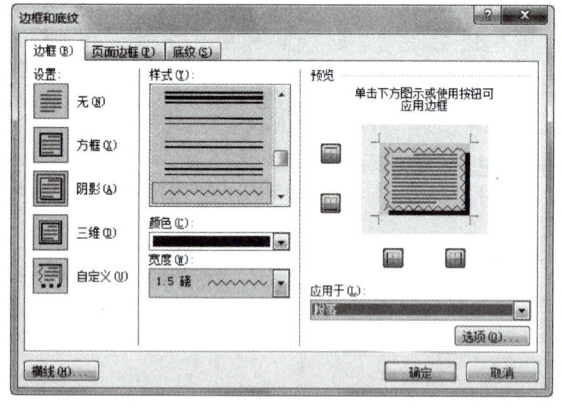 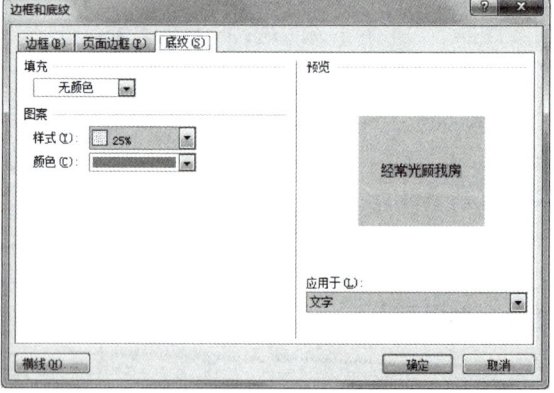

图 1.8 边框设置　　　　　　　　图 1.9 底纹设置

步骤 8 设置全文边框艺术型为"苹果"，应用范围为"整篇文档"。

【小提示】

打开"边框和底纹"对话框,在"页面边框"选项卡中选择"艺术型"下拉列表中的苹果图案,如图 1.10 所示。

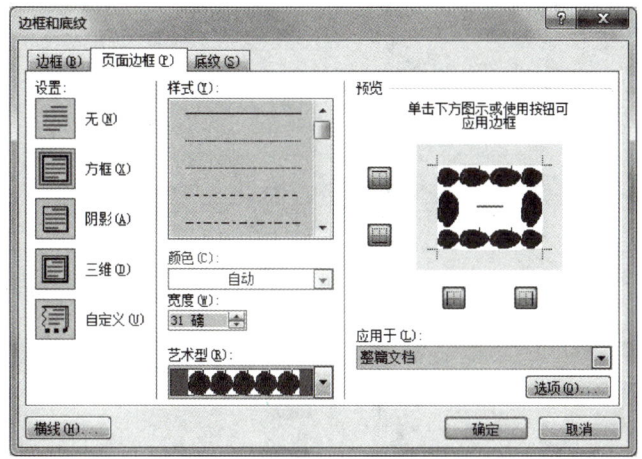

图 1.10　页面边框

步骤 9　将最后 5 段年份表"1975—1985 年"添加项目编号,编号样式为"1. 2. 3."

【小提示】

将这 5 段内容选中,使用"开始"选项卡,单击"段落"选项组的"编号"按钮旁边的向下箭头,在下拉列表的编号库中选择,如图 1.11 所示。也可以通过鼠标右键的快捷菜单选择。

【小知识】

项目符号和编号用于编辑标题或项目时自动添加编号或符号。符号可以选择字符或图片,编号和多级编号可以选择多种数字形式。

步骤 10　为"1975 年 2 月"插入批注,内容为:"小说篇章年份表"。

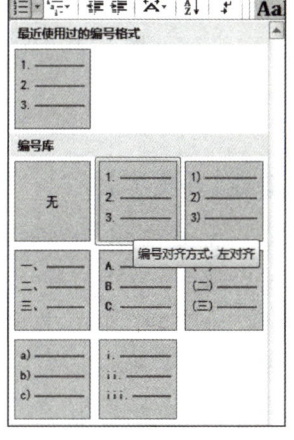

图 1.11　项目编号

【小提示】

选中"1975 年 2 月",选择"审阅"选项卡,单击"新建批注"按钮,在右侧出现的批注框中输入内容。

步骤 11　在任意位置插入自选图形"矩形",设置填充颜色为浅绿色,线条颜色为红色,线条线型为"  ",线条粗细为 3 磅,图形大小为高度 50 磅、宽度 120 磅,文字环绕方式为"四周型",水平对齐方式为相对于页面"居中"。

【小提示】

选择"插入→插图→形状"命令,打开"形状"下拉列表,选择矩形,用鼠标拖曳产生一个矩形。单击"格式"选项卡下"形状样式"选项组右下角的小箭头按钮 (对话框启动器按钮),在打开的"设置形状格式"对话框中进行属性设置,如图 1.12 所示。图形的高度、宽度、环绕方式及对齐方式在"格式"选项卡下"大小"选项组设置,单击该选项组右下角的小箭头按钮 (对话框启动器按钮),打开"布局"对话框,分别在"大小"、"文字环绕"和"位置"3 个选项卡中设置,如图 1.13 所示。

 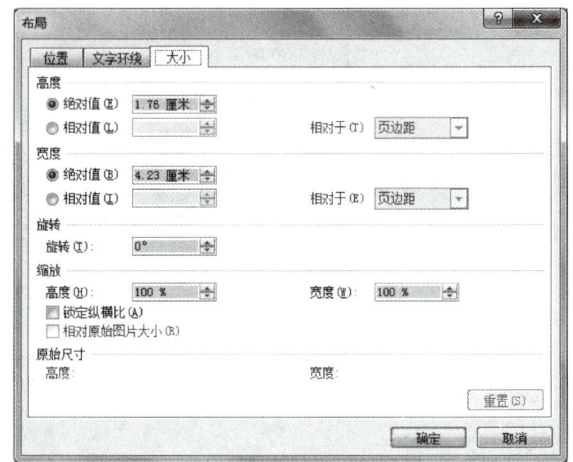

图 1.12　自选图形颜色与线条　　　　图 1.13　自选图形大小

步骤 12　插入一幅图片,设置环绕方式为"紧密型",艺术效果为"塑封"。

【小提示】

选择"插入→插图→图片"命令,选择任意一幅图片插入到文档中。在"格式"选项卡下设置环绕方式和艺术效果。

步骤 13　插入艺术字,样式为第 4 行第 4 列的样式,文字内容为"平凡的世界",文本效果为"半映像,接触",环绕方式为"浮于文字上方"。

【小提示】

选择"插入→文本→艺术字"命令,打开"艺术字"下拉列表,选择第 4 行第 4 列的样式,如图 1.14 所示,在出现的文本框中输入艺术字。选中艺术字,通过"格式"选项卡下的"文本效果"和"自动换行"按钮设置文本效果和环绕方式。

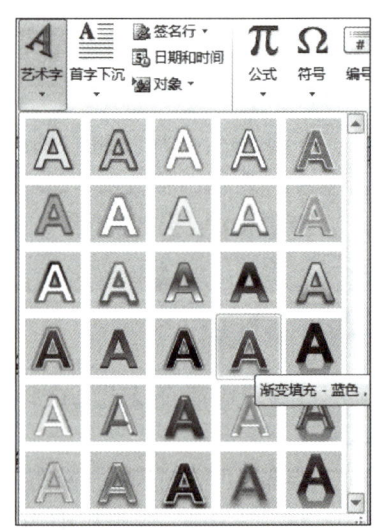

图 1.14　艺术字库样式

步骤 14　插入文本框,在文本框中输入"路遥"。文本框填充效果为"花束"纹理,水平对齐方式为"右对齐",三维效果样式为"倾斜右上"。

【小提示】

选择"插入→文本→文本框"命令,打开"文本框"下拉列表,选择"绘制文本框"命令,用鼠标拖曳产生文本框。输入文字,选中文本框,在"格式"选项卡下的"形状填充"中选择填充效果,选择"纹理"选项卡,找到"花束"纹理,如图1.15所示。水平对齐方式和三维效果分别在"对齐"和"形状效果"中设置。

步骤 15 页眉输入"创作随笔",页脚插入页码"颚化符",居中对齐。

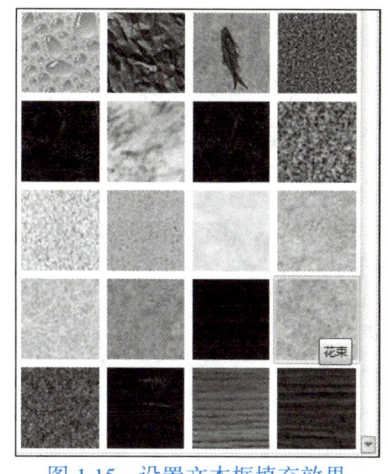

图 1.15 设置文本框填充效果

【小提示】

选择"插入→页眉和页脚→页眉"命令,打开"页眉"下拉列表,选择"编辑页眉",进入页眉页脚编辑状态,在页眉中输入文字,在页脚中插入页码,如图1.16所示。

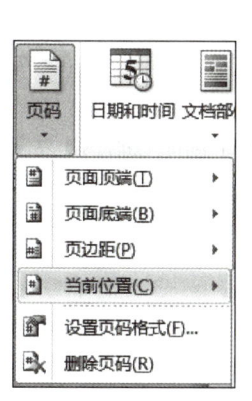
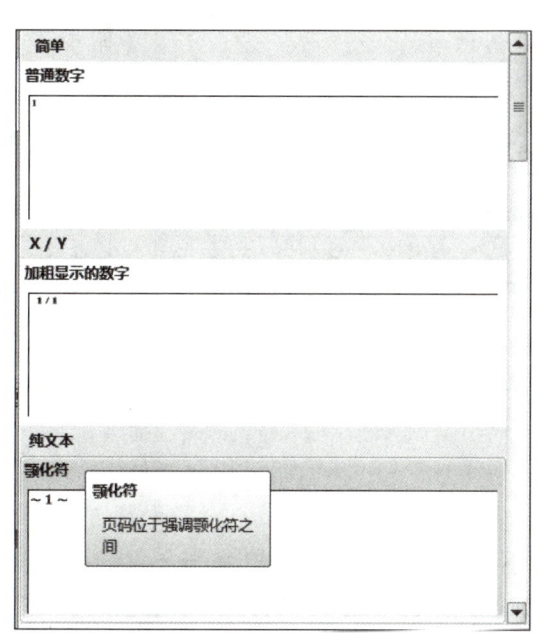

图 1.16 设置页码

【小知识】

页眉是文档版心顶端的内容,页脚是文档版心底端的内容。

步骤 16 页面设置:上、下、左、右页边距设置为2厘米,装订线1厘米,位置为上,纸张大小为A4。

【小提示】

使用"页面布局"选项卡,单击"页面设置"选项组右下角的小箭头按钮 (对话框启动器按钮),打开"页面设置"对话框设置页边距,如图 1.17 所示。在"纸张"选项卡中设置纸张大小,如图 1.18 所示。

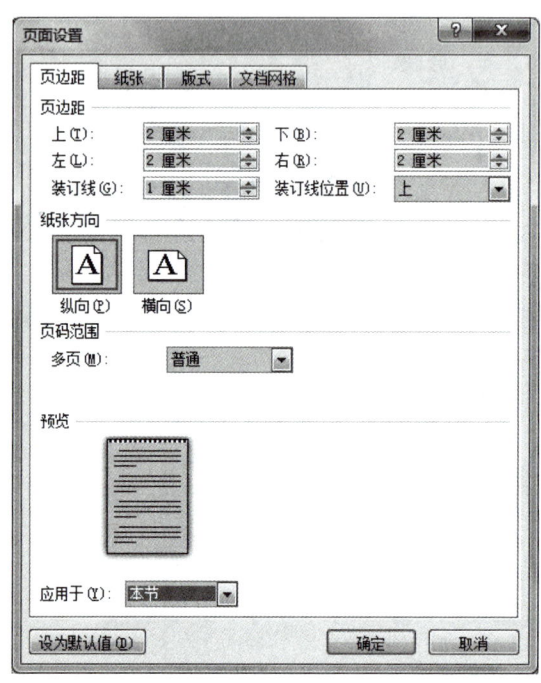
图 1.17　页边距

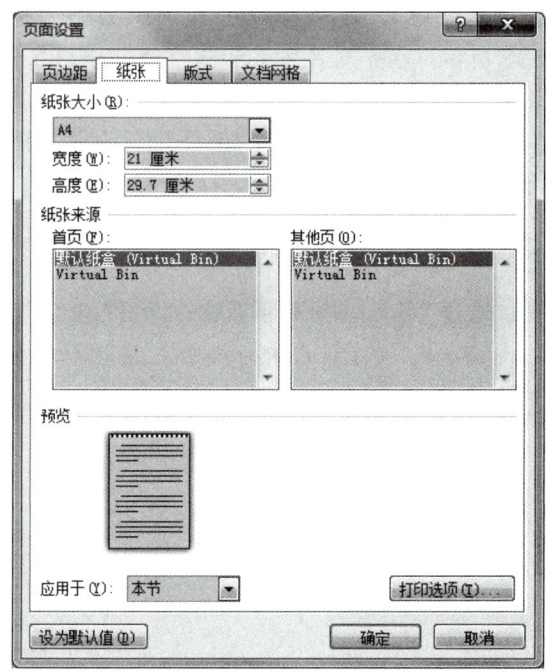
图 1.18　纸张

步骤 17　为最后一段文本"1985 年……"中的"小说"添加脚注,脚注内容:《平凡世界》作者路遥。

【小提示】

① 选中"小说"两字,选择"引用"选项卡,单击"脚注"组中的"插入脚注"按钮。
② 在页面底部的脚注区中输入脚注的内容。

步骤 18　在文档中的表格最后插入一行单元格,设置第 1 行行高为 25 磅、第 1 列列宽为两厘米,绘制斜线表头。设置表格外边框,框线线型为双实线,宽度为 3 磅,颜色为橙色。表格对齐方式设置为"居中",所有单元格对齐方式设置为"中部居中"。输入文字,列标题设置为"要点"样式。

【小提示】

① 在表格最后插入一行单元格:将光标定位在表格最后一行,单击"布局"选项卡"行和列"组的"在下方插入"按钮。
② 设置行高、列宽:选择第一行第一列单元格,在"布局"选项卡下"单元格大小"组的"高

度"、"宽度"后分别输入"25磅"、"2厘米",如图1.19所示。

③ 绘制斜线表头:选择第一行第一列单元格,选择"设计"选项卡,单击"边框"按钮旁边的向下箭头,选择"斜下框线"。

④ 设置表格外边框:选择整个表格,选择"设计"选项卡,在"绘图边框"选项组下分别设置外边框线型、宽度及颜色,然后单击"边框"按钮旁边的向下箭头,选择"外侧框线",如图1.20所示。

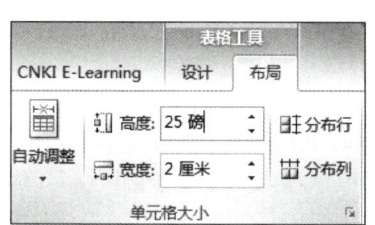

图1.19 表格布局设置

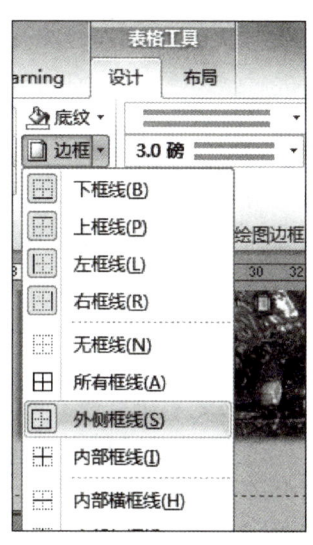

图1.20 表格边框设置

⑤ 设置表格对齐方式:单击任意单元格,选择"布局"选项卡,单击"属性"按钮,在弹出的"表格属性"对话框中设置表格对齐方式,如图1.21所示。

⑥ 设置表格单元格对齐方式:选择整个表格,在"布局"选项卡下"对齐方式"选项组选择"水平居中",如图1.22所示。

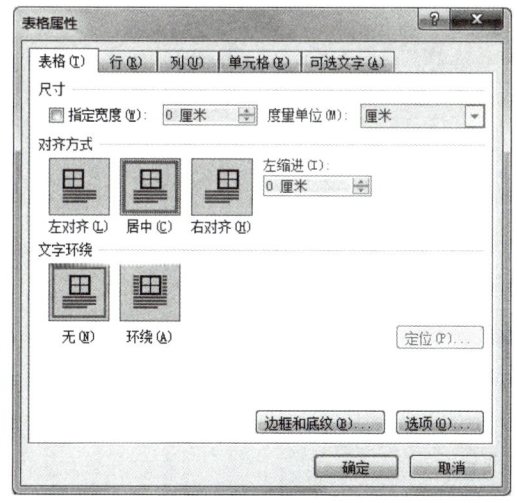

图1.21 "表格属性"对话框

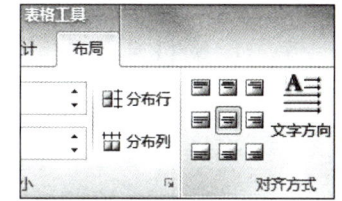

图1.22 表格的单元格水平居中设置

步骤19 将文中所有的"工作"替换成"创作",如图1.23所示。

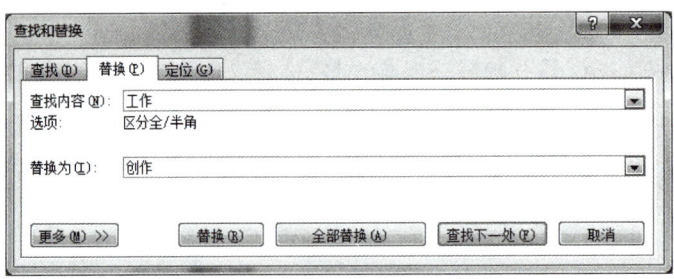

图 1.23 "查找和替换"对话框 1

【小知识】

单击"高级"按钮,可以对替换进行更多的设置,例如,设置区分大小写。

步骤 20 删除文中的空行。

【小提示】

删除空行的方式就是将两个段落结束标记替换成一个。

在"查找和替换"对话框中,打开"特殊格式"按钮的下拉列表,如图 1.24 所示。在"查找内容"文本框中插入"段落标记"两次,在"替换为"文本框中插入"段落标记"一次,单击"全部替换"按钮,如图 1.25 所示。

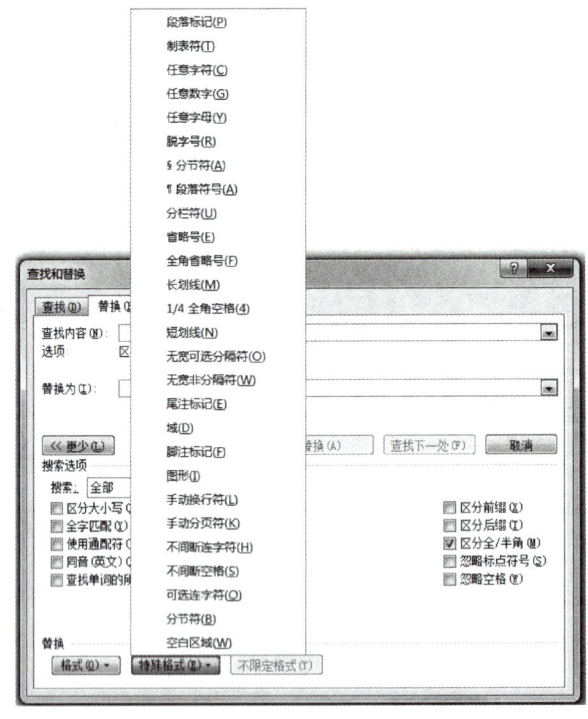

图 1.24 "查找和替换"对话框 2

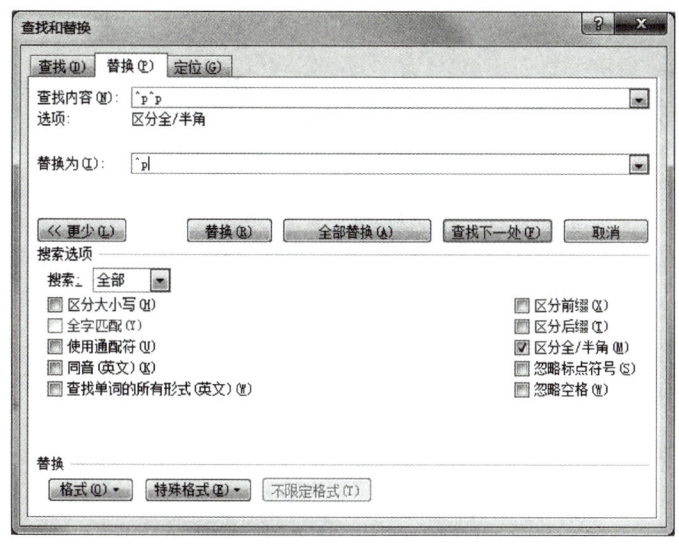

图 1.25 "查找和替换"对话框 3

【小知识】

如果希望替换时改变格式,可以单击"格式"按钮进行设置。

步骤 21 将文档保存。

任务 2　校园文化艺术节活动宣传海报

1. 任务目标

① 掌握字符的格式化。
② 掌握段落的格式化。
③ 掌握首字下沉、分栏等格式的使用。
④ 掌握项目符号、编号的使用。
⑤ 掌握图片的插入及格式设置。
⑥ 掌握艺术字、文本框、自选图形等图形对象的使用。

2. 任务要求

一年一度的校园文化艺术节即将开始,艺术节包括了丰富多彩的活动内容,为活动设计一个漂亮的海报吧!要求充分利用 Word 提供的格式设置及图文混排等功能。完成作品如图 1.26 所示。

3. 任务步骤

步骤 1 打开"海报.docx"文档。

图 1.26 作品完成效果及使用工具

该文档为海报的原始文档,其中一部分文字已经输入。

步骤 2 设置文字格式。

① 选中"在这里……伟大乐章"这部分内容。选择"开始→字体"命令,单击右下角小箭头按钮 （对话框启动器按钮）,打开"字体"对话框,如图 1.27 所示。设置字体为"华文新魏",字号为"五号",字体颜色为"绿色"。

【小技巧】

编辑文档时,难免会出现错误的操作,使用窗口标题栏前面的 按钮可以撤销到上一步操作,连续使用可以进行多步撤销;如需恢复撤销操作前的内容,可以使用窗口标题栏前面的 按钮。

② 选中"青春·爱国,文明·文化,成人·成才"这部分内容,打开"字体"对话框,设置字形为"加粗 倾斜",加着重号,如图 1.28 所示。

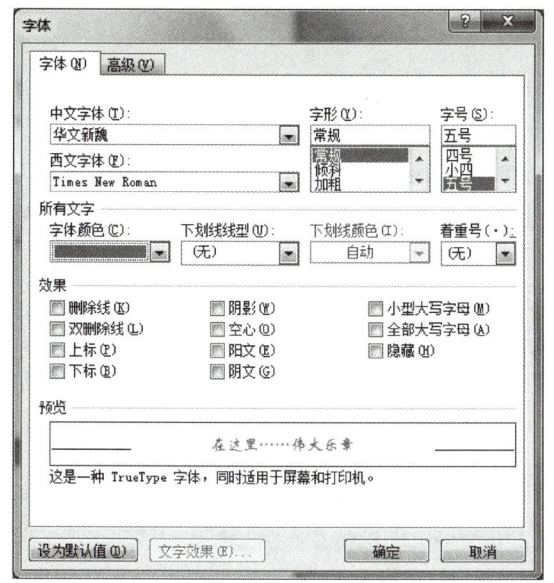

图 1.27 "字体"对话框

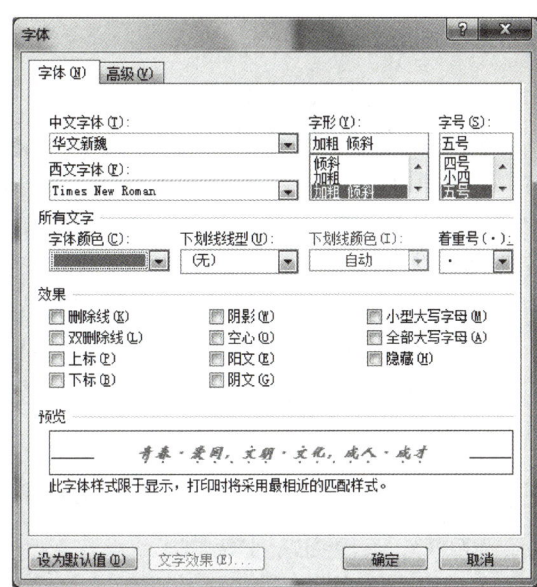

图 1.28 设置字形及着重号

③ 将"活动简介"、"活动设置"和"活动方式"这 3 个标题设置为方正姚体、加粗、二号、紫色,如图 1.29 所示。

④ 将"校园科技文化艺术节的举办是为了……"这段字体设置为隶书、绿色。

⑤ 将"第一乐章……文艺汇演"这部分内容设置为方正姚体、绿色。

⑥ 将"第一乐章、第二乐章、第三乐章" 3 个标题加双下划线,如图 1.30 所示。

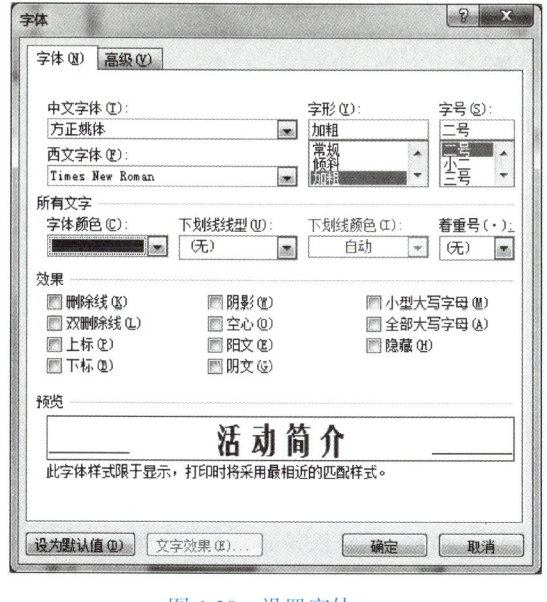

图 1.29 设置字体

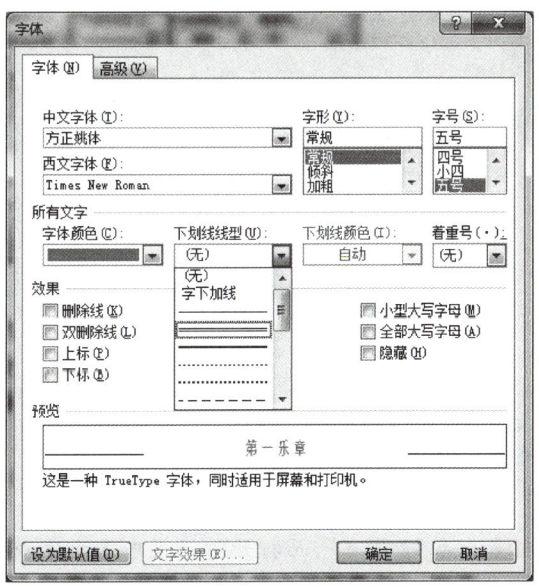

图 1.30 设置下划线颜色及线型

【小技巧】

按住 Ctrl 键可以选择不连续的内容,选中以后可以同时进行格式设置。

步骤 3 设置段落格式。

① 选中前 3 段内容,选择"开始→段落"命令,单击右下角箭头(对话框启动器按钮),打开"段落"设置对话框,如图 1.31 所示。设置首行缩进两个字符(注意,"首行缩进"隐藏在"特殊格式"的下拉列表中),对齐方式为"两端对齐"。

② 将标题"活动简介"对齐方式设置为"右对齐"。

③ 将标题"活动设置"和"活动方式"首行缩进两个字符。

④ 选中第 3 段,打开"段落"设置对话框,如图 1.32 所示。设置段前间距为"0.5 行",段后间距为"0.5 行",行距为"1.5 倍行距"。

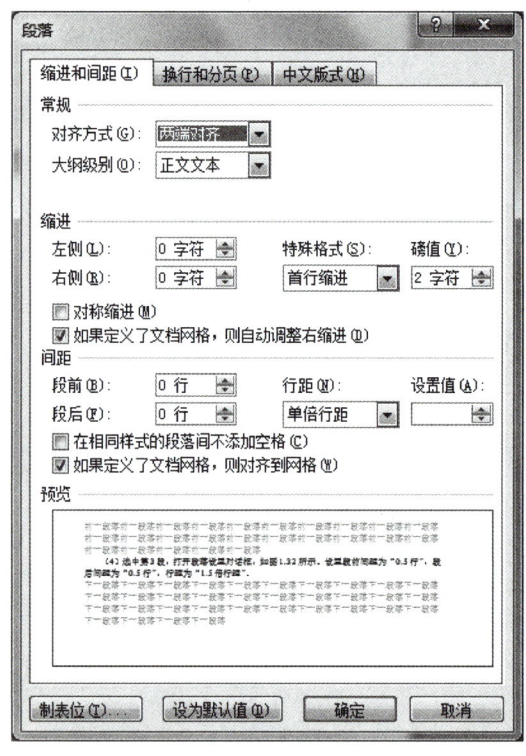

图 1.31　设置对齐方式及缩进

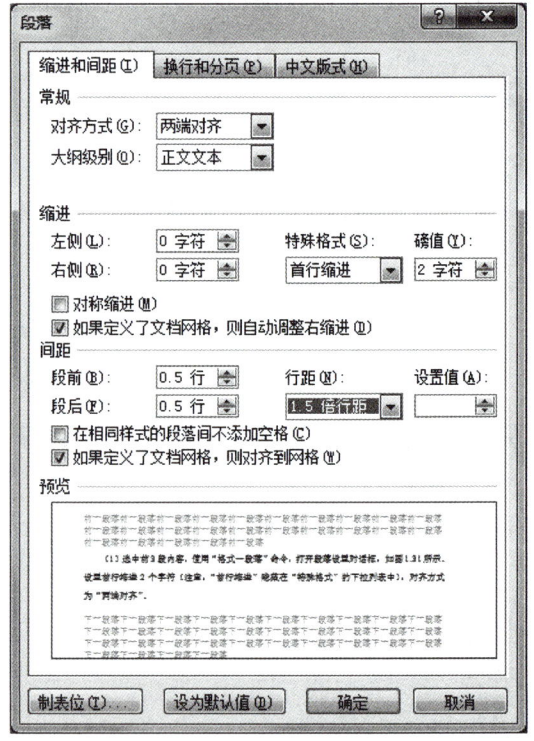

图 1.32　设置段间距及行距

【小提示】

当系统中度量单位与实际要求不相符时,可以直接输入单位名称。例如,如果要求设置段落左缩进为"2 厘米",而打开对话框中显示单位为"字符",此时,可以直接将"字符"删除,并输入"2 厘米"即可。

步骤 4 设置边框和底纹。

① 选中前 3 段内容,选择"开始→段落→下框线"命令,打开"下框线"下拉列表,选择"边

框和底纹"命令,打开"边框和底纹"对话框。

② 在"边框"选项卡中选择"方框",颜色选择"紫色",应用于"段落",如图 1.33 所示。

③ 在"底纹"选项卡中选择填充颜色为"橙色,强调文字颜色,淡色 60%",应用于"段落",如图 1.34 所示。

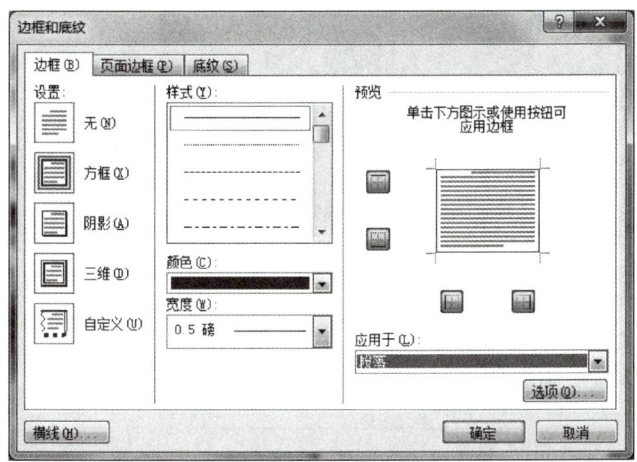

图 1.33　设置边框

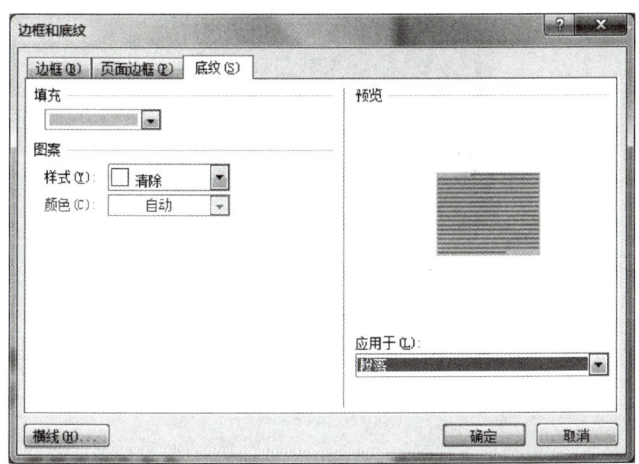

图 1.34　设置底纹

步骤 5　设置分栏和首字下沉。

① 将光标定位在"校园文化艺术节的举办……"这段(并不需要将整段选中),使用"页面布局→页面设置→分栏"命令,打开"分栏"下拉列表,选择"更多分栏"命令,打开"分栏"设置对话框,如图 1.35 所示。选择 3 栏,将"分隔线"的复选框选中。

② 将光标定位在"校园文化艺术节的举办……"这段,使用"插入→文本→首字下沉"命令,打开"首字下沉"下拉列表,选择"首字下沉选项"命令,打开"首字下沉"设置对话框。选择"下沉",其他均为默认设置,如图 1.36 所示。

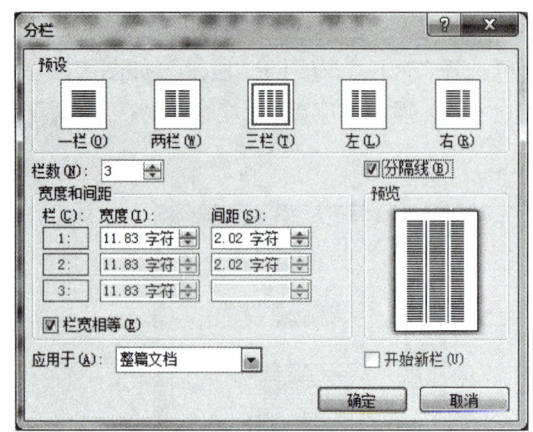 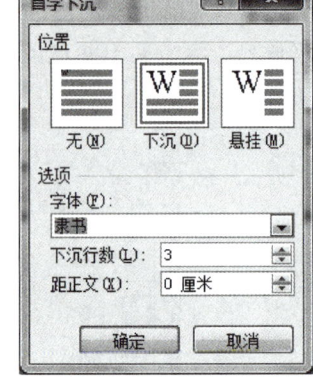

图 1.35　分栏　　　　　　　　　图 1.36　首字下沉

步骤 6　项目符号和编号。

① 按 Ctrl 键,选择需要添加项目符号的文字内容,如图 1.37 所示。

图 1.37　选取内容

② 选择"开始→段落→项目符号"命令,打开"项目符号库",如图 1.38 所示。

【小提示】

选择"开始→段落→编号"命令,或者选择"开始→段落→多级列表"命令,可以打开相应的编号和多级列表。

③ 在"项目符号"选项卡中选择▷符号。然后单击"自定义"按钮,打开"定义新项目符号"对话框,如图 1.39 所示,单击"字体"按钮,设置字体颜色为绿色,如图 1.40 所示,这样项目符号的颜色就与字体颜色相同了。

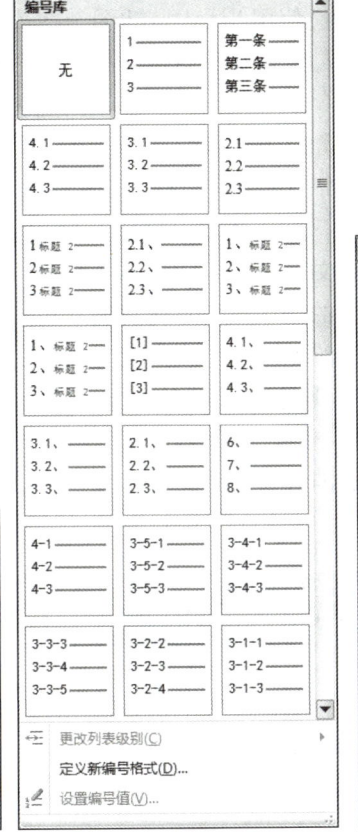

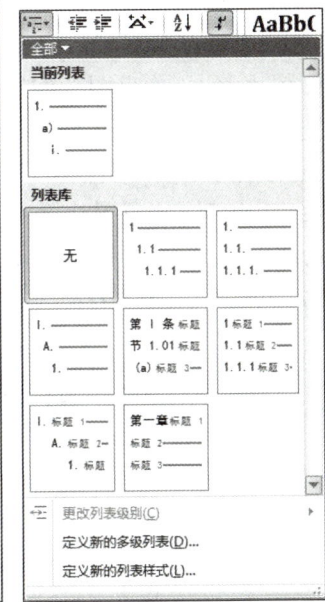

图 1.38　设置项目符号

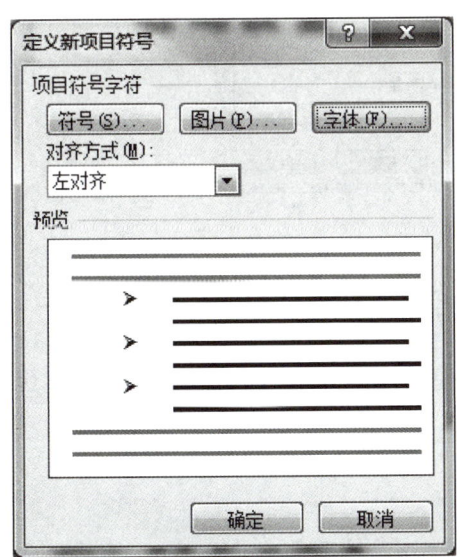

图 1.39　设置项目符号字体

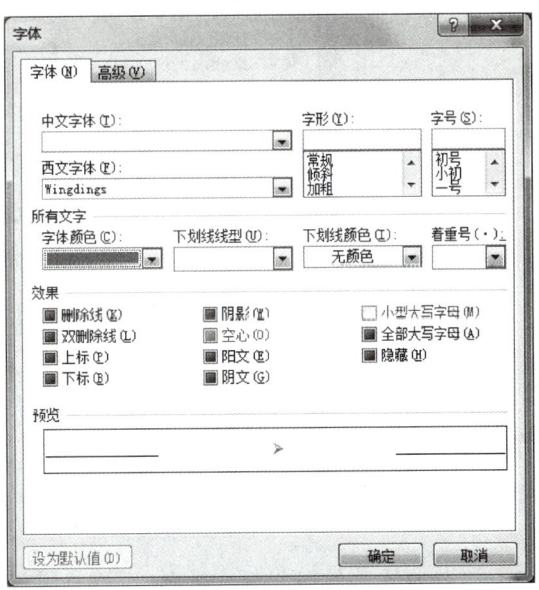

图 1.40　设置项目符号字体颜色

步骤 7 插入图片,进行图文混排。

① 将光标定位在适当的位置,使用"插入→插图→图片"命令,选择图片素材文件夹中的图片文件"人物 1.png",单击"插入"按钮,即可将图片插入到 Word 中。

利用选项菜单对该图片进行如下设置。

a. 环绕方式:刚刚插入到 Word 中的图片为嵌入式环绕方式,选中该图片时,Word 会自动出现图片"工具"选项卡,使用"图片→自动换行"命令,如图 1.41 所示,选择"浮于文字上方"。

b. 图片大小:拖曳图片四周的小圆圈(控制句柄),可以分别调整图片的宽度、高度,拖曳四角的小圆圈可以同时改变宽度和高度。

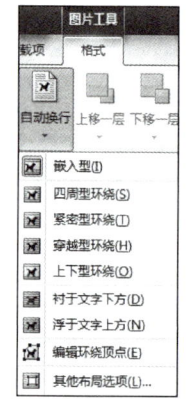

图 1.41　图片环绕方式

② 将图片素材中的图片"背景 1.jpg"插入到文档中。右击图片,在快捷菜单中选择"设置图片格式"命令,打开对话框,对该图片进行如下设置。

a. 在"大小"选项卡中,先取消选中"锁定纵横比"复选框,然后设置图片高度为 29.7 厘米,宽度为 21 厘米,如图 1.42 所示。

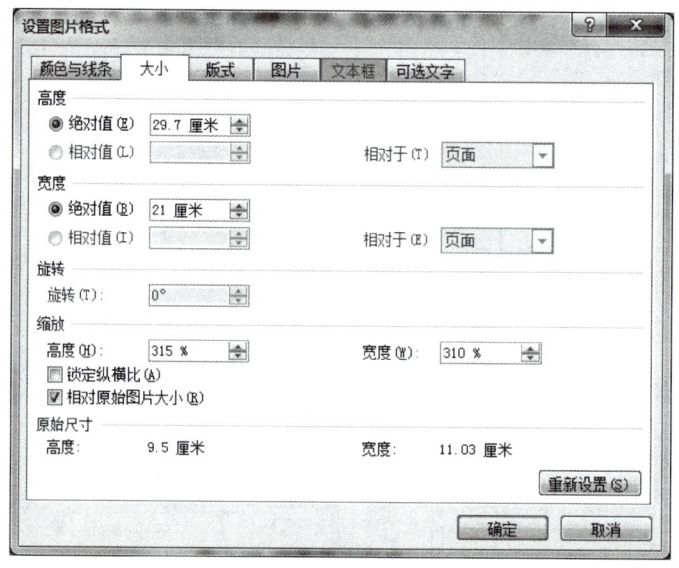

图 1.42　设置图片大小

b. 在"版式"选项卡中设置环绕方式为"衬于文字下方",如图 1.43 所示。单击"确定"按钮关闭对话框。

c. 利用图片"工具"选项卡中的调整亮度及调整对比度按钮  调整图片,使其适合作为文字的背景。

【小技巧】

如果作为背景的图片颜色很深,可以直接使用图片"工具"选项卡中的 按钮,选择列表中的"冲蚀"效果。

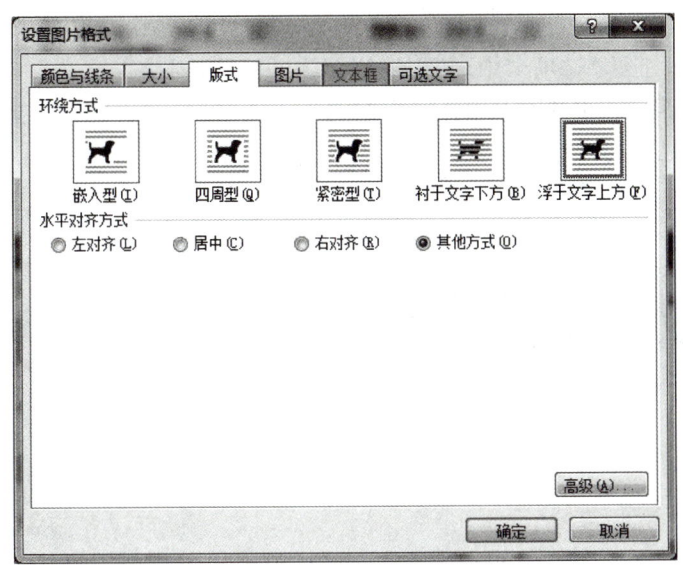

图 1.43　设置图片版式

③ 将图片素材中的"人物 3.png"插入到适当位置,环绕方式设置为"四周型",并适当调整图片大小。

步骤 8　插入艺术字。

① 将光标定位在标题位置(第一段之前),使用"插入→艺术字"命令。在"艺术字库"中选择第 3 行第 2 列的样式,如图 1.44 所示,单击"确定"按钮。

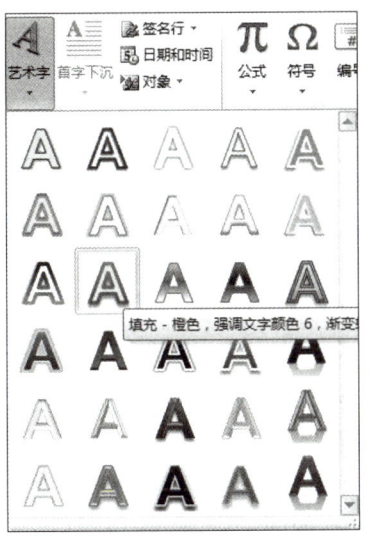

图 1.44　艺术字库

② 在"编辑艺术字文字"对话框中,输入"校园文化艺术节",如图 1.45 所示。单击"确定"按钮,此时艺术字已经插入到 Word 文档中。

③ 选中该艺术字,单击艺术字"工具"选项卡中 按钮,如图 1.46 所示,选择艺术字形状为

"左牛角形"。

④ 单击艺术字"工具"选项卡中 按钮,设置为"上下型环绕"。

⑤ 拖曳艺术字四周的小圆圈调整艺术字的大小。

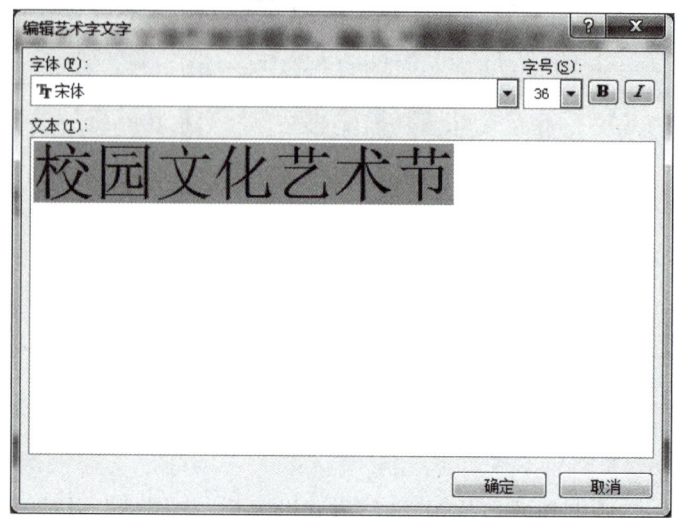

图 1.45　输入艺术字

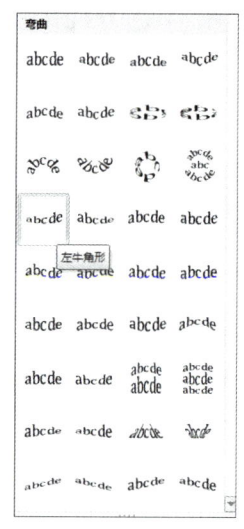

图 1.46　设置艺术字形状

步骤 9　插入自选图形。

① 使用"插入→插图→形状"命令,打开"形状"下拉列表,选择"椭圆"形,如图 1.47 所示。注意,此时如果出现一个"在此处创建图形"的画布,可以按 Esc 键将画布取消。在适当的位置,用鼠标拖曳画出一个椭圆形。可以再适当调整椭圆形的大小及位置。

② 右击已绘制的椭圆形,打开"设置自选图形格式"对话框。设置填充颜色为"橙色,强调文字颜色 6,淡色 40%",线条颜色为"橙色,强调文字颜色 6,深色 25%",虚实为"划线 – 点",线型选择列表中的最后一项,粗细为 6 磅,如图 1.48 所示。

③ 右击已绘制的椭圆形,选择"添加文字"命令。在椭圆形中输入"主题:",并设置其字体为隶书,三号字,深红色。

④ 插入图片"主题 1.png",环绕方式设置为"浮于文字上方",调整其大小及位置,将其放置在椭圆形上。

⑤ 单击选择该图片,按住 Shift 键,再选择椭圆形,在图片位置右击鼠标,选择"组合→组合"命令,如图 1.49 所示,将图片与图形组合成一体。

⑥ 在文档的底部绘制一个矩形。设置填充颜色为"浅绿",无线条颜色。调整矩形大小及位置,如图 1.50 所示。右击矩形,选择"添加文字"命令,输入内容为:

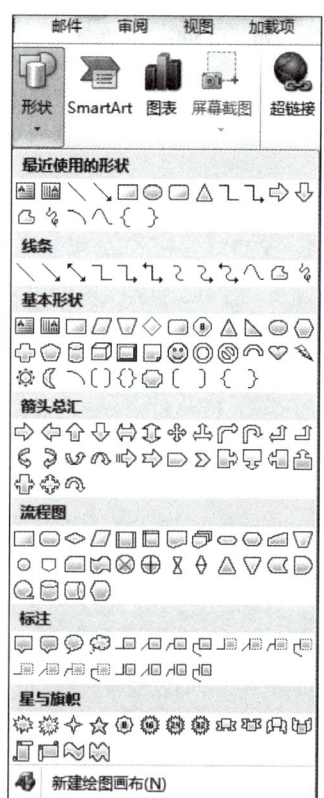

图 1.47　插入椭圆形

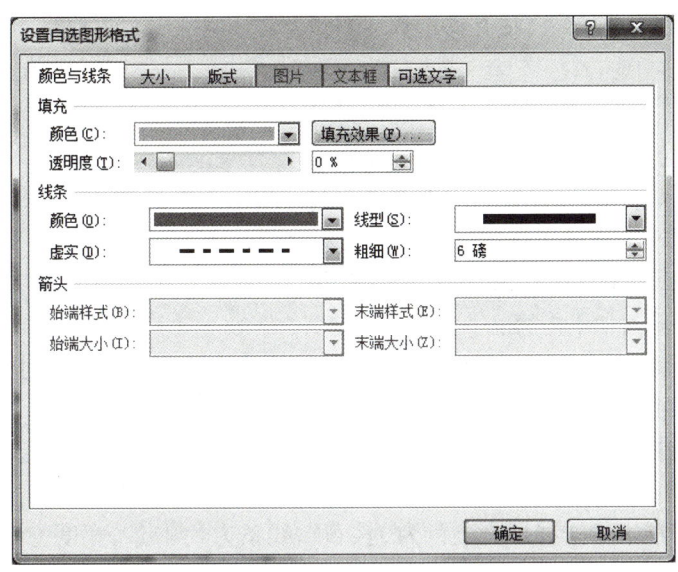

图 1.48　设置自选图形格式

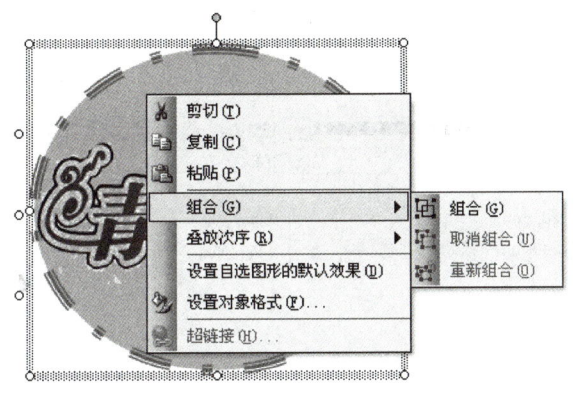

图 1.49　组合图片

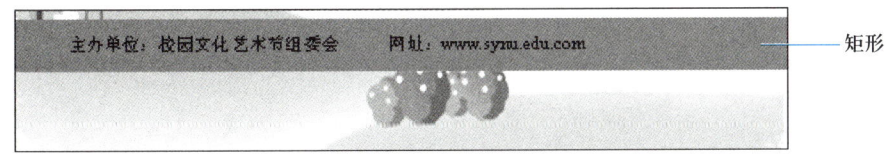

图 1.50　绘制矩形并添加文字

"主办单位：校园文化艺术节组委会　网址：www.synu.edu.com"。

完成效果如图 1.26 所示。

步骤 10　插入文本框。

① 使用"插入→文本→文本框→绘制文本框"命令，绘制一个横排文本框。注意，如果出现绘图画布，则按 Esc 键将其取消。

②拖动文本框的边框部分,将其移动到适当位置。

【小技巧】

对文本框操作时,要注意鼠标的位置及状态。

当鼠标移动到文本框的边缘时,鼠标变形为✥,此时单击鼠标,表示选中整个文本框,可以移动文本框,通过拖曳四周的小圆圈可以调整文本框的大小。

如果用鼠标单击文本框内部,为输入文字状态。

③在文本框内输入如下内容:

"各项大赛参与者请先登录校园网报名,报名截止日期为 2019 年 10 月 15 日。各项活动时间及地点详见校园网和活动海报。"

④选中文本框中的文字,设置字体为楷体,小四号。

⑤右击文本框的边框(或者双击文本框边框),选择"设置文本框格式",如图 1.51 所示。在"颜色与线条"选项卡中选择填充颜色为"浅黄",线条为"圆点",宽度为两磅。

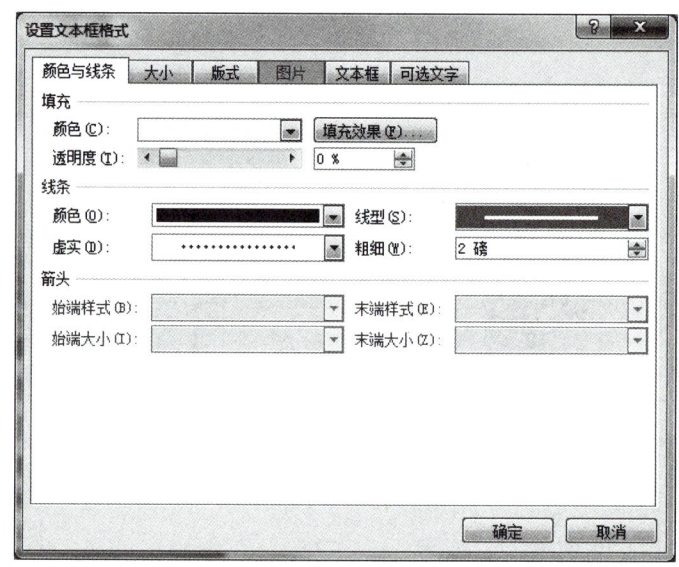

图 1.51 设置文本框格式

【小知识】

可以在"绘图工具→格式→插入形状"栏中选择▣或▥按钮插入横排或竖排的文本框。

文本框的详细设置在"设置文本框格式"对话框中。例如文本框的环绕方式、文本框内部文字的对齐方式、文本框内部文字与文本框的距离等。

步骤 11 保存文档。

使用"文件→另保存"命令,弹出"另存为"对话框,选择保存路径,输入文件名为"海报",单击保存按钮。

任务3 毕业论文排版

1. 任务目标

① 掌握样式的创建和使用。
② 掌握利用样式为文章生成目录。
③ 掌握脚注与尾注、页眉与页脚的设置方法。

2. 任务要求

毕业论文是毕业之前必须完成的一项重要任务,毕业论文的格式要求非常严格。下面为模拟毕业论文的格式要求。

① 论文内容包括以下几部分:摘要(中、英两种文字)、目录、正文和参考文献。每一部分从新的一页开始。
② 纸张大小:标准 A4 纸(210 mm × 297 mm)。
③ 页边距:上、下、右页边距两厘米,左页边距 2.7 厘米;文档网格设置为每页 30 行,每行 38 个字。
④ 页码:页码在页脚居中。
⑤ 页眉:为每部分的标题,楷体五号字,右对齐。
⑥ 各标题级别排版格式见表 1.1。

表 1.1 排版格式

级别	编号	字体字号	样式
一级	第一章	宋体 二号 加粗	标题 1
二级	一、	黑体 三号	标题 2
三级	(一)	黑体 四号	标题 3
正文		宋体 小四号	正文

3. 任务步骤

步骤1 打开论文的原始文件"论文.docx"。
步骤2 页面设置。

① 选择"页面布局→页面设置"命令,单击右下角的小箭头按钮 ▫ (对话框启动器按钮),打开"页面设置"对话框,如图 1.52 所示。设置页边距,上、下、右页边距 2 厘米,左页边距 2.7 厘米,应用于"整篇文档"。

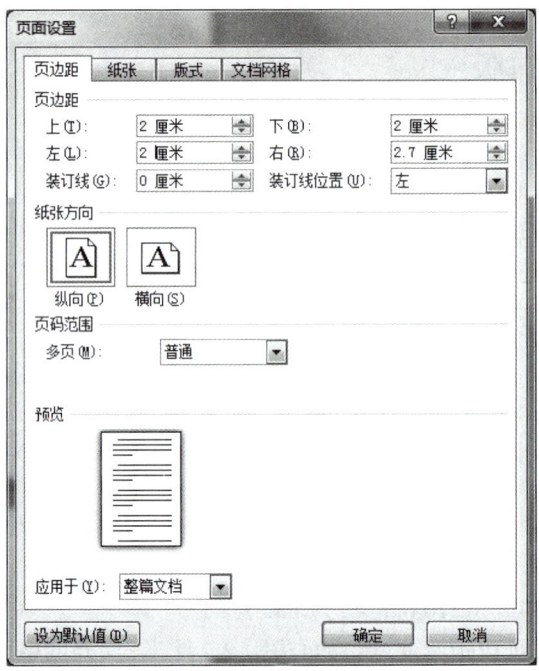

图 1.52　页边距设置

② 在"页面设置"对话框中选择"文档网格"选项卡,如图 1.53 所示,设置为每页 30 行,每行 38 个字,应用于"整篇文档"。

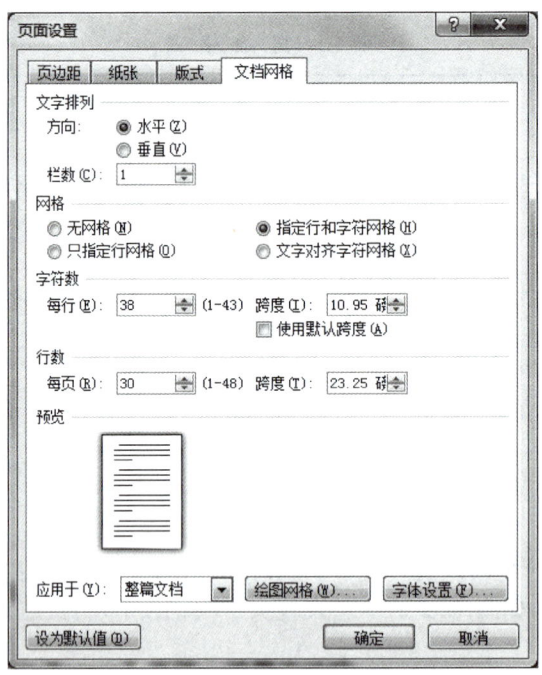

图 1.53　文档网格设置

步骤3 设置摘要字体。

字体要求如图1.54所示,其中英文全部为Times New Roman字体,设置方法略。

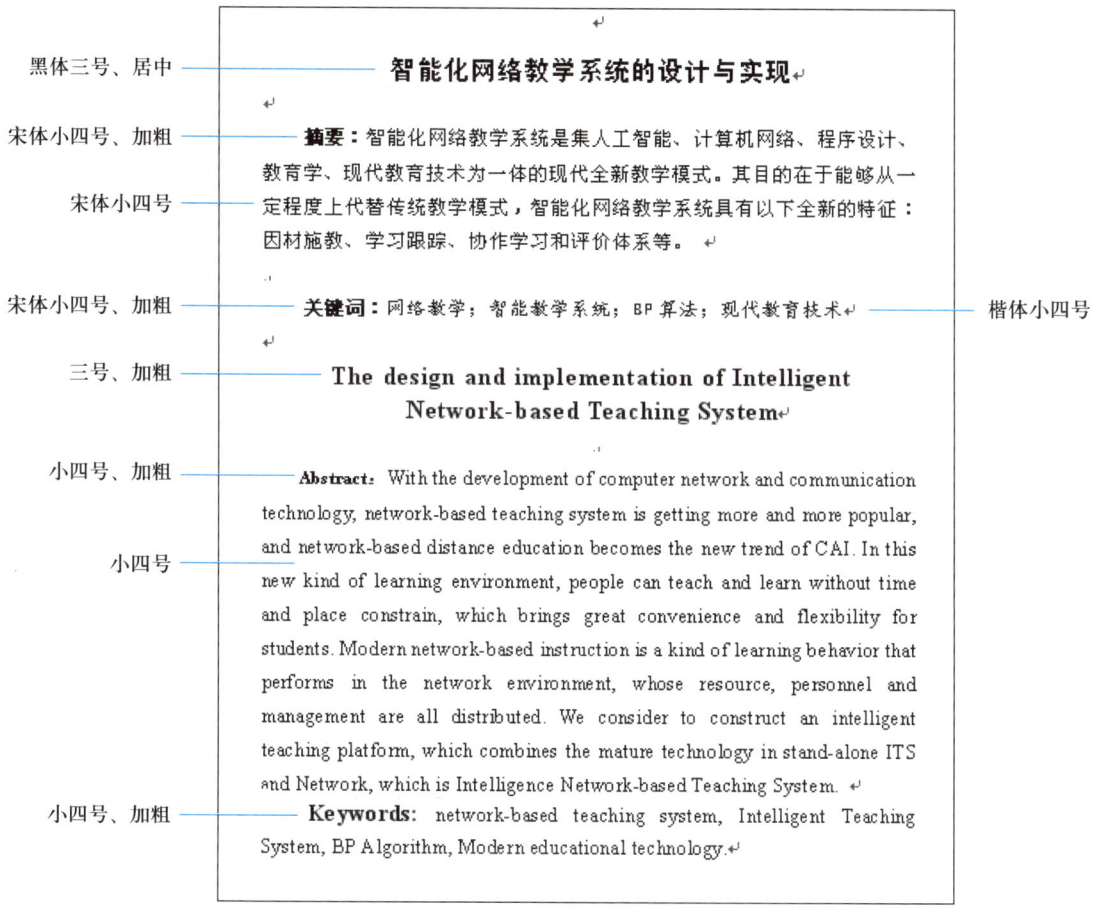

图1.54 摘要页的格式设置

步骤4 设置样式。

① 选中"第一章 绪论",选择"开始→样式"命令,单击右下角的小箭头按钮 （对话框启动器按钮）,在Word窗口右侧出现"样式"任务窗格,如图1.55所示。选择样式列表中的"标题1",即可将选中内容设置为样式"标题1"的格式。用同样方法将其他章标题也设置为"标题1"样式。

【小知识】

样式是应用于文档中的文本、表格和列表的一套格式特征,它能迅速改变文档的外观并保持风格统一。Word提供了大量排版样式,例如各级标题、表头、列表编号、题注等。可以对已有的样式进行修改,也可以根据需要创建新的样式。

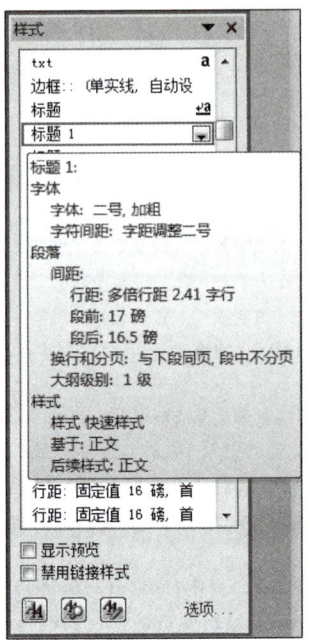

图 1.55　选择样式

【小技巧】

选择样式时,也可以选择选项卡中的样式,如图 1.56 所示。

图 1.56　选项卡中的样式

② 选中"一、课题背景",设置为样式列表中的"标题 2",将其他相同级别的标题均设置为样式"标题 2"。

【小技巧】

按住 Ctrl 键可以进行不连续的多个内容选择,同时选中所有相同级别的标题,然后再选择样式列表中的"标题 2",即可同时设置所有标题。

或者使用格式刷可以将已有的格式复制到其他内容上。方法为:选中已设置完格式的标题,双击"开始→剪贴板→格式刷"按钮，此时鼠标变形为小刷子,然后去刷其他标题,即可将其设置为相同的样式"标题 2"。注意,单击格式刷只能刷一次,双击可以刷多次,但刷完所有格式以后,必须再次单击"格式刷"按钮,取消格式刷,鼠标变为正常输入状态。

③ 将所有三级标题,例如"(一)网络教学系统"设置为样式中的"标题 3"。

【小知识】

如何修改现有样式的格式?如果需要一些样式列表中没有的格式,可以创建新样式或者修改已有样式。例如,将标题1样式修改为"幼圆、加粗、二号字、蓝色"的方法如下。

在样式列表中右击"标题1",使用"修改"命令,在对话框中间部分有常用的字体和段落格式的设置,如图1.57所示。其他详细设置需要单击"格式"按钮,在菜单中选择"字体"命令,则会弹出"字体"对话框,如图1.58所示,设置字体为幼圆、字形为加粗、字号为二号、文字颜色为蓝色。

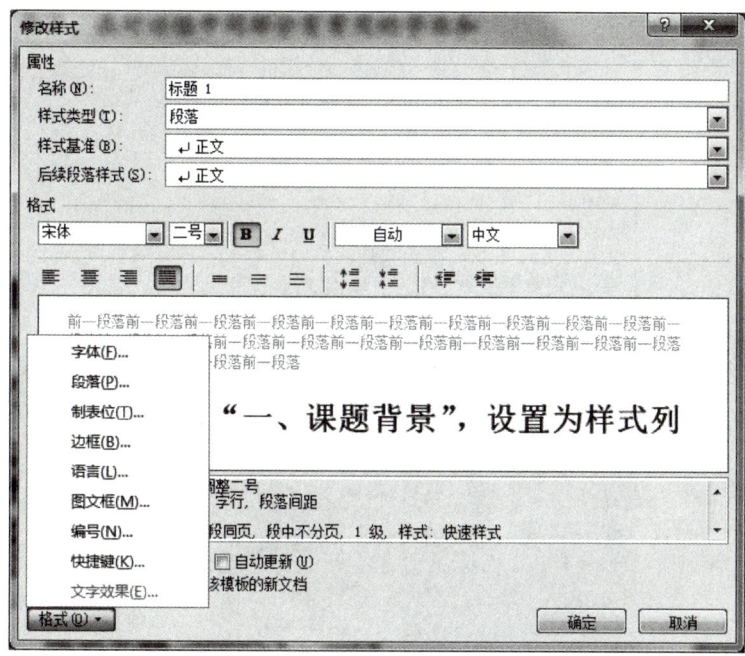

图1.57 样式的格式设置

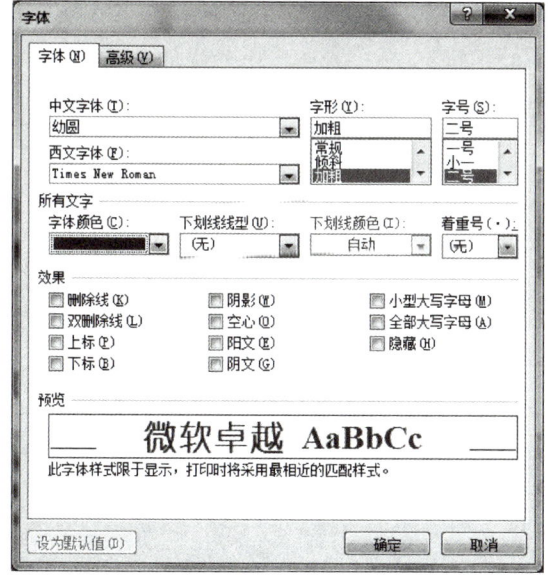

图1.58 样式的"字体"对话框

步骤 5 插入分节符。

【小知识】

分节符可以将 Word 文档分成若干独立排版单位,在不同的节中,可以设置不同的页眉、页脚、页边距、页面大小和纸张方向等格式。

分节符有 4 种:"下一页"指分节符后的新节从新页面开始;"连续"指新节在同一页显示中;"偶数页"指新节从下一个偶数页开始。"奇数页"指新节从下一个奇数页开始。

① 将光标定位在英文关键字的末尾,使用"页面布局→页面设置→分隔符"命令,打开"分隔符"下拉列表,选择"下一页",如图 1.59 所示。

② 在每一章末尾都插入"下一页"分节符。分节以后文档共 8 页。

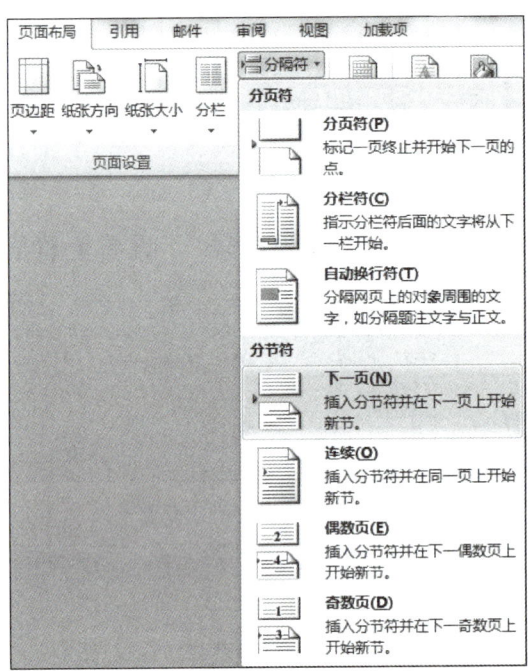

图 1.59　插入下一页分节符

【小知识】

分页和分节。分页符只强制分页。分节符可以分出不同的排版单元、不同节中可以设置不同的页眉页脚、页边距、纸张方向等格式。

步骤 6 添加目录。

目录页为文档第 2 页。

① 在第一页末尾插入一个"下一页"的分节符,以便在新的空白页插入目录。

② 输入"目录"两字,设置为黑体二号字。

③ 使用"引用→目录→插入目录"命令。打开"目录"对话框,如图1.60所示。

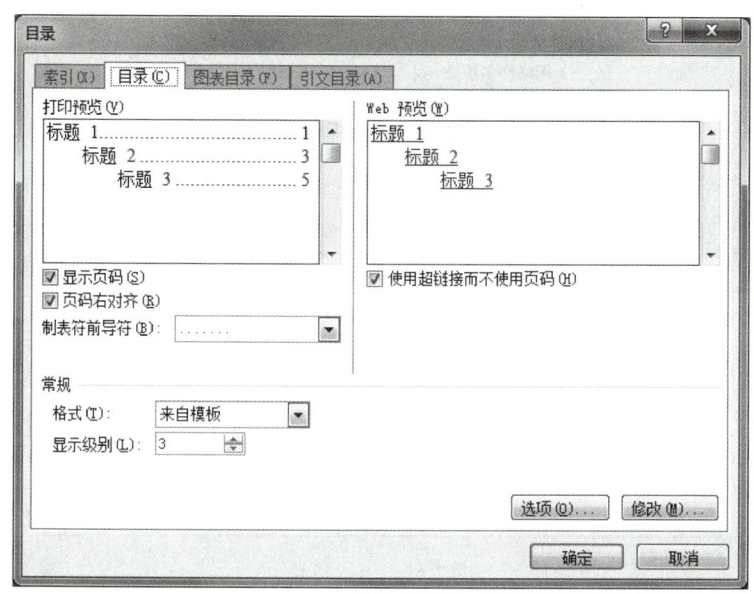

图1.60 设置目录

④ 选择"目录"选项卡,设置目录显示级别为3级。单击"选项"按钮,在"目录选项"对话框中找到样式"标题1"、"标题2"和"标题3",将其右侧级别分别输入1、2、3(一般已经是默认设置),如图1.61所示,单击"确定"按钮完成。生成目录如图1.62所示。

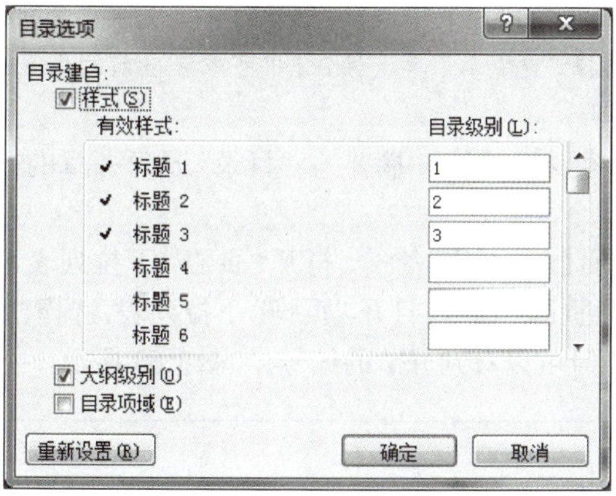

图1.61 选择目录样式

图 1.62　生成目录

【小知识】

目录是文档中标题的列表。Word 具有自动编写目录的功能,最简单的方法是使用标题样式或大纲级别来创建目录,前提是文档中的标题已经使用了样式或设置了大纲级别。

【小技巧】

如果在生成目录后对文章的内容做了调整,章节的页码发生了变化,也不用删除原有的目录重新做,只要右击目录部分,选择"更新域"单选按钮,即可根据当前的设置情况重新生成一次目录。

步骤 7　设置页眉页脚。

页眉要求按每部分内容设置,例如"摘要"、"目录"及每一章的标题。页脚插入页码,设置为格式"1、2、3……"。

① 选择"插入→页眉页脚→页眉"命令,打开"页眉"下拉列表,选择"编辑页眉"命令,或者选择"插入→页眉页脚→页脚"命令,打开"页脚"下拉列表,选择"编辑页脚"命令,可以进入页眉和页脚的编辑状态,此时可以看到分节的编号,如图 1.63 所示。

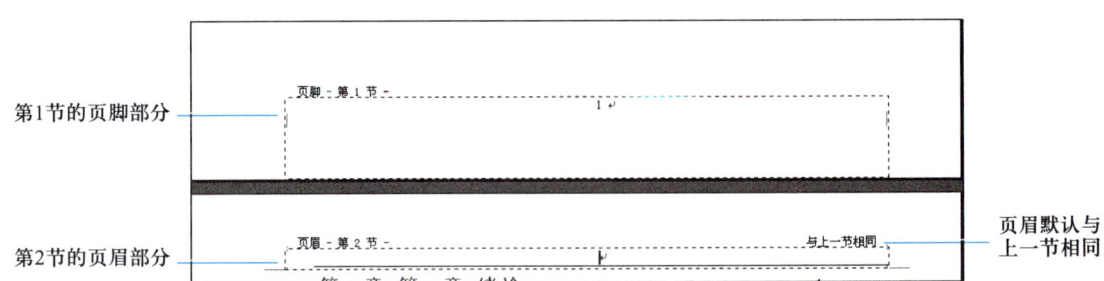

图 1.63　分节后的页眉页脚状态

② 将光标定位到第 1 节（摘要）的页眉，输入"摘要"两字，设置为楷体，单击"开始→段落"的右对齐按钮，将其设置为右对齐。

③ 将光标定位到第 2 节（目录）的页眉，单击"页眉和页脚工具"选项卡中的"链接到前一个"按钮，将其设置为不选中状态，此时页眉右上角的"与上一节相同"字样消失，这样就可以设置与前一节不同的页眉了。在页眉输入"目录"，设置为楷体、右对齐。

④ 移动光标到其他章页眉，分别取消与前一节的链接，输入每章的标题，并设置楷体、右对齐。

⑤ 设置页码。将光标定位到第一页的页脚。单击"页眉和页脚工具"中的按钮，插入页码。此时，后续章节都会自动插入页码，而且是连续的。单击"页眉和页脚"选项卡中"关闭页眉页脚"按钮，关闭编辑页眉页脚状态，如图 1.64 所示。

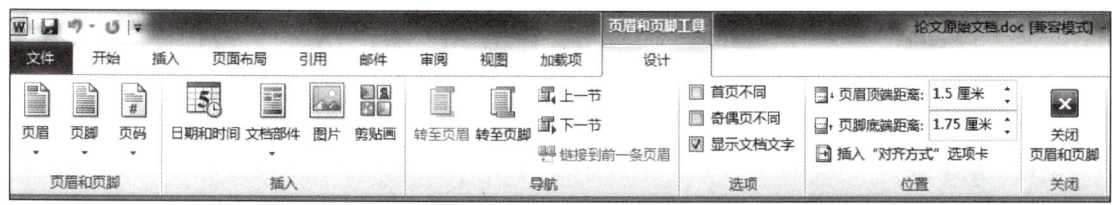

图 1.64 "页眉和页脚工具"选项卡

【小提示】

设置页码格式可以选择"页眉页脚工具→页眉页脚→页码→设置页码格式……"，修改页码格式为"-1-，-2-，……"，如图 1.65 所示。也可以格式设置为"1，2，3……"，然后在输入"第""页"，即可在页码中显示"第 1 页"、"第 2 页"等。

页码也可以设置为各节不连续的，即单击"页眉和页脚工具"选项卡中的"链接到前一个"按钮。

步骤 8 设置脚注和尾注。

在论文题目下面的空行插入作者，例如"李明达"。为"李明达"添加脚注，脚注的内容为"沈阳师范大学教育科学学院教育学专业硕士研究生"。

在关键词部分，为 BP 算法添加尾注，尾注内容为"人工神经网络的误差反向传播（Error Back Propagation，BP）算法"。

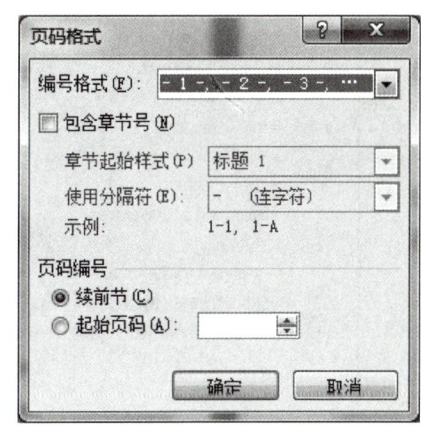

图 1.65 设置页码格式

【小提示】

选择"引用→脚注→插入脚注"命令，然后在文档当前页的底端输入脚注内容。选择"引用→脚注→插入尾注"命令，然后在文档的最后一页的相应部分输入尾注内容。

【小知识】

脚注和尾注用于对文档中的文本进行标注和解释。脚注显示在当前页底端或所选文字下方,尾注显示在文档末尾或节末尾。

步骤 9 保存文档。

任务 4　批量准考证的制作

1. 任务目标

① 了解模板的使用和创建方法。
② 了解 Word 邮件合并的方法。
③ 应用 Excel 作为数据源。
④ 掌握文档保护的方法。

2. 任务要求

根据已给工作簿"准考证"中的数据,应用 Word 中"邮件合并"功能制作准考证。准考证效果如图 1.66 所示。

图 1.66　在 Word 中制作的准考证

3. 任务步骤

【小知识】

“邮件合并”最初是在批量处理“邮件文档”时提出的。具体指在邮件文档（主文档）的固定内容中，合并与发送信息相关的一组通信资料（数据源：如 Excel 表、Access 数据表等），从而批量生成需要的邮件文档，因此大大提高工作的效率，“邮件合并”因此而得名。

显然，“邮件合并”功能除了可以批量处理信函、信封等与邮件相关的文档外，一样可以轻松地批量制作标签、工资条、成绩单、准考证等。

步骤 1　在 Word 中创建准考证的基本样式，如图 1.67 所示，进行适当格式化后将其命名为“准考证（模板）.docx”。

国家计算机二级考试上机考试
准　考　证
姓　　名：
学　　校：
机 位 号：
准考证号：
身份证号：
考试地点：
考试时间：
考生注意：
1、凭准考证和身份证进入考场。
2、考生应自觉遵守考场纪律，应考时可携带钢笔或圆珠笔，其他物品不得带入考场。

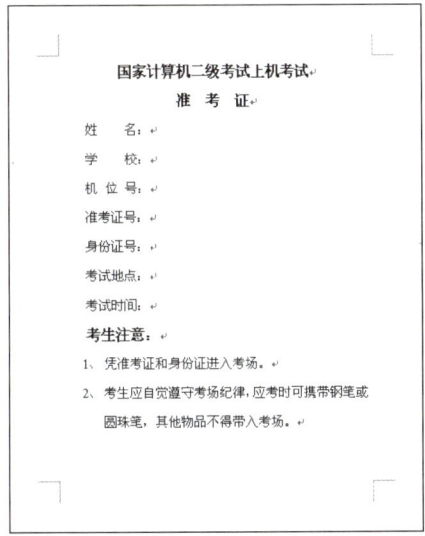

图 1.67　准考证基本的样式

由于准考证的版面内容较少，可以在打印的时候设置纸张的大小来调整版面。选择“页面布局→页面设置”命令，单击右下角的小箭头按钮（对话框启动器按钮），打开“页面设置”对话框；选择“页边距”选项卡，设置上下左右页边距均为 1.5 厘米；选择“纸张”选项卡，设置纸张大小为“自定义”，宽度为 12 厘米，高度为 15 厘米。

步骤 2　在 Excel 中制作如图 1.68 所示的数据源。

	A	B	C	D	E	F	G
1	姓名	学校	机位号	准考证号	身份证号	考试地点	考试时间
2	王　书	沈阳师范大学	001	09102001	210103198911054022	103机房	9月20日 09:00-10:30
3	魏　军	沈阳师范大学	002	09102002	210106198901055014	103机房	9月20日 09:00-10:30
4	叶　枫	沈阳师范大学	003	09102003	210104199001054478	103机房	9月20日 09:00-10:30
5	李云青	沈阳师范大学	004	09102004	210102199012010132	103机房	9月20日 09:00-10:30
6	谢天明	沈阳师范大学	001	09203001	210106198901055018	104机房	9月19日 13:30-15:00
7	史美杭	沈阳师范大学	002	09203002	210103198904013636	104机房	9月19日 13:30-15:00
8	罗　维	沈阳师范大学	001	09203003	210105198907075532	104机房	9月20日 13:30-15:00
9	秦基业	沈阳师范大学	002	09203004	210105199002023354	104机房	9月20日 13:30-15:00
10	刘予予	沈阳师范大学	003	09203005	210104198906088845	104机房	9月20日 13:30-15:00

Sheet1 / Sheet2 / Sheet3

图 1.68　“准考证”数据源

步骤 3 进行邮件合并。

① 选择"邮件→开始邮件合并→开始邮件合并"命令,打开"开始邮件合并"下拉列表,选择"普通 Word 文档"命令,如图 1.69 所示。

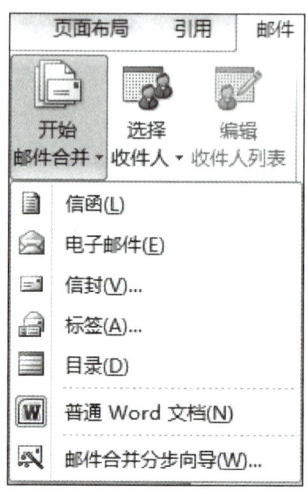

图 1.69 "开始邮件合并"选项菜单

② 选择"邮件→开始邮件合并→选择收件人"命令,打开"选择收件人"下拉列表,选择"使用现有列表",弹出"选择数据源"对话框,选择"准考证 .xls"作为数据源,如图 1.70 所示;再选择"选择表格"对话框中的 Sheet1$,如图 1.71 所示。

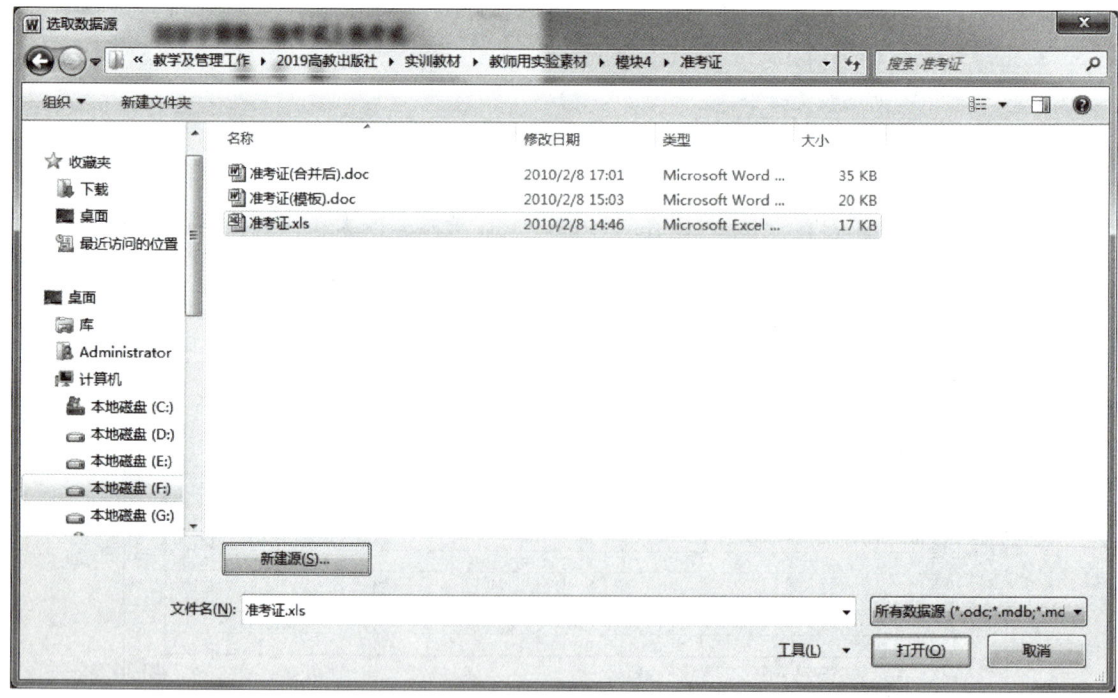

图 1.70 选择数据源

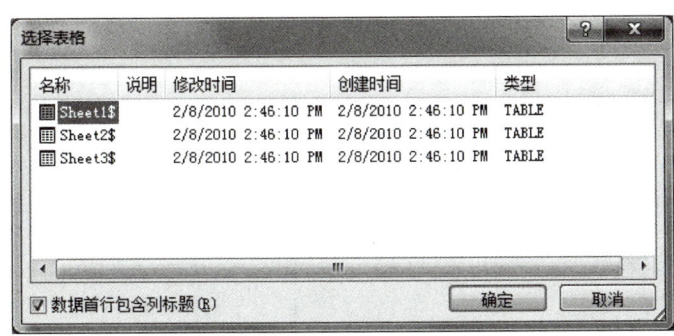

图 1.71 "选择表格"对话框

③ 选择"邮件→开始邮件合并→编辑收件人列表"命令,弹出"邮件合并收件人"对话框,如图 1.72 所示,所有考生信息均包含在其中,单击"确定"按钮数据源设置结束。

④ 选择"邮件→编写和插入域→插入合并域"命令,如图 1.73 所示。

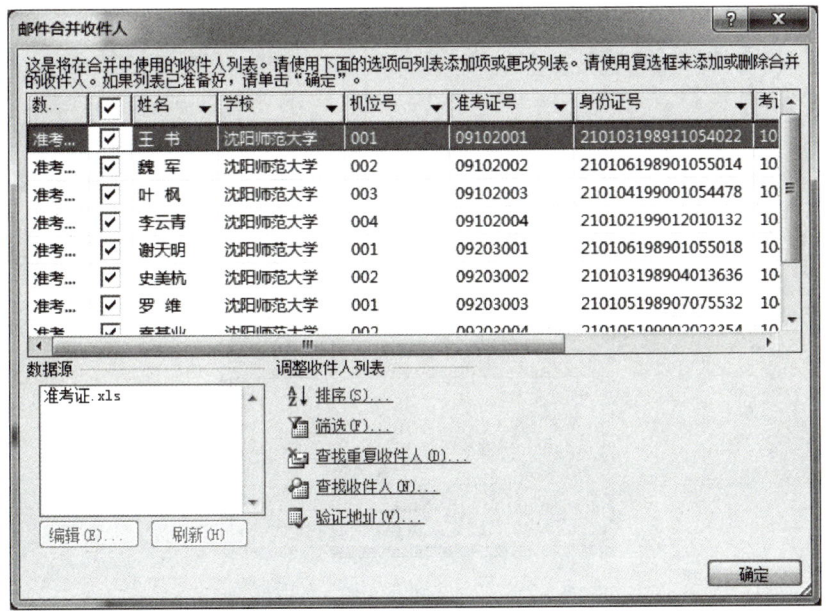

图 1.72 "邮件合并收件人"对话框

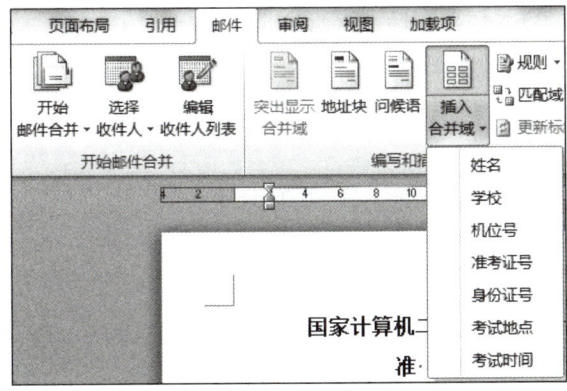

图 1.73 "插入合并域"选项菜单

⑤ 将插入合并域选项菜单中各域名（如姓名、学校等）添加到信函中对应位置，如图1.74所示。

⑥ 单击"预览结果"按钮，即可得到邮件合并以后的预览信函，如图1.75所示。

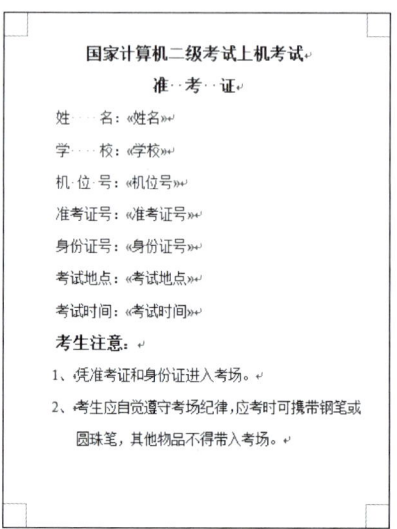
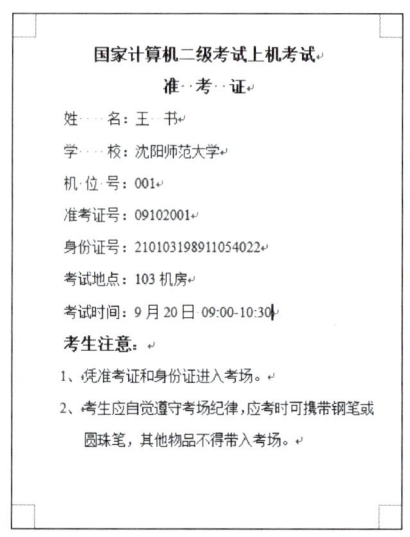

图 1.74　插入合并域　　　　　　　图 1.75　邮件合并预览结果

⑦ 选择"邮件→完成→完成并合并"命令，打开"完成并合并"下拉列表，选择"编辑单个文档"，弹出"合并到新文档"对话框，如图1.76所示。

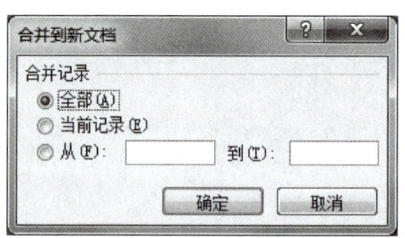

图 1.76　"合并到新文档"对话框

⑧ 选择"全部"单选按钮后，单击"确定"按钮产生一个新的文档，Excel中有多少条学生信息，此处就会生成多少个准考证，新文档中的各个准考证如图1.77所示。

步骤 4　保存文档，命名为准考证（合并后）.docx。

步骤 5　为"准考证（合并后）.docx"设置编辑限制保护，即编辑时需要进行密码验证，密码正确才可以编辑文档。

① 选择"审阅→保护→限制编辑"命令，如图1.78所示。

② 在弹出的"限制格式与编辑"任务窗格中，选择"2.编辑限制→仅允许在文档中进行此类型的编辑→不允许任何更改（只读）"，选择"3.启动强制保护→是，启动强制保护"，如图1.79所示。

图 1.77　产生的新文档

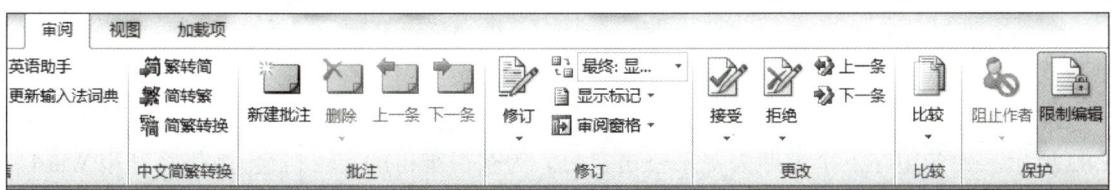

图 1.78　审阅中的限制编辑

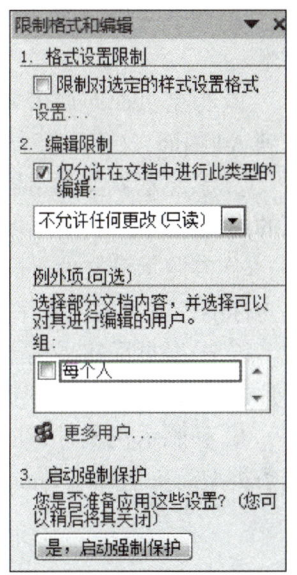

③ 在弹出的"启动强制保护"对话框中，选择密码保护方法，输入新密码并确认新密码，如图 1.80 所示。

【小提示】

选择"审阅→保护→限制编辑"命令，在弹出的"限制格式与编辑"任务窗格中，选择"停止保护"，将弹出"取消保护文档"对话框，输入正确的密码后可以进行文档编辑，如图 1.81 所示。

【小提示】

可以在文档中选择不被限制编辑的区域，选择"审阅→保护→限制编辑→例外项（可选）→每个人"命令，这样所选的区域就可以进行编辑而不受到编辑限制。

图 1.79　启动编辑限制强制保护

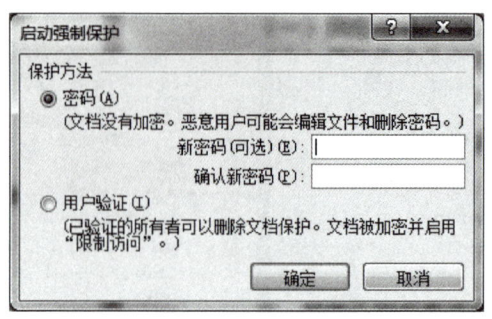

图 1.80　设置密码

图 1.81　取消保护文档

任务 5　精美的个人求职简历

1. 任务目标

① 掌握页面设置的方法。
② 掌握自选文本框、图形、艺术字等的绘制方法。
③ 掌握图片的插入和裁剪方法。
④ 掌握 SmartArt 图的绘制方法。
⑤ 掌握项目符号的设置方法和特殊符号的插入方法。

2. 任务要求

张静是一名大学本科三年级学生,她将简历内容已经编辑在了"Word 素材 .txt"中,如图 1.82 所示。她希望在下个暑期去一家公司实习。为获得难得的实习机会,她打算利用 Word 精心制作一份简洁而醒目的个人简历,示例样式如图 1.83 所示。要求如下。

① 调整文档版面,要求纸张大小为 A4,页边距(上、下)为 2.5 厘米,页边距(左、右)为 3.2 厘米。

② 根据页面布局需要,在适当的位置插入标准色为橙色与白色的两个矩形,其中橙色矩形占满 A4 幅面,文字环绕方式设为"浮于文字上方",作为简历的背景。

③ 参照示例文件,插入标准色为橙色的圆角矩形,并添加文字"实习经验",插入一个短划线的虚线圆角矩形框。

④ 参照示例文件,插入文本框和文字,并调整文字的字体、字号、位置和颜色。其中"张静"应为标准色橙色的艺术字,"寻求能够……"文本效果应为跟随路径的"上弯弧"。

⑤ 根据页面布局需要,插入考生文件夹下图片"1.png",依据样例进行裁剪和调整,并删除图片的剪裁区域;然后根据需要插入图片 2.jpg、3.jpg、4.jpg,并调整图片位置。

⑥ 参照示例文件,在适当的位置使用形状中的标准色橙色箭头(提示:其中横向箭头使用线条类型箭头),插入 SmartArt 图形,并进行适当编辑。

任务5 精美的个人求职简历

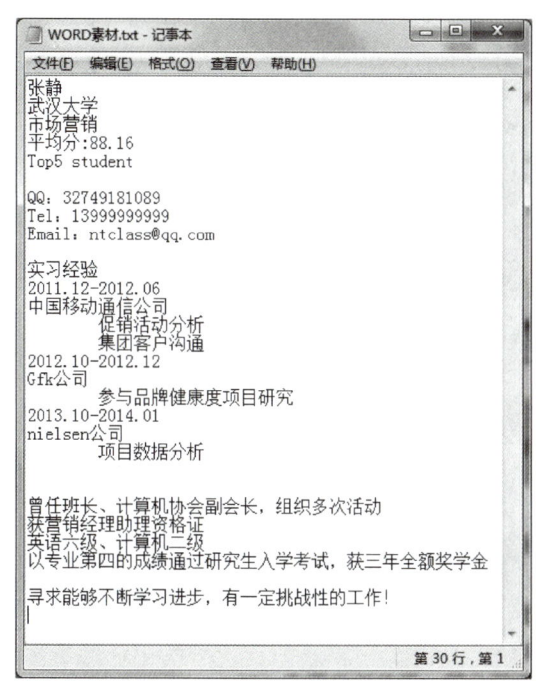

图1.82 简历内容

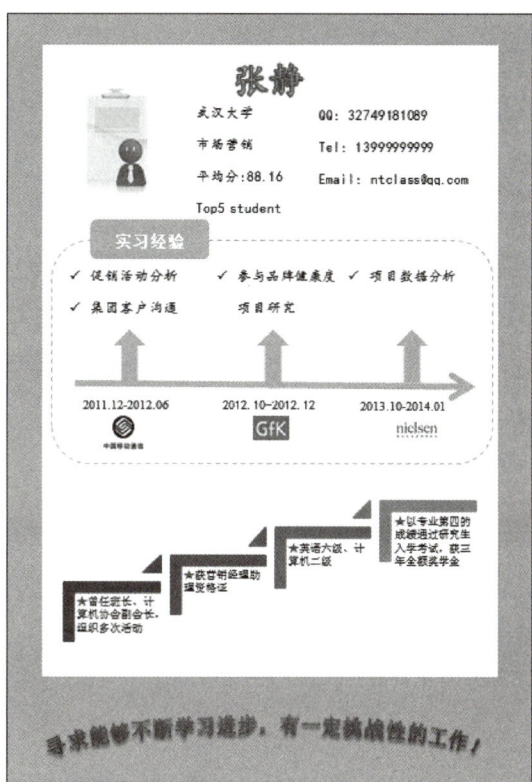

图1.83 简历参考样式

⑦ 参照示例文件,在"促销活动分析"等4处使用项目符号"对勾",在"曾任班长"等4处插入符号"五角星"、颜色为标准色红色。调整各部分的位置、大小、形状和颜色,以展现统一、良好的视觉效果。

3．任务步骤

（1）设置纸张大小及页边距

步骤1 双击打开"Word素材.txt"文件。

步骤2 在考生文件夹下新建一个名为"Word.docx"的文档,并打开此文档。

步骤3 选择"页面布局"选项卡,选择"纸张大小→其他页面大小"命令,选择纸张大小为A4,切换到"页边距"选项卡,设置上下边距为2.5厘米,左右边距为3.2厘米,单击"确定"按钮,如图1.84和图1.85所示。

（2）插入矩形

步骤1 选择"插入→插图→形状→矩形"命令,在文档中拖动矩形,使其覆盖整个A4页面。

步骤2 选中矩形,选择"绘图工具→格式→形状样式"命令,单击"形状填充"命令,将颜色设置为标准色的橙色,选择"形状轮廓→无轮廓"命令。

步骤3 选中橙色矩形,右击鼠标,在快捷菜单中选择"自动换行→衬于文字下方"命令,如图1.86所示。

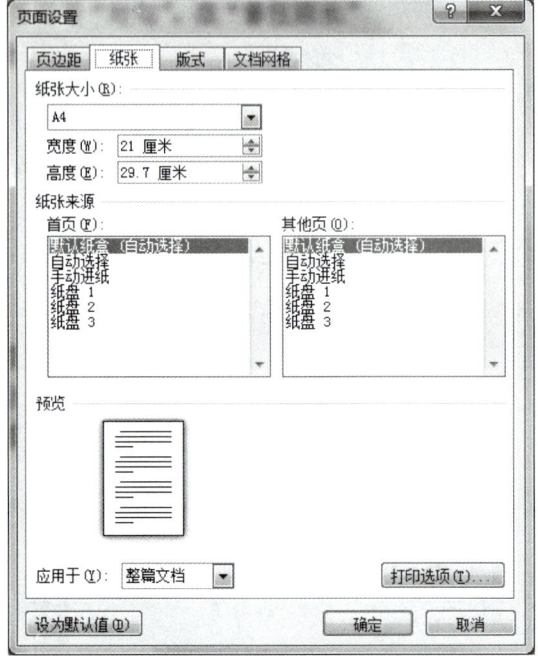

图 1.84 设置纸张大小

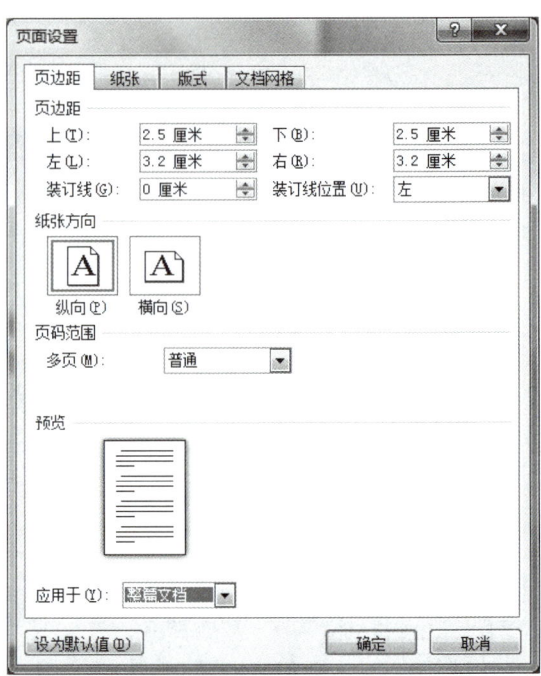

图 1.85 设置页边距

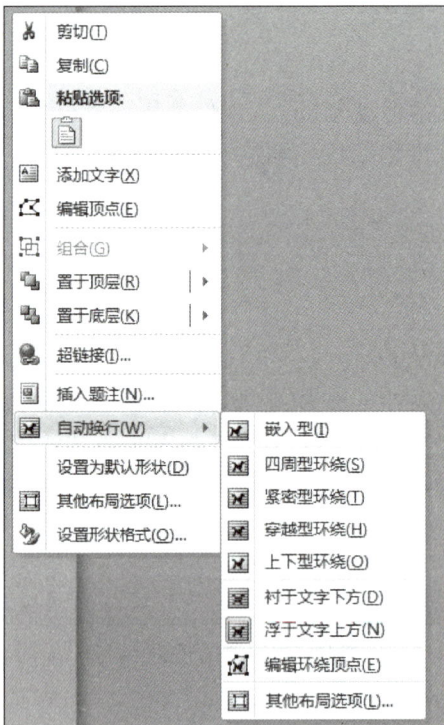

图 1.86 设置矩形的环绕方式

步骤 4　在橙色矩形框中插入一个矩形，拖动矩形的大小到合适的位置，选择"绘图工具→格式→形状样式"命令，单击"形状填充"命令，将颜色设置为标准色的白色，选择"形状轮廓→无轮廓"命令。选中白色矩形，右击鼠标，在快捷菜单中选择"自动换行→衬于文字下方"命令。

（3）插入圆角矩形

步骤 1　选择"插入→插图→形状→圆角矩形"命令，参照示例，在合适的位置绘制圆角矩形，选择"绘图工具→格式→形状样式"命令，单击"形状填充"命令，将颜色设置为标准色的橙色，单击"形状轮廓"命令，将颜色设置为标准色的橙色，右击鼠标，选择"添加文字"命令，输入"实习经验"，适当调整字体和字号。

步骤 2　插入一个圆角矩形，参照示例，在合适的位置绘制圆角矩形，选择"绘图工具→格式→形状样式"命令，将"形状填充"设为"无填充颜色"，单击"形状轮廓"命令，选择"虚线→短划线"命令，将"形状轮廓"颜色设为"橙色"，粗细为 0.5 磅。选择此虚线圆角矩形，右击鼠标，在快捷菜单中选择"置于底层→下移一层"命令，如图 1.87 所示。

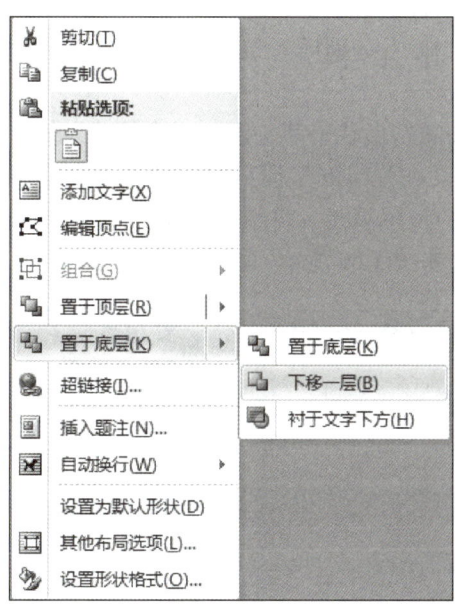

图 1.87　设置圆角矩形的下移方式

（4）插入艺术字

步骤 1　选择"插入→文本→艺术字"命令，打开"艺术字"下拉列表，在下拉列表中选择一种艺术字，在弹出的艺术字文本框里面输入"张静"。选中艺术字文本框，选择"绘图工具→格式→艺术字样式"命令，单击"文本填充"命令，将颜色设置为标准色的橙色，单击"形状轮廓"命令，将颜色设置为标准色的红色，根据样例，将文本框拖动到文档中间适当的位置。

步骤 2　选择"插入→文本→文本框→绘制文本框"命令，参照示例，在适当的位置绘制一个文本框，将"Word 素材 .txt"里面的相关文字复制粘贴到文本框中，选中文本框中的文字，设置字体为华文中宋，字号为 11。

步骤 3　选中文本框，选择"绘图工具→形状样式"命令，单击"形状轮廓"命令，将文本框轮廓设置为"无轮廓"。

步骤 4 参照示例,在虚线矩形框中的合适位置插入 6 个文本框。分别复制素材文件中的相应文字到文本框中,将文本框中的字体设置为华文中宋,字号为 11。分别选中文本框,选择"绘图工具→形状样式"命令,单击"形状轮廓"命令,将文本框轮廓设置为"无轮廓"。

步骤 5 在文档最下面,选中"插入→文本→艺术字→填充 – 橙色 – 强调文字 颜色 6……",在弹出的艺术字文本框里面复制粘贴素材文件中的"寻求能够不断学习进步,有一定挑战性的工作!",调整适当的字号。选择"绘图工具→艺术字样式→文本效果→转换→上弯弧"命令。

(5)插入图片

步骤 1 在文档最前面,选择"插入→插图→图片"命令,选择素材图片 1.png,单击"插入"命令。

步骤 2 选中图片,选择"图片工具→格式→大小"命令,单击"裁剪"命令,分别拖动上下左右黑色边框,将图片裁剪到示例中的图片大小,然后再次单击"裁剪"命令,即删除了图片的裁剪区域。拖动裁剪后的图片到合适的位置。

步骤 3 依照步骤 1 和步骤 2,分别插入素材图片 2.png、3.png、4.png。

(6)插入箭头

步骤 1 选择"插入→插图→形状→箭头汇总→右箭头"命令,在合适的位置绘制一个长箭头。选中水平箭头,右击鼠标,在弹出的快捷菜单中选择"设置形状格式"命令。在"设置形状格式"对话框中,设置"填充→纯色填充",将颜色设为橙色,如图 1.88 所示,设置"线型→宽度",将线型中的宽度设置为两磅,如图 1.89 所示。

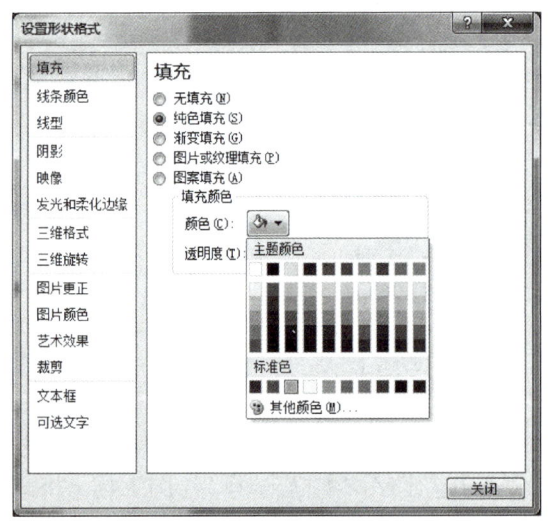

图 1.88 设置填充颜色　　　　　　　　图 1.89 设置线型宽度

步骤 2 选择"插入→插图→形状→箭头汇总→上箭头"命令,参照示例,在合适的位置绘制 3 个箭头。分别选中 3 个箭头,在"设置形状格式"对话框中,设置"填充→纯色填充",将颜色设为橙色,设置"线型→宽度",将线型中的宽度设置为两磅。

步骤 3 在虚线圆角矩形框下面,选择"插入→插图→ SmartArt 图"命令,选择"流程"中的

"步骤上移流程",如图 1.90 所示。选择"SmartArt 工具→设计→SmartArt 样式→更改颜色"命令,选择"强调文字颜色 2→渐变范围",如图 1.91 所示。将"Word 素材"中的相应文字复制到 SmartArt 图的相应框中。

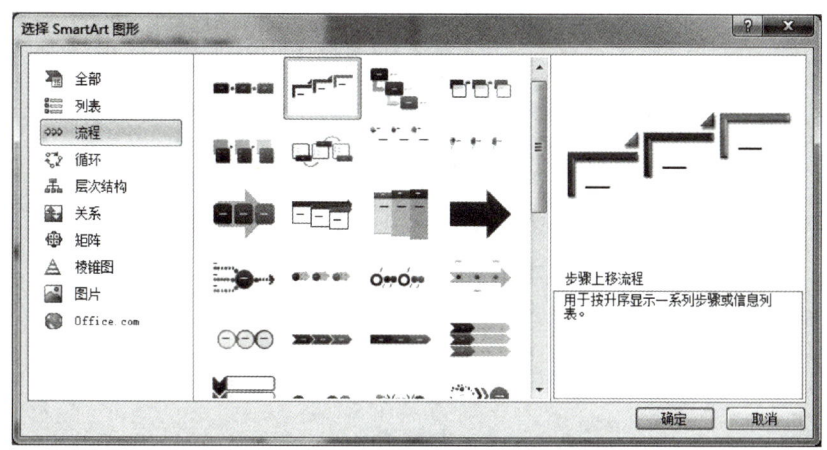

图 1.90　选择"步骤上移流程"

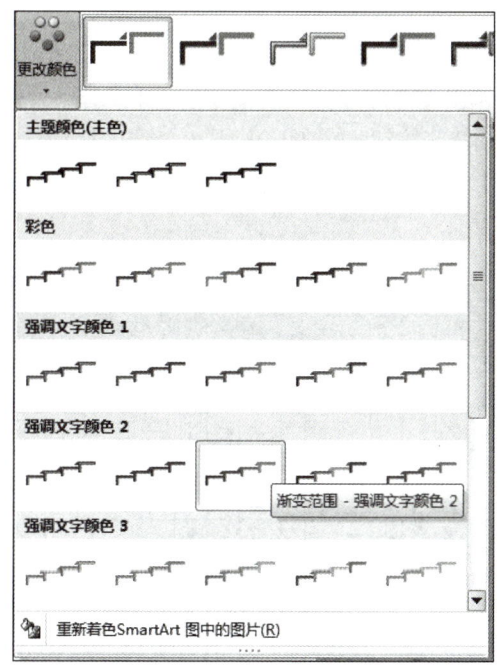

图 1.91　选择"步骤上移流程"图的颜色

（7）插入项目符号

步骤 1　分别选中文本框中的文字,右击鼠标,选中"项目符号",选择"√",如图 1.92 所示。

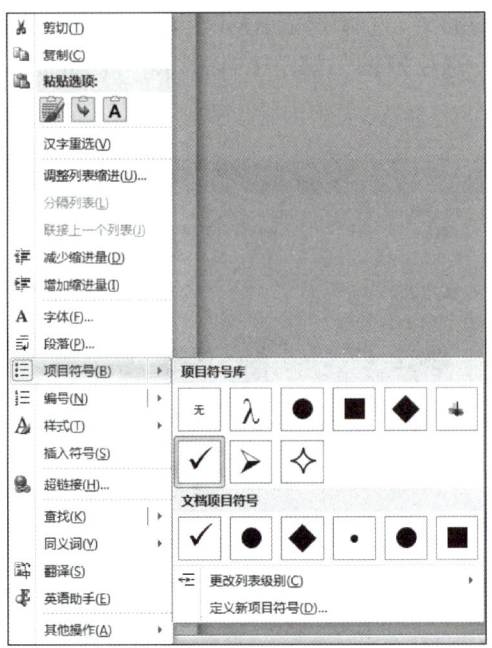

图 1.92　设置项目符号

步骤 2　分别将插入点定位到 SmartArt 图中的第一个文字之前,选择"插入→符号→符号"命令,选中"其他符号",在弹出的"符号"对话框中,选择字体为"宋体",选择子集为"其他符号",选择"五角星",单击"插入"按钮,如图 1.93 所示。选中所插入的"五角形"符号,选择"开始→字体→字体颜色"命令,设置颜色为标准色红色。

步骤 3　保存并关闭文档。

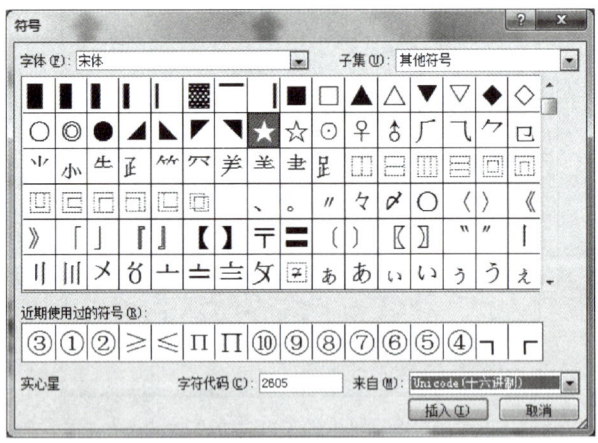

图 1.93　特殊符号的插入

模块 2　电子表格数据处理

任务 1　Excel 基本操作综合训练

1. 任务目标

① 熟练掌握工作表的格式化。
② 熟练应用公式和函数计算工作表中数据。
③ 熟练创建图表。
④ 熟练掌握数据的排序、筛选、分类汇总。
⑤ 掌握工作表的页面设置及打印。

2. 任务要求

现有工作簿"薪水表",按要求实现"薪水表"的格式化、数据计算、制作图表及数据管理分析等操作。操作后的结果如图 2.1~图 2.3 所示。

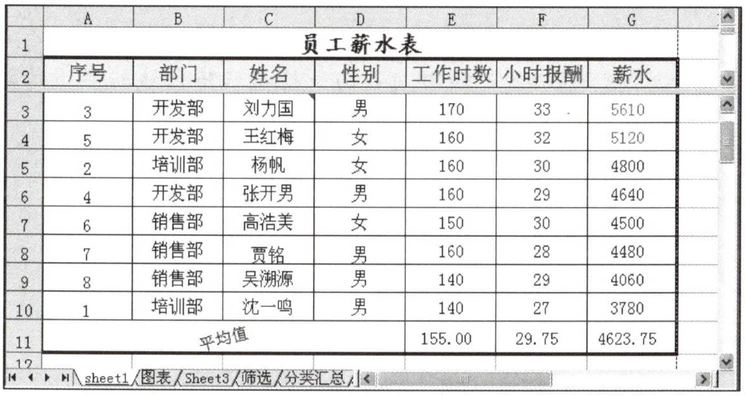

	A	B	C	D	E	F	G
1				员工薪水表			
2	序号	部门	姓名	性别	工作时数	小时报酬	薪水
3	3	开发部	刘力国	男	170	33	5610
4	5	开发部	王红梅	女	160	32	5120
5	2	培训部	杨帆	女	160	30	4800
6	4	开发部	张开男	男	160	29	4640
7	6	销售部	高浩美	女	150	30	4500
8	7	销售部	贾铭	男	160	28	4480
9	8	销售部	吴溯源	男	140	29	4060
10	1	培训部	沈一鸣	男	140	27	3780
11			平均值		155.00	29.75	4623.75

图 2.1　薪水表格式化后的效果

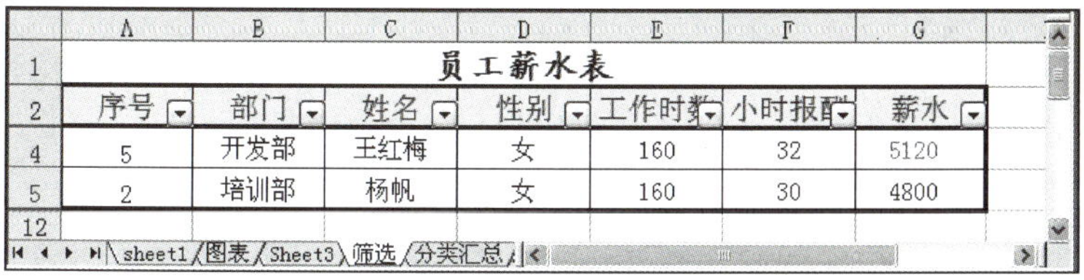

	A	B	C	D	E	F	G
1				员工薪水表			
2	序号	部门	姓名	性别	工作时数	小时报酬	薪水
4	5	开发部	王红梅	女	160	32	5120
5	2	培训部	杨帆	女	160	30	4800

图 2.2　薪水表筛选结果

图 2.3 薪水表分类汇总结果

3．任务步骤

步骤 1　"薪水表"的格式化操作。

① 打开现有工作簿"薪水表",选择工作表 Sheet1。自动填充 1、2~8 的序号。

🔔【小提示】

在 A4 单元格输入"2",然后选中 A3 和 A4,向下拖动选中区域的右下角的自动填充柄,如图 2.4 所示。

图 2.4　自动填充

② 将标题"员工薪水表"所在行 A1:G1 合并成一个单元格,单元格的水平对齐方式为"居中",垂直对齐方式为"靠下",字号 16,字体为"楷体 _GB2312",加粗。

【小提示】

选择单元格 A1:G1,选择"开始→单元格→格式"命令,打开"格式"下拉列表,选择"设置单元格格式"命令,打开"设置单元格格式"对话框,选择"对齐"选项卡,如图 2.5 所示,水平对齐选择"居中",垂直对齐选择"靠下";文本控制选择"合并单元格";选择"字体"选项卡,如图 2.6 所示,在字体中选择"倾斜",在字形中选择"加粗",在字号中选择"16"。

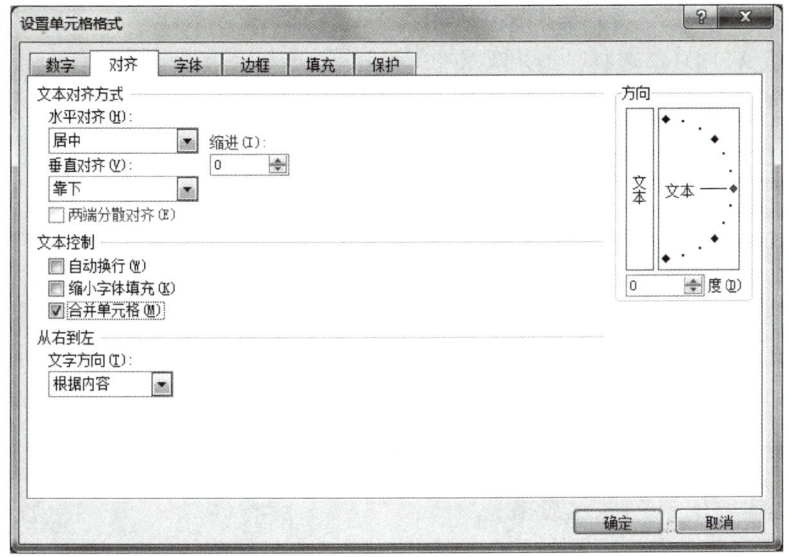

图 2.5 "对齐"选项卡

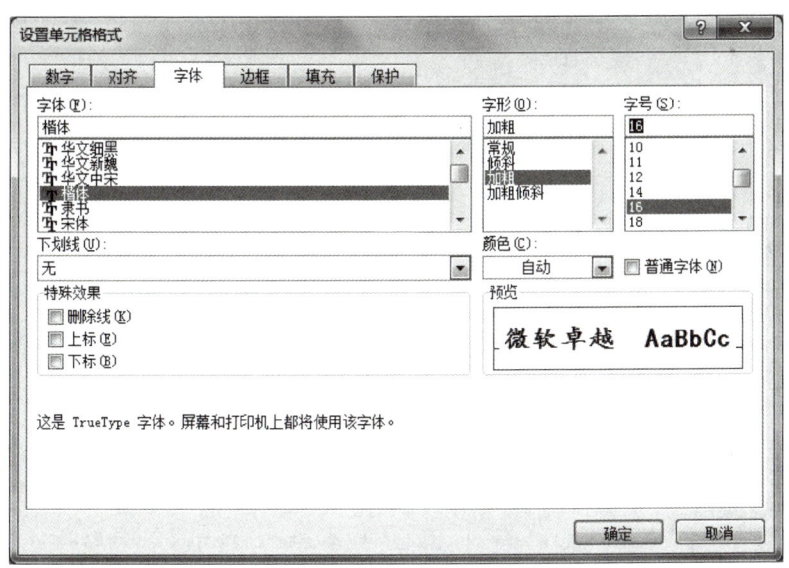

图 2.6 "字体"选项卡

③ 将单元格区域 A2:G2 设置蓝色文字,浅绿色底纹、字号 14 号;A2:G11 文字居中对齐;A11:D11 合并居中,将合并后的单元格对齐为倾斜 15 度。

【小提示】

选择单元格 A2:G2,选择"字体颜色"工具按钮 ,在打开的颜色浮动面板中选择"蓝色";选择"填充颜色"按钮 ,在打开的颜色浮动面板中选择"浅绿色";选择"字号"按钮 ,在其下拉列表中选择"14"。

选择单元格 A2:G11,选择"居中"按钮 。

选择单元格 A11:D11,选择"合并及居中"按钮,选择"开始→单元格→格式"命令,打开"格式"下拉列表,选择"设置单元格格式"命令,打开"设置单元格格式"对话框,选择"对齐"选项卡,如图 2.5 所示,在方向中调整文本倾斜 15 度或直接输入 15 度。

④ 设置表列宽度为 10,高度为 20。

【小提示】

选择表中任意一个单元格,选择"开始→单元格→格式"命令,打开"格式"下拉列表,选择"列宽"命令,打开"列宽"对话框,如图 2.7 所示,输入"10"后单击"确定"按钮;选择"开始→单元格→格式"命令,打开"格式"下拉列表,选择"行高"命令,打开"行高"对话框,如图 2.8 所示,输入"20"后单击"确定"按钮。

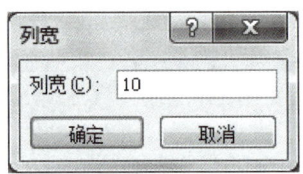 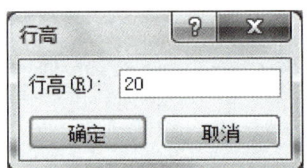

图 2.7 "列宽"对话框　　　　图 2.8 "行高"对话框

⑤ 将单元格区域 A3:A7 设置为"文本"格式。

【小提示】

选中 A3:A7 单元格,选择"开始→单元格→格式"命令,打开"格式"下拉列表,选择"设置单元格格式"命令,打开"设置单元格格式"对话框,选择"数字"选项卡,在"数字"选项卡中选择"文本",如图 2.9 所示。

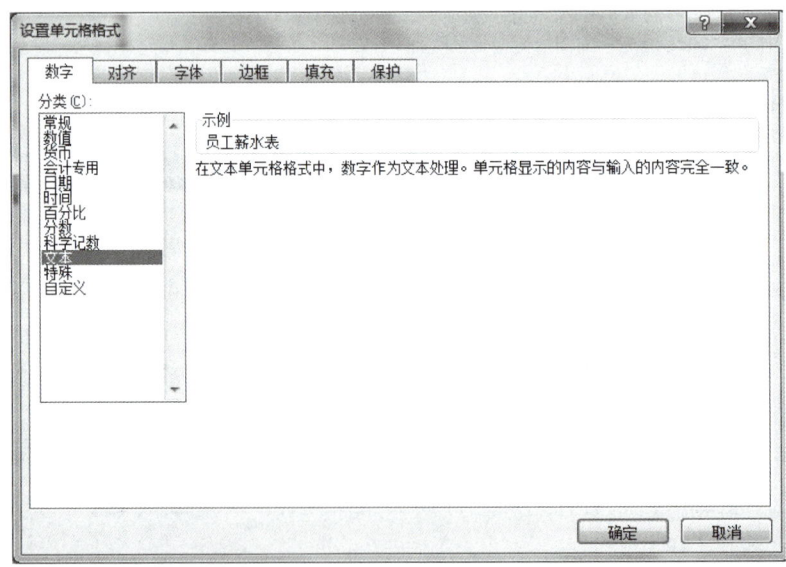

图 2.9 "数字"选项卡

⑥ 为"刘力国"（C5单元格）添加批注"开发部经理"。

【小提示】

选择 C5 单元格，选择"审阅→批注→新建批注"命令，如图2.10所示，在弹出的文本框中输入文字"开发部经理"。

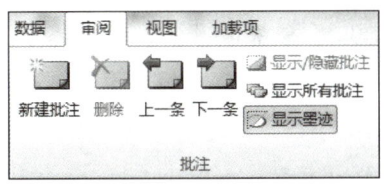

图 2.10 "审阅"选项卡的"批注"选项组

步骤 2 "薪水表"的公式计算。
① 利用公式计算薪水（"薪水"="工作时数"×"小时报酬"）。

【小知识】

公式是以=（等号）开始对工作表中数值进行计算的式子。公式中可以包括引用、运算符、常量、函数等内容。一个公式被输入后，它同时显示在编辑栏和单元格中，区别是单元格中显示的是公式的计算结果，而编辑栏中显示公式本身。

公式中常用的运算符包括加（+）、减（-）、乘（*）、除（/）以及小括号。

【小提示】

选择将要存放结果的单元格 G3，直接输入公式"=E3*F3"，按回车键即能求出序号为"1"员工的薪水，拖动 H3 单元格右下角的填充柄 填充至 G8 单元格（或双击填充柄 ）可求出所有员工薪水。

② 计算"工作时数"、"小时报酬"及"薪水"的平均值。

【小知识】

函数是预先编写好的程序，能够执行特定的计算和处理功能。

a. 求和函数 SUM

格式：SUM（Number1，Number2，…）

功能：计算单元格区域中所有数值的和。

b. 求平均值函数 AVERAGE

格式：AVERAGE（Number1，Number2，…）

功能：返回其参数的算术平均值。

c. 求最大值函数 MAX

格式：MAX（Number1，Number2，…）

功能：返回一组数值中的最大值。

d. 求最小值函数 MIN
格式：MIN(Number1, Number2, …)
功能：返回一组数值中的最小值。

【小提示】

选择将要存放结果的单元格 E11，单击"自动求和"按钮 Σ 右侧的下拉选单，选择"平均值"命令，系统即显示公式 =AVERAGE(E3:E10)，计算范围为 E3:E10 单元格区域，按回车键求出工作小时平均值；利用填充柄向右填充至 G11，可求出小时报酬及薪水的平均值。

③将计算均值的结果保留两位小数。

【小提示】

E11 单元格中的数据恰好被整除，没有小数，单击工具栏上的"增加小数位数"按钮 两次，将小数位调整保留到小数点后两位，结果为 155.00。

步骤 3 为"薪水表"设置条件格式：将"薪水"列中大于 5 000 的数据，文字颜色设置为红色。

【小提示】

选择 G3:G10 单元格，选择"开始→样式→条件格式→突出显示单元格规则→大于"命令，如图 2.11 所示。打开"大于"对话框，输入如图 2.11 所示的条件后，在"设置为"下拉列表中选择"红色文本"，如图 2.12 所示。

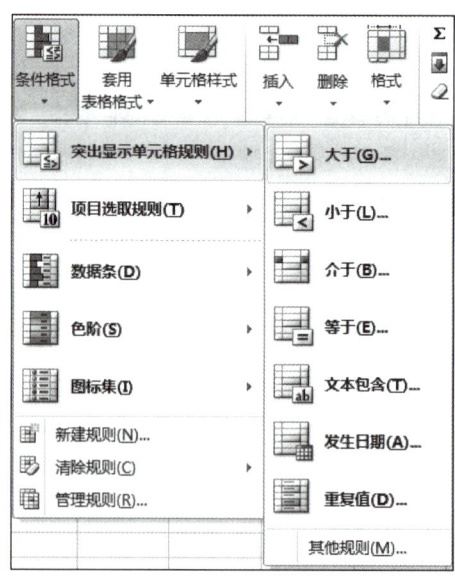

图 2.11 条件格式化

步骤 4 为"薪水表"添加边框：给整个表格 A2:G11 添加粗线外边框、细线内部框线。

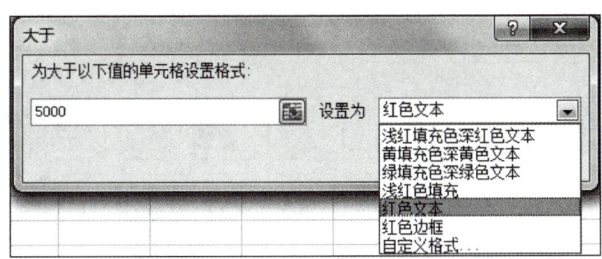

图 2.12 "大于"对话框

【小提示】

选择单元格区域 A2:G11,选择"开始→单元格→格式"命令,打开"格式"下拉列表,选择"设置单元格格式"命令,打开"设置单元格格式"对话框,选择"边框"选项卡,选择"线条"样式中的粗线,选择"预置"中的田按钮设置外框线,单击田按钮设置内框线,如图 2.13 所示。

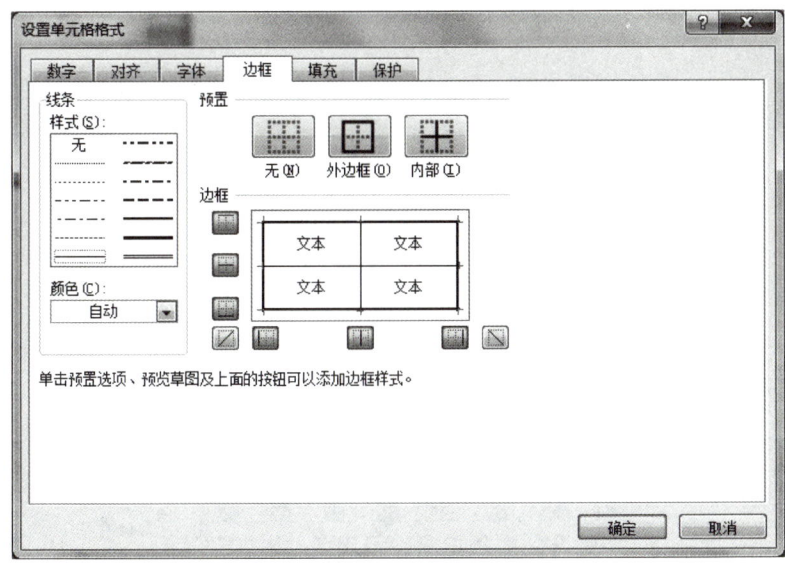

图 2.13 "边框"选项卡

步骤 5 为"薪水表"添加图表。

① 应用"姓名"列和"薪水"列的数据制作图表,并作为当前 Sheet 的对象插入,图表标题为"个人薪水一览图"。图表类型为"簇状柱形图",图形颜色(153,153,255),图表的图例位置设置在底部,数据标签显示值,坐标轴刻度最小值 0,最大值 6 000,添加主要网格线。

【小提示】

选择 C2:C10 单元格,按住 Ctrl 键,选择 G2:G10 单元格,选择"插入→图表"命令,单击"图表"选项组中的右下角的小箭头按钮(对话框启动器按钮),打开"插入图表"对话框,如图 2.14 所示,单击"确定"按钮。

图 2.14 "插入图表"对话框

【小提示】

在图表中的标题区域输入"个人薪水一览图",如图 2.15 所示。

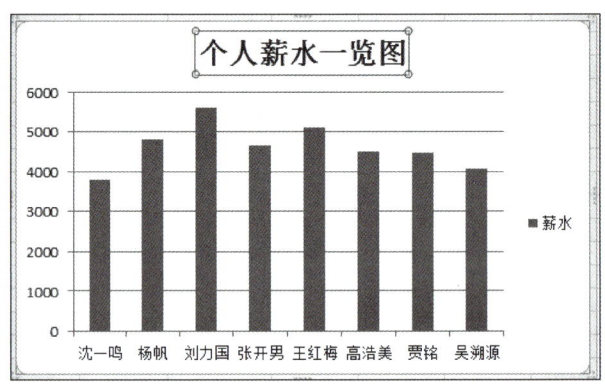

图 2.15 图表的标题区域

【小提示】

选中图表,选择"图表工具→格式→形状样式→形状填充"命令,打开"形状填充"的下拉列表,选择"其他填充颜色",如图 2.16 所示。在红色、绿色和蓝色的文本框中输入相应的数值,如图 2.17 所示。

【小提示】

选中图表,选择"图表工具→布局→标签→图例"命令,打开"图例"下拉列表,选择"在底部显示图例",如图 2.18 所示。

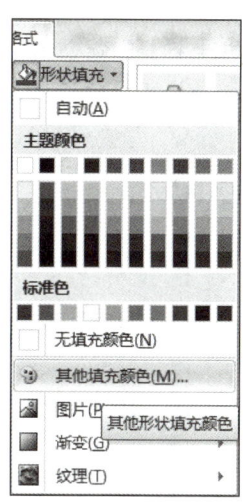

图 2.16　图表的形状填充

图 2.17　设置图形的颜色

【小提示】

选中图表,选择"图表工具→布局→标签→数据标签"命令,在"数据标签"下拉列表中选择"其他数据标签选项",打开"设置数据标签格式"对话框,选择"标签"选项卡,在"标签包括"组中,勾选"值"复选框,如图 2.19 所示。

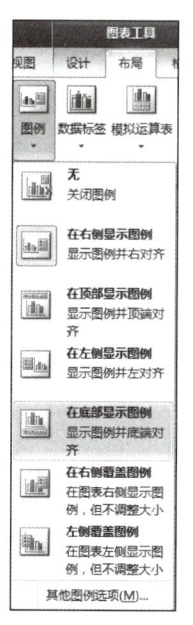

图 2.18　图例的设置

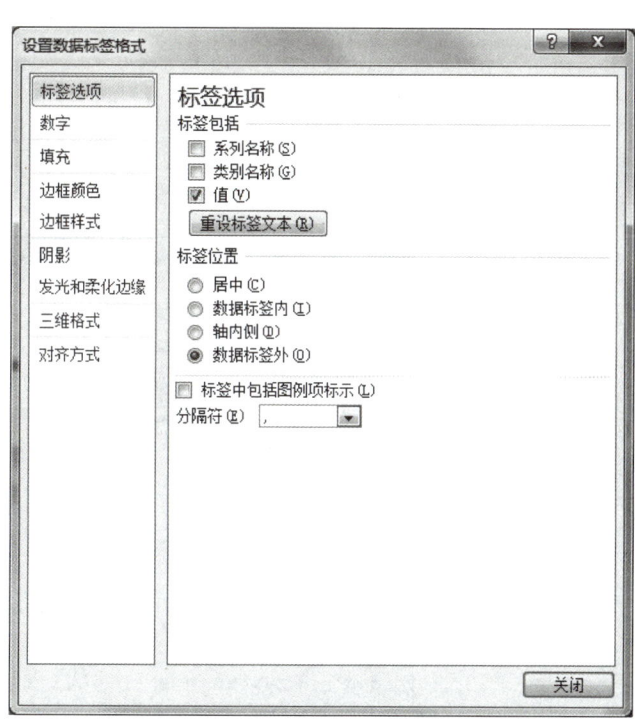

图 2.19　数据标签的设置

【小提示】

选中图表,选择"图表工具→布局→坐标轴→坐标轴→主要纵坐标轴"命令,在"主要纵坐标轴"下拉列表中选择"其他主要纵坐标轴选项",打开"设置坐标轴格式"对话框,设置"最小值"为固定值 0,设置"最大值"为固定值 6 000,如图 2.20 所示。

图 2.20　坐标轴的设置

【小提示】

选中图表,选择"图表工具→布局→坐标轴→网格线→主要横网格线→主要网格线"命令,如图 2.21 所示。

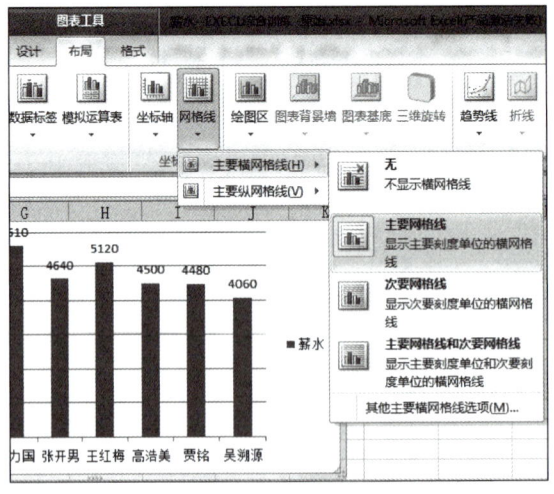

图 2.21　网格线的设置

② 插入 Sheet2,将图表移动到 Sheet2 中,以 B6 为起始位置,更改图表类型为"簇状条形图",将 Sheet2 重命名为"图表"。

【小提示】

在窗口下方的工作表管理栏中,单击"插入工作表"按钮 可以插入工作表。
选中图表,右击鼠标,选择"移动图表"命令,打开"移动图表"对话框,在"对象位于"的下拉列表中选择 Sheet2,如图 2.22 所示。

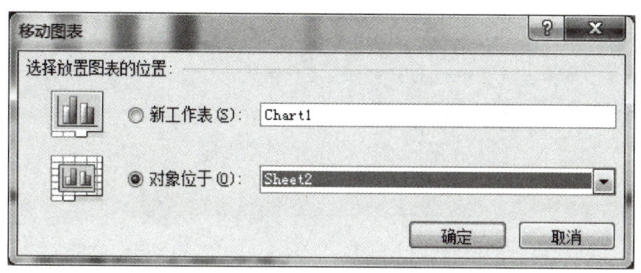

图 2.22　移动图表

选中图表,右击鼠标,选择"更改图表类型"命令,打开"更改图表类型"对话框,选择"条形图"选项卡下的"簇状条形图",如图 2.23 所示。

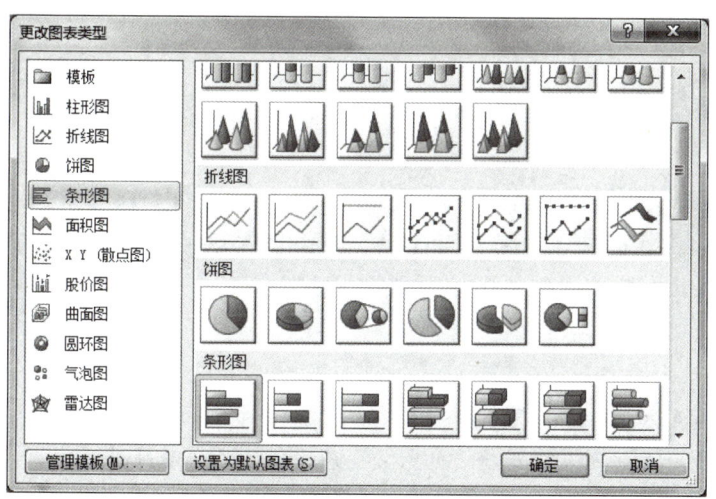

图 2.23　更改图表类型

移动图表至 Sheet2 中的 B6 单元格。双击名称为 Sheet2 的工作表标签,此时工作表标签变为黑底白字 \Sheet1\Sheet2\Sheet3\,输入名称为"图表",按回车键确认。

步骤 6　为"薪水表"排序:将表中的数据以"薪水"为关键字,按降序排序。

【小提示】

选中 A2:G10 单元格区域,选择"数据→排序和筛选→排序"命令,打开"排序"对话框,如

图 2.24 所示。在"主要关键字"下拉列表中选择"薪水",排序依据为"数值",次序为"降序",单击"确定"按钮完成。

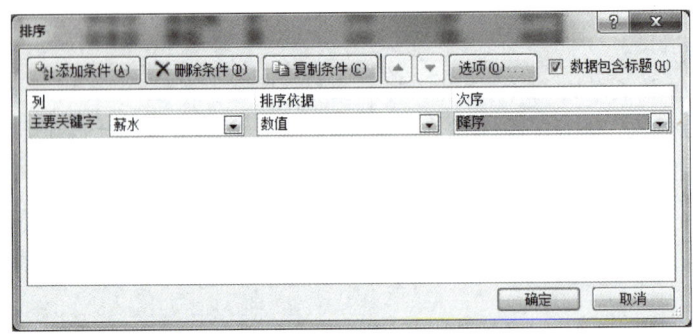

图 2.24 "排序"对话框

【小知识】

"关键字"指排序的依据,即数据表中某列的名称。

步骤 7 "薪水表"的筛选。

① 将工作表 Sheet1 复制一份并重命名为"筛选"。

【小知识】

筛选指快速从数据列表中查找出满足既定条件的数据,对于不满足条件的行进行隐藏。

【小提示】

选择要复制的 Sheet1 工作表标签,同时按住 Ctrl 键,沿工作表标签向右拖动鼠标,释放鼠标即生成工作表 Sheet1（2）。右击名为 Sheet1（2）的工作表,将工作表重命名为"筛选"。

② 筛选出工作小时高于或等于 160 小时的女员工。

【小提示】

选中数据清单 A2:G10,选择"数据→排序和筛选→筛选"命令,在"性别"下拉列表中选择"女";在"工作小时"下拉列表中选择"自定义",在"自定义自动筛选方式"对话框中,定义条件选择"大于或等于",输入数值"160",单击"确定"按钮完成。

步骤 8 "薪水表"的分类汇总。

【小知识】

分类汇总是对数据列表按某一字段进行分类,将同类别数据放在一起,然后按类进行汇总处理,如求和、计数、平均值、最大值、最小值和乘积等统计运算。

① 将工作表 Sheet1 复制一份并重命名为"分类汇总"。

【小提示】

选择要复制的 Sheet1 工作表标签,同时按住 Ctrl 键,沿工作表标签向右拖动鼠标,释放鼠标即生成工作表 Sheet1(2)。右击名为 Sheet1(2)的工作表标签,将工作表重命名为"分类汇总"。

② 以"部门"为分类字段对"薪水"按"求和"方式分类汇总。

【小提示】

a. 选中数据清单 A2:G10,选择"数据→排序"命令,打开"排序"对话框。在"主要关键字"下拉列表中选择"部门",单击"确定"按钮完成,如图 2.25 所示。

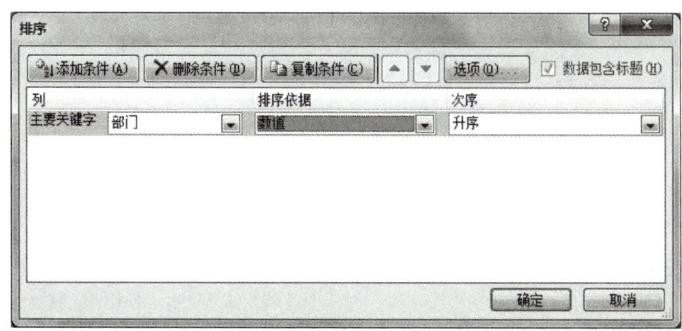

图 2.25 "排序"对话框

b. 选中数据清单 A2:G10,选择"数据→分级显示→分类汇总"命令,打开"分类汇总"对话框,如图 2.26 所示。分类字段选择"部门";汇总方式选择为"求和";选定汇总项选择为"薪水",单击"确定"按钮完成。

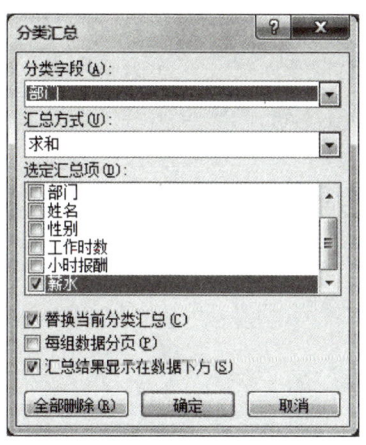

图 2.26 "分类汇总"对话框

步骤 9 将工作表 Sheet1 从 A3 位置拆分两个窗口。

【小知识】

工作表的拆分是把当前工作表窗口按照"横向"或"纵向"将其拆分成几个窗口,每个窗口

都可以显示工作表。

如果工作表数据较多,使用滚动条查看数据时将出现无法显示行、列标题的情况。工作表的冻结就是将当前工作表窗口的上部或左部固定住,不随滚动条滚动,通常是将行标题或列标题进行冻结,便于用户查看数据。

【小提示】

选择 A3 单元格,选择"视图→窗口→拆分"命令,如图 2.27 所示。

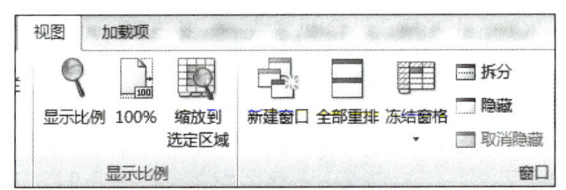

图 2.27 拆分窗口

步骤 10 "薪水表"的页面设置。
① 设置纸张大小为 A4,方向为纵向,上页边距为 3,下页边距为 3。

【小提示】

选择"页面布局→页面设置"选项组中的右下角的小箭头按钮 (对话框启动器按钮),打开"页面设置"对话框,在"页面"选项卡中方向默认为"纵向",纸张大小为"A4",如图 2.28 所示;选择"页边距"选项卡,设置上页边距为 3,下页边距为 3,如图 2.29 所示。

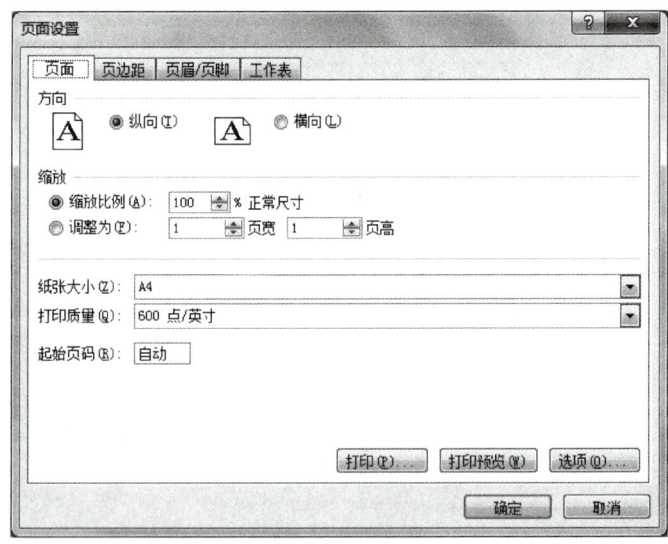

图 2.28 设置"页面"

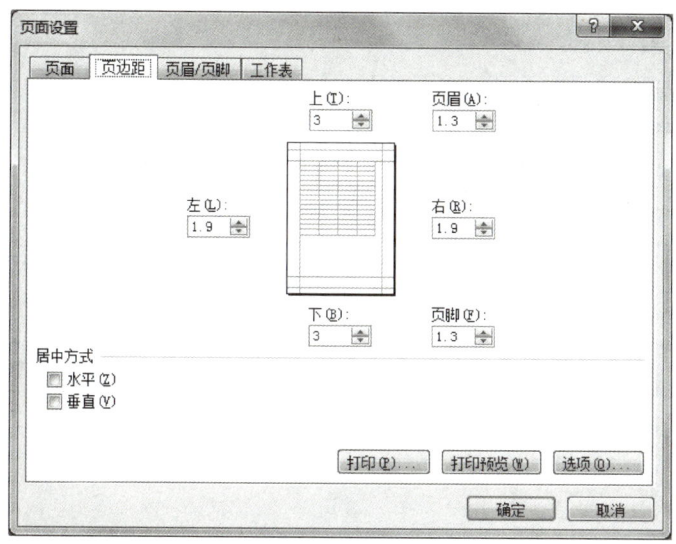

图 2.29 设置"页边距"

② 设置页眉"工资统计",位置"中",设置页脚"2019 年 12 月工资",位置"右"。

【小提示】

选择"页面设置"对话框中"页眉/页脚"选项卡,单击"自定义页眉"按钮,打开"页眉"对话框,在中间设置"工资统计",如图 2.30 所示;单击"自定义页脚"按钮,打开"页脚"对话框,在右侧设置"2019 年 12 月工资",如图 2.31 所示。

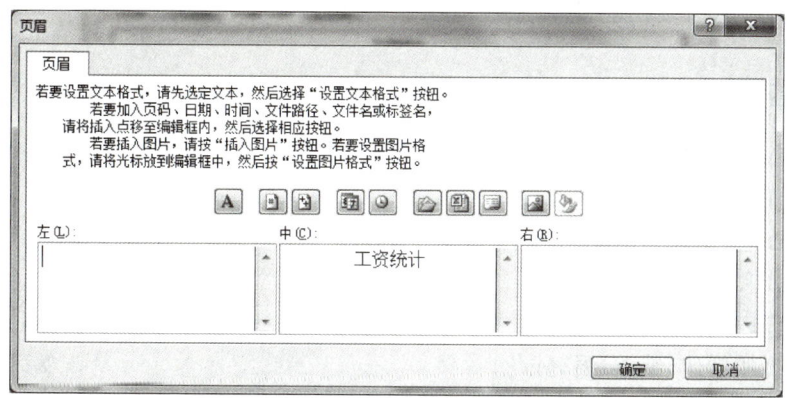

图 2.30 自定义页眉

③ 单击"打印预览"按钮 查看打印效果。

步骤 11 复制其他文件中的数据。

插入工作表,命名为"日照数据",并将"部分日照数据.txt"中的全部数据复制到当前表中,并将贵阳和昆明两行互换。

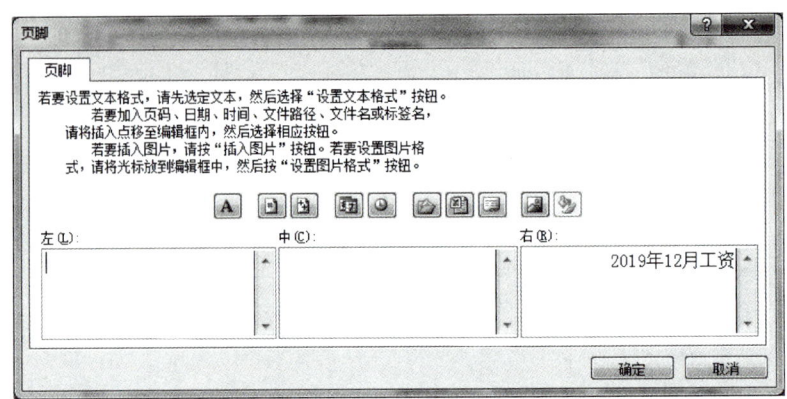

图 2.31　自定义页脚

【小提示】

在窗口下方的工作表管理栏中,单击"插入工作表"按钮可以插入工作表,重命名为"日照数据"。打开"部分日照数据.txt"文件,复制全部内容,粘贴到"日照数据"工作表中。

【小提示】

在"日照数据"工作表中,单击行号2,右击鼠标,在快捷菜单中选择"插入"命令,则在其前面插入空行,单击行号4,复制该行,粘贴到第2行,删除第4行空行,实现将两行的内容互换。

任务2　成绩表的计算与设计

1. 任务目标

① 掌握工作表的复制与移动。
② 掌握工作表中数据的输入及编辑。
③ 掌握工作表、单元格的编辑。
④ 掌握公式和函数的使用。
⑤ 掌握工作表的格式化操作。
⑥ 掌握图表的创建、编辑和格式化。
⑦ 掌握数据的排序。
⑧ 掌握数据的筛选。
⑨ 掌握数据的分类汇总。

2. 任务要求

① 工作表计算与设计操作。"工作簿1.xlsx"为2018级信息与计算科学专业的期末考试的部分成绩单,对该成绩单进行数据输入、计算总分、平均分、最高分、最低分、名次以及格式化工

作表。

② 图表操作。根据"姓名"列和"总分"列插入带有标记的数据折线图、根据杨青青的各科成绩插入饼图,并显示值和百分比,对图表进行编辑,效果如图 2.32 所示。

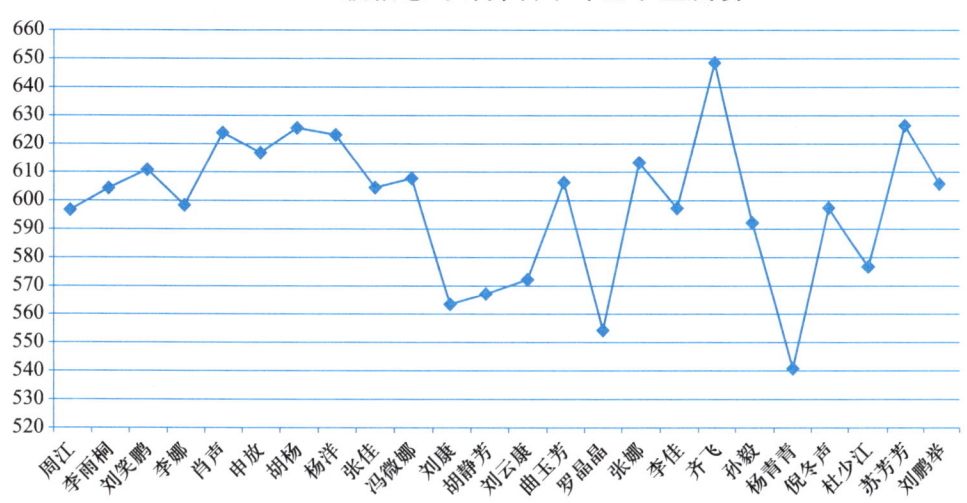

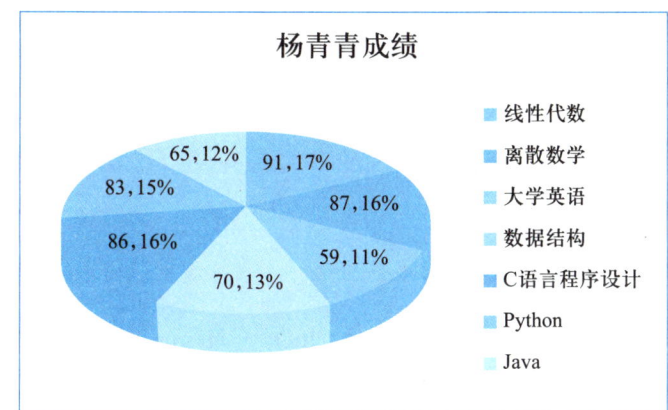

图 2.32　图表

③ 排序练习。根据"总分"列进行降序排序,当总分相同时,以线性代数成绩降序排序。
④ 筛选练习。效果如图 2.33 所示。

学号	姓名	班级	线性代	离散数	大学英	数据结	C语言程序设计
08101004	李娜	3班	78	95	87	82	93
08101012	胡静芳	3班	76	94	92	83	76
08101015	罗晶晶	3班	91	89	70	92	70
08101020	杨青青	3班	91	87	91	70	86

图 2.33　筛选结果

⑤ 分类汇总练习。效果如图 2.34 所示。

图 2.34　分类汇总结果

3. 任务步骤

步骤 1　输入及编辑工资表。

① 启动 Excel2010。

方法一：选择"开始→所有程序→ Microsoft Office → Microsoft Excel 2010"命令。

方法二：双击桌面上的 Excel 快捷方式图标 。

② 将工作簿命名为"考试成绩单"。

a. 选择"文件→保存"命令或单击快速访问工具栏中的"保存"按钮，弹出"另存为"对话框。

b. 在"保存位置"选择欲存文件的文件夹。

c. 在"文件名"中将默认名称"工作簿 1.xlsx"改为"考试成绩单.xlsx"，单击"保存"按钮完成保存。

【小知识】

工作簿是用于存储并处理数据的文件，Excel 文档的扩展名为 xlsx，工作簿名就是文件名。工作表是工作簿的组成部分，是 Excel 对数据进行组织和管理的基本单位。工作表中行和列交叉处即为一个单元格，它是组成工作表的最小单位。列标号由用英文字母 A，B，…，Z，AA，

AB，…表示，共 16 384（2^14）列，行标号用数字 1，2，…表示，共 1 048 576（2^20）。

③ 将工作表 Sheet1 重命名为"期末成绩表"。

工作表标签位于工作表底部左侧，用于显示工作表的名称。操作步骤如下。

a. 右击名称为 Sheet1 的工作表，在弹出的快捷菜单中选择"重命名"命令（或双击工作表标签），此时工作表标签变为黑底白字 \Sheet1/Sheet2/Sheet3/ 。

b. 输入名称"期末成绩单"，按 Enter 键确认。

④ 在工作表中输入如图 2.35 所示的数据。

	A	B	C	D	E	F	G	H	I	J	K	L
1	2018级信息与计算科学专业学生成绩单											
2	学号	姓名	班级	线性代数	离散数学	大学英语	数据结构	C语言程序设计	Python	Java	总分	平均分
3	08101001	周江	1班	68	86	92	76	86	90	99		
4	08101002	李雨桐	2班	87	76	92	95	78	87	89		
5	08101003	刘笑鹏	2班	83	75	96	87	92	93	85		
6	08101004	李娜	3班	78	88	87	82	93	83	87		
7	08101005	肖声	5班	92	87	87	95	90	97	76		
8	08101006	申放	2班	88	98	92	89	83	91	76		
9	08101007	胡杨	4班	80	92	83	95	92	93	91		
10	08101008	杨洋	5班	91	89	87	95	90	96	75		
11	08101009	张佳	4班	92	97	92	78	95	78	72		
12	08101010	冯微娜	5班	76	92	98	87	91	92	72		
13	08101011	刘康	2班	91	75	76	95	74	87	65		
14	08101012	胡静芳	3班	76	94	92	83	76	93	53		
15	08101013	刘云康	1班	85	74	91	66	91	92	73		
16	08101014	曲玉芳	2班	92	94	89	92	76	89	74		
17	08101015	罗晶晶	3班	88	89	70	92	51	83	81		
18	08101016	张娜	4班	83	95	94	82	93	84	82		
19	08101017	李佳	3班	95	90	92	78	95	78	69		
20	08101018	齐飞	4班	92	83	96	98	87	95	98		
21	08101019	孙毅	1班	93	92	92	86	73	82	74		
22	08101020	杨青青	3班	91	87	59	70	86	83	65		
23	08101021	倪冬声	5班	95	68	87	87	92	91	78		
24	08101022	杜少江	1班	83	90	92	78	86	73	75		
25	08101023	苏芳芳	1班	88	82	92	89	88	91	97		
26	08101024	刘鹏举	4班	70	80	96	91	92	93	84		
27	最高分											
28	最低分											

图 2.35　期末考试数据

"序号"列使用填充方法，由于输入内容以"0"开头，可将单元格格式设置为文本形式。选中 A3:A26 单元格，单击"开始→数字"组右下角的小箭头按钮 （对话框启动器按钮），打开"设置单元格格式"对话框，如图 2.36 所示，在"数字"选项卡中选择"文本"。在 A3 单元格内输入"08101001"，然后选中 A3 单元格，将鼠标放置到其右下角的填充柄 上，拖动鼠标将内容填充至 A26 单元格。

🔑【小技巧】

在输入以 0 开头的数字时，可先在单元格中先输入半角单引号"'"，再输入以 0 开头的数字 ，可将数字自动转换为文本形式。

图 2.36 "设置单元格格式"对话框"数字"选项卡

步骤 2 应用公式或函数计算总分、平均分、最高分、最低分。

【小知识】

公式与函数是 Excel 的重要组成部分。公式是对数据进行分析处理的等式,公式以"="开始,由操作数和运算符组成,通常手动输入公式。

函数是由系统预定义的公式,通过使用参数来按特定的顺序或结构执行计算,通常在"开始→编辑"组中的 Σ 自动求和 ▼ 按钮中的下拉菜单选择公式。

① 计算总分。

选择 K3 单元格,单击"开始→编辑"组中的 Σ 自动求和 ▼ 按钮,此时在 K3 单元格中显示"=SUM(D3:J3)",按回车键,求出序号为"0810001"学生的总分,拖动 K3 单元格右下角的填充柄填充至 K26 单元格可求出所有学生的总分。

② 计算平均分并保留两位小数。

选择 L3 单元格,单击 Σ 自动求和 ▼ 按钮右侧的下三角形,在下拉列表中选择"平均值",如图 2.37 所示,L3 单元格显示公式"=AVERAGE(D3:K3)",计算范围应该为 D3:J3 单元格区域,重新选择要计算的单元格区域 =AVERAGE(D3:J3),如图 2.38 所示,按回车键求出平均分;利用填充柄向下填充至 L26,可求出相应数列的平均分。

图 2.37 "自动求和"下拉列表

任务 2　成绩表的计算与设计

图 2.38　重新选择平均分计算的单元格区域

打开"设置单元格格式"对话框，选择"数字"选项卡，在分类中选择"数值"，小数位数为"2"，单击"确定"按钮，如图 2.39 所示。

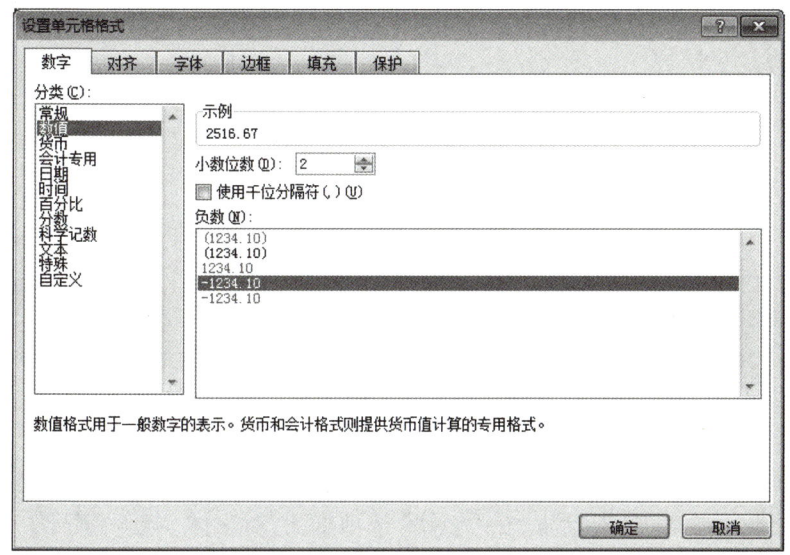

图 2.39　设置单元格格式 – 数字 – 小数位数

【小技巧】

利用"开始→数字"组的"增加小数位数"按钮、"减少小数位数"按钮，将小数位调整保留到小数点后两位。

③ 计算最高分。

选择 D27 单元格，单击 Σ 自动求和 ▼ 按钮右侧的下三角形，在下拉列表中选择"最大值"，D27 单元格显示公式"=MAX(D3:D26)"，按回车键求出最高分；利用填充柄向右填充至 L27，可求出相应数列的最高分。

④ 计算最低分。

选择 D28 单元格，单击 Σ 自动求和 ▼ 按钮右侧的下三角形，在下拉列表中选择"最小值"，D28 单元格显示公式"=MIN( )"，修改公式的范围为"=MIN(D3:D26)"，按回车键求出最低分；利用填充柄向右填充至 L28，可求出相应数列的最低分。

步骤 3　格式化工资表。

① 复制工作表"期末成绩单"，将副本放置于原表之后，新表重新命名为"格式化"，设置工

作表标签颜色为蓝色。

右击工作表标签"期末成绩单",选择"移动或复制工作表"命令,打开"移动或复制工作表"对话框,如图 2.40 所示。选择"建立副本"复选框,插入位置为 Sheet2 前,单击"确定"按钮完成复制操作。

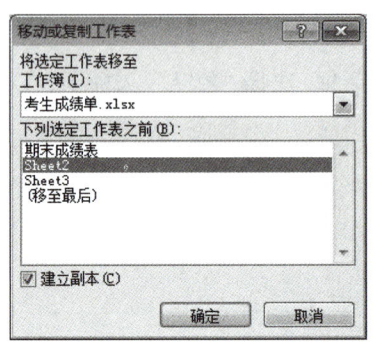

图 2.40 "移动或复制工作表"对话框

右击名为"期末成绩表(2)"的工作表标签将其重命名为"格式化"。

右击工作表标签"格式化",选择"设置工作表标签颜色"命令,选择标准色"蓝色"。

② 将 A1:L1 合并后居中,微软雅黑,加粗,16 号字,字体颜色为蓝色,双下划线;设置 A2:L28 单元格区域字体为"黑体",14 号字,水平、垂直居中排列,单元格区域 A27:C27、A28:C28 合并,水平对齐方式靠右。

选择 A1:L1 单元格区域,单击"开始→字体"组右下角的小箭头按钮（对话框启动器按钮）,打开"设置单元格格式"对话框,在"字体"选项卡下,对字体、字形、字号、字体颜色进行相应的设置,如图 2.41 所示。

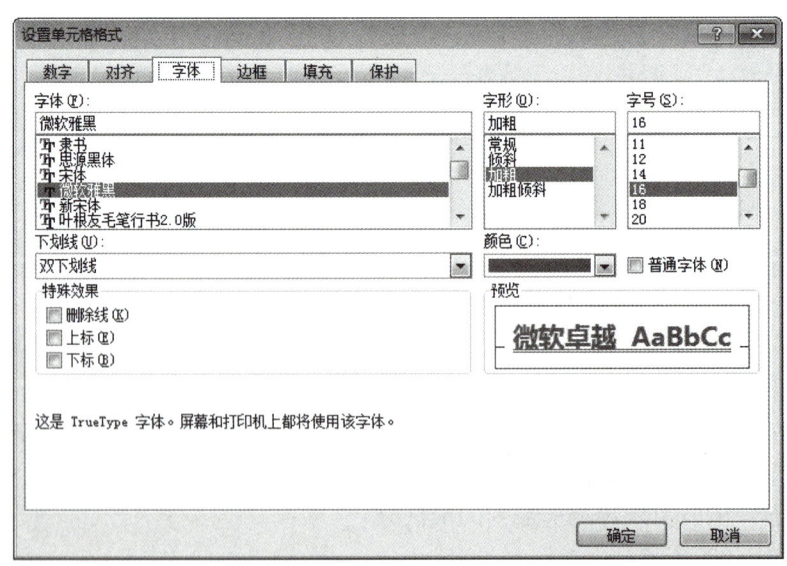

图 2.41 "设置单元格格式"对话框"字体"选项卡

选择单元格区域 A2:L28,在"字体"组中设置字体、字号,在"对齐方式"组中设置水平和垂直对齐方式,如图 2.42 所示。

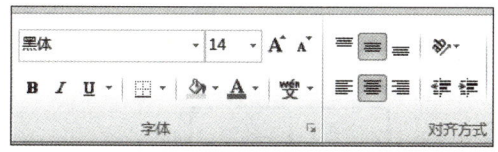

图 2.42 "字体"组

选择单元格区域 A27:C27,合并单元格,设置水平对齐方式靠右。单元格区域 A28:C28 设置方法同上。

③ 在标题行下插入一行,输入日期"2018-7-13",设置调整第 1 行单元格行高为 28,第 3~29 行的单元格的行高为 20,设置第 A~L 列宽为"自动调整列宽"。

选定第 2 行,单击"开始→编辑"组中的"插入"命令,插入一空行,选择 A2 单元格,输入内容"2018-7-13",选择 A2:L2 单元格区域,合并单元格,设置水平对齐方式为右对齐。

选定第 1 行,单击"开始→单元格"组中的"格式"按钮,在下拉列表中选择"行高",如图 2.43 所示,弹出"行高"对话框,在文本框中输入"28",单击"确定"按钮,如图 2.44 所示。选择第 3~29 行,设置行高为"20"。

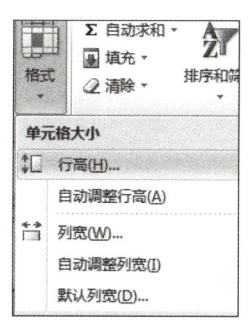

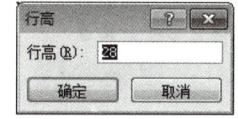

图 2.43 "格式"下拉列表　　图 2.44 "行高"对话框

选择 A~L 列,单击"开始→单元格"组中的"格式"按钮,在下拉列表中选择"自动调整列宽"。

【小提示】

拖动或者双击列标分隔线可以调整单元格宽度。

④ 为表格区域 A3:L29 增加细线内框、粗线外边框;为单元格区域 A4:J27 添加"浅绿色"填充效果,A3:J3、K3:L29 及 A28:L29 添加"浅蓝色"填充效果。

方法一:选择相应单元格区域,单击"开始→格式"组的 按钮右侧下三角按钮,在下拉列表中进行设置。

方法二:选择相应单元格区域,选择"设置单元格格式"对话框中的"边框"和"填充"选项卡进行操作,如图 2.45 和图 2.46 所示。

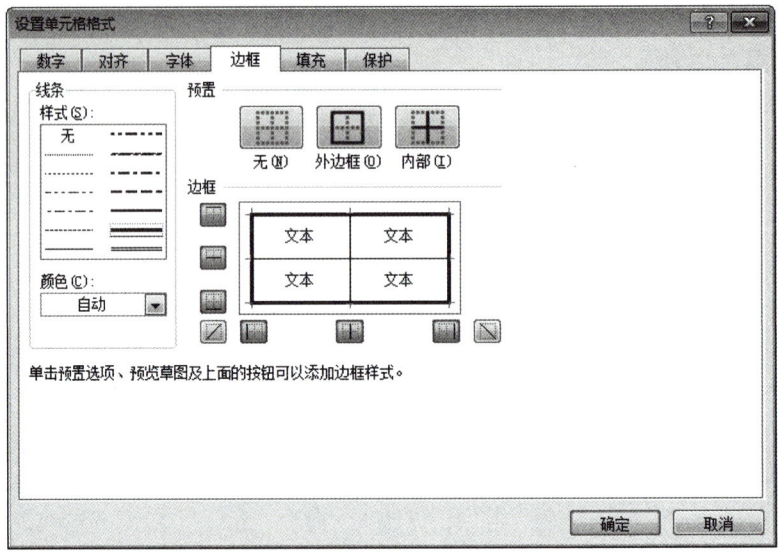

图 2.45 "设置单元格格式"对话框"边框"选项卡

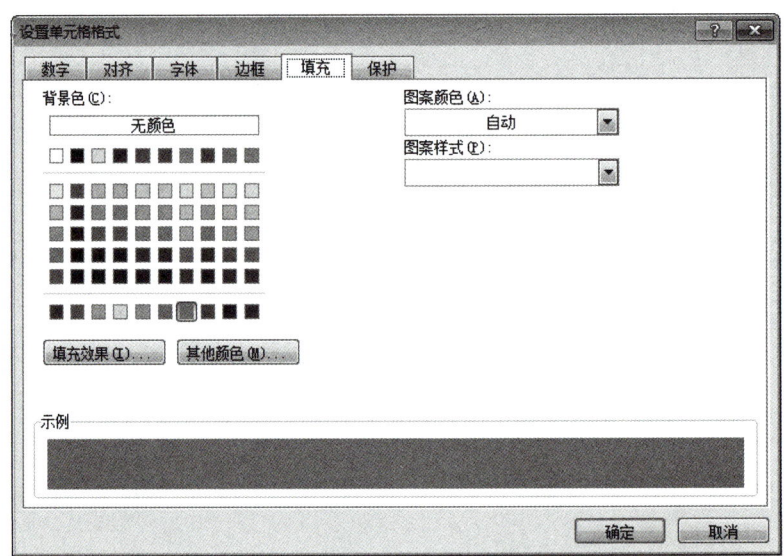

图 2.46 "设置单元格格式"对话框"填充"选项卡

【小提示】

为单元格设置边框,先设置"线条"样式,后设置边框。

【小知识】

Excel 的单元格线都是统一的淡虚线,在打印预览及打印时不会出现。用户可以根据需要设置单元格的边框。

⑤ 为单元格 A2 添加批注，批注内容为"考试时间为 2018-7-10"。

选择 A2 单元格，选择"审阅→批注"组中的"新建批注"命令，在弹出的文本框中输入文字"考试时间为 2018-7-10"。若想更改批注，选择 A2 单元格，选择"批注"组中的"编辑批注"命令进行更改。

⑥ 将大学英语和数据结构两科中低于 80 分的成绩所在的单元格以"浅红填充色深红文本"填充，其他 5 科中大于或等于 95 分的成绩以"黄色底纹"填充，总分最高的前 3 名以"红色文本"填充。

选择 F4:G27 单元格区域，单击"开始→样式"组中的"条件格式"命令，在下拉列表中选择"突出显示单元格规则"，在弹出的级联列表中选择"小于"，如图 2.47 所示，打开"小于"对话框，如图 2.48 所示，在"为小于以下值的单元格设置格式"文本框中输入"80"，"设置为"右侧的下拉列表中选择"浅红填充色深红文本"。

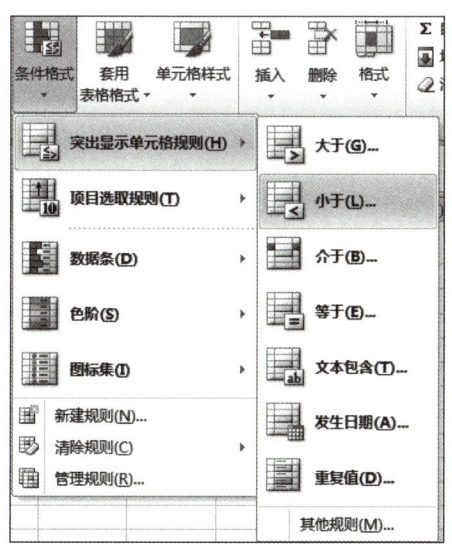

图 2.47　条件格式下拉列表

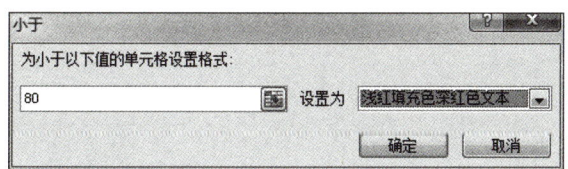

图 2.48　"小于"对话框

选择 D4:E27 和 H4:J27 单元格区域，在打开如图 2.49 所示的条件格式的级联列表中选择"其他规则"，打开"新建格式规则"对话框，规则类型为"只为包含以下内容的单元格设置格式"，在编辑规则说明中分别设置"单元格值"、"大于"、"95"，如图 2.49 所示；单击"格式"命令，在弹出的"设置单元格格式"对话框中选择"填充"选项卡，设置填充颜色为标准色的"黄色"。

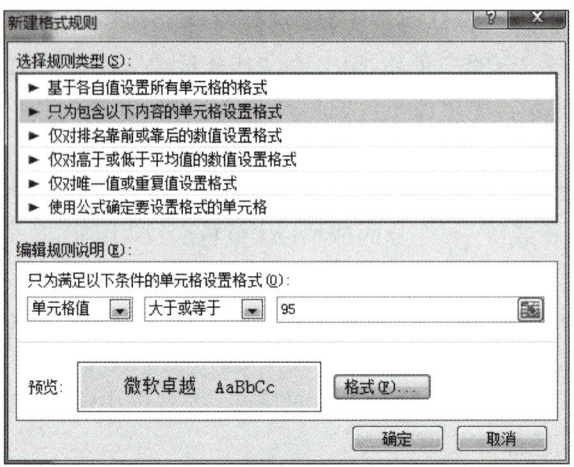

图 2.49 "新建格式规则"对话框

【小知识】

图表是表格中数据的图形表示,在图表中可形象地比较各项数据的关系。当工作表中的数据源发生变化时,图表中相对应的数据会自动更新。为了描述不同数据间的关系,应为其选择不同类型的图表,Excel 提供的图表类型有柱形图、折线图、饼图、条形图、面积图、X Y (散点图)、股价图、曲面图、圆环图、气泡图和雷达图 11 种,每种类型各有子类型,不同图表类型适合于不同的数据类型。比较常用的是柱形图、折线图和饼图。

步骤 4 根据"姓名"和"总分"列插入带数据标记的折线图表。

① 复制工作表"格式化",将副本放置于原表之后,新表重新命名为"图表",设置工作表标签颜色为"橙色"。

② 先选择 B3:B27 单元格区域,按住 Ctrl 键,再选择 K3:K27 单元格区域,在"插入→图表"选项组中单击"折线图"按钮,选择"带数据标记的折线图",如图 2.50 所示。

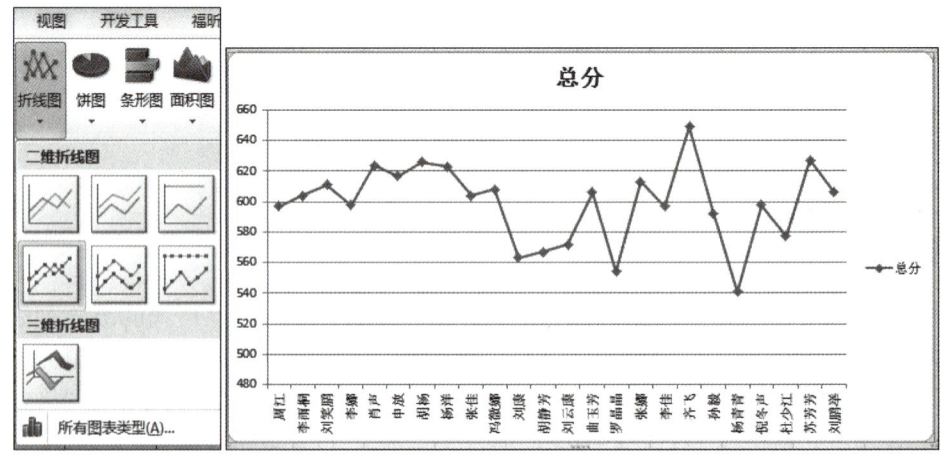

图 2.50 插入折线图

步骤 5 对图表进行格式化操作。

① 设置图表的图例。选中图表,在图表工具"布局→标签"选项组中,单击"图例"按钮,选择"无",如图 2.51 所示。

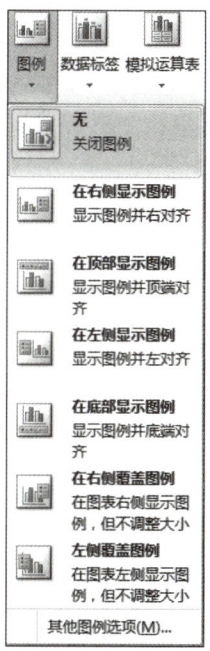

图 2.51 设置图例

② 修改图表标题。双击图表标题位置,删除"总分",输入新的标题内容"2018 级信息与计算科学专业学生成绩",如图 2.52 所示。

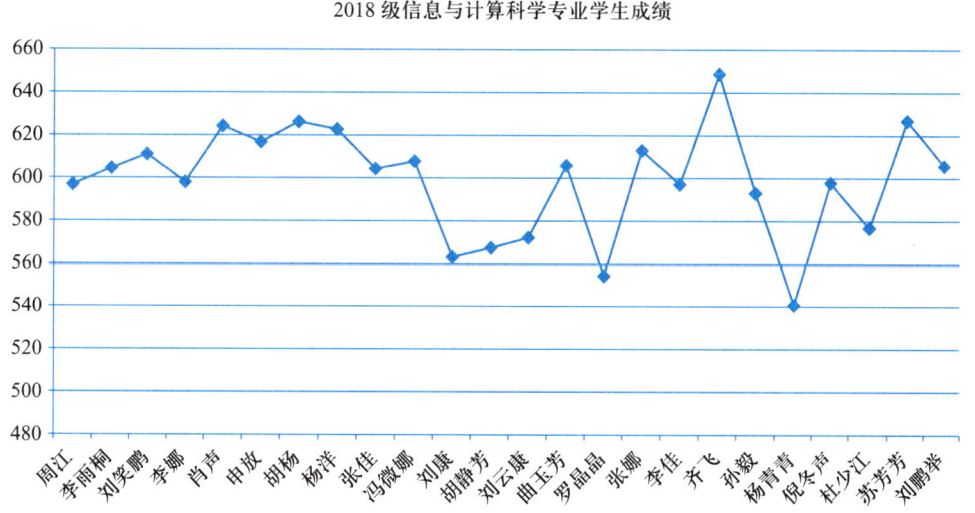

图 2.52 图表标题

③ 双击纵坐标轴,在"设置坐标轴格式"对话框中选择"坐标轴选项"。更改最小值为"550"、最大值为"660"、主要刻度单位为"10",单击"关闭"按钮,如图 2.53 所示。

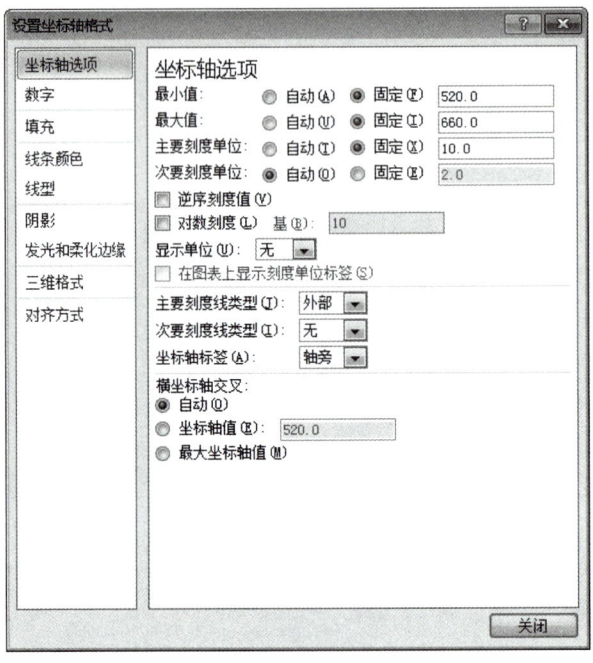

图 2.53 "设置坐标轴格式"对话框

④ 双击图表区和图例区,在打开的"设置图表区格式"和"设置绘图区格式"对话框中,选择适当的填充颜色,图 2.54 所示。

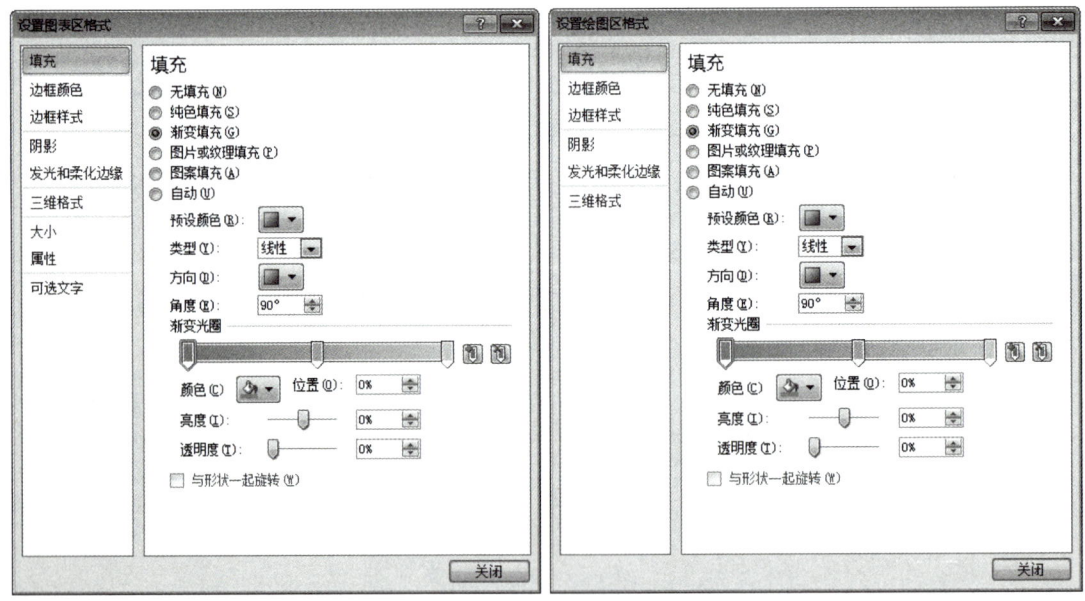

图 2.54 设置图表区格式和设置绘图区格式填充颜色

⑤ 调整图表大小。

步骤 6　根据杨青青的各科成绩插入饼图,并显示百分比。

① 选择单元格 B3,按住 Ctrl 键选择单元格区域 D3:J3、B23、D23:J23,在"插入→图表"选项组中,单击"饼图"按钮,选择"三维饼图"。

② 修改图表标题。两次单击图表标题插入光标,将图表标题修改为"杨青青成绩",如图 2.55 所示。

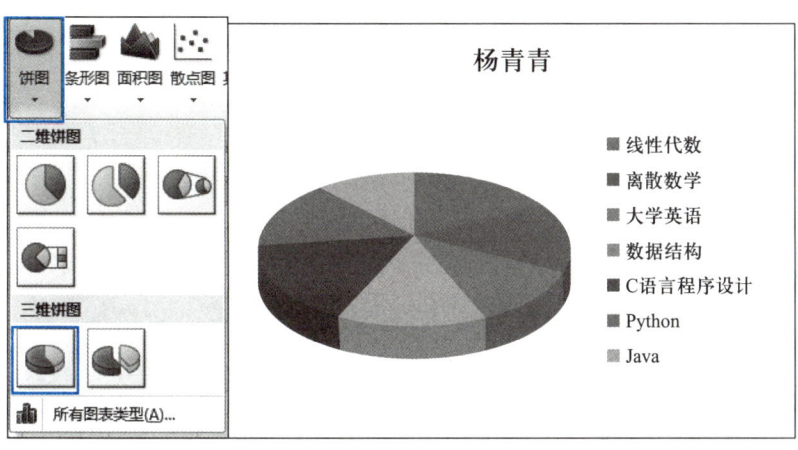

图 2.55　插入三维饼图

③ 设置图表的数据标签。选中图表,在图表工具"布局→标签"选项组中,单击"数据标签"按钮,选择"其他数据标签选项",如图 2.56 所示,打开"设置数据标签格式"对话框,选中"百分比"和"值"复选框,选中"数据标签内"单选钮,如图 2.57 所示,单击"关闭"按钮。

图 2.56　数据标签列表

图 2.57　"设置数据标签格式"对话框

步骤 7 以总分降序排序,当总分相同时以线性代数成绩降序排序。

① 复制工作表"格式化",将副本放置于最后,新表重新命名为"排序"。设置工作表标签颜色为"绿色"。

② 选择单元格区域 A3:L27,单击"数据→排序和筛选"组中的"排序"按钮,如图 2.58 所示。弹出"排序"对话框,"主要关键字"选择"总分","次序"选择"降序",单击"添加条件"按钮,在"次要关键字"中选择"线性代数","次序"选择"降序",如图 2.59 所示。单击"确定"按钮。

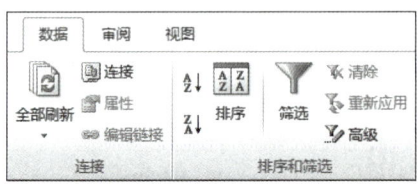

图 2.58 "排序和筛选"组

图 2.59 "排序"对话框

【小知识】

对数据进行排序是数据分析不可缺少的组成部分。可根据需要执行以下操作:将名称列表按字母顺序排列;按从高到低的顺序或从低到高的顺序排列,按颜色或图标对行进行排序。对数据进行排序有助于快速直观地显示数据并更好地理解数据,有助于组织并查找所需数据,有助于最终做出更有效的决策。

步骤 8 筛选出 3 班,Python 成绩大于 80 分的学生信息。

① 复制工作表"格式化",将副本放置于最后,新表重新命名为"筛选"。设置工作表标签颜色为"紫色"。

② 选择单元格区域 A3:L27,单击"数据→排序和筛选"组中的"筛选"按钮,如图 2.60 所示。

图 2.60 添加筛选按钮后效果

③ 单击"班级"右侧下拉按钮,首先取消选中"(全选)"复选框,然后选中"3 班"复选框,如图 2.61 所示,单击"确定"按钮。

图 2.61　筛选出"3 班"

④ 单击 Python 右侧下拉按钮,单击"数字筛选"命令,在弹出的级联菜单中选择"大于或等于"命令,如图 2.62 所示,弹出"自定义自动筛选方式"对话框,在大于或等于右侧的文本框中输入"80",如图 2.63 所示,单击"确定"按钮,完成筛选。

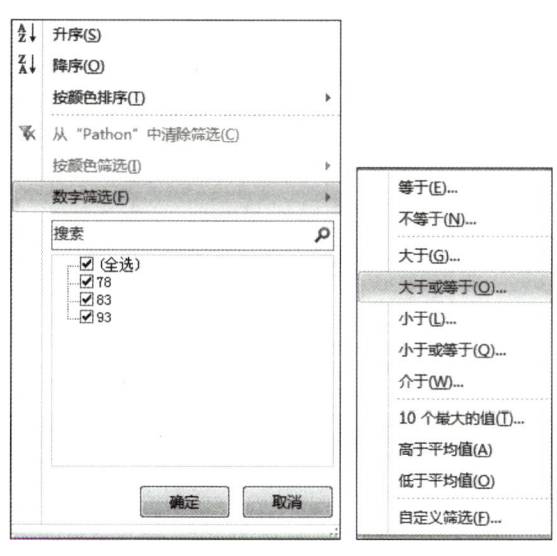
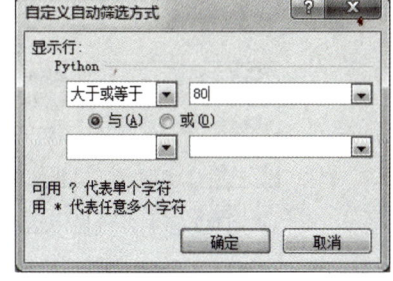

图 2.62　数字筛选　　　　　　　　　　图 2.63　"自定义自动筛选方式"对话框

【小知识】

筛选指快速从数据列表中查找出满足既定条件的数据,对于不满足条件的行进行隐藏,本实

验中采用了数据的自动筛选功能。

步骤9 汇总出各班各科成绩最高分。

① 复制工作表"格式化",将副本放置于最后,新表重新命名为"分类汇总"。设置工作表标签颜色为"红色"。

② 按"班级"字段排序。选中 A3:L27 单元格区域,选择"数据→排序和筛选"组,单击"排序"按钮,在弹出的"排序"对话框中,设置排序"主要关键字"为"班级",次序为"升序",如图 2.64 所示,单击"确定"按钮。

图 2.64　班级升序排序

③ 选择"数据→分级显示"组,单击"分类汇总"按钮,如图 2.65 所示,打开"分类汇总"对话框,设置分类字段为"班级",汇总方式为"最大值",选定汇总项为所有科目,如图 2.66 所示,单击"确定"按钮。

图 2.65　分级显示组

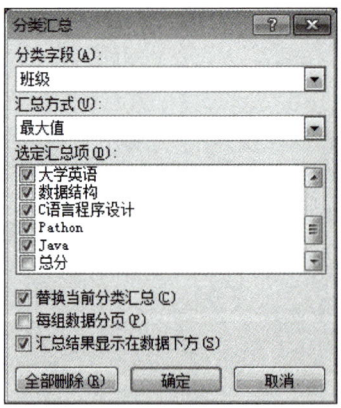

图 2.66　"分类汇总"对话框

【小知识】

分类汇总是对数据列表按某一字段进行分类,将同类别数据放在一起,然后按类进行汇总处理,如求和、计数、平均值、最大值、最小值和乘积等统计运算。

【小提示】

通过 ⊞、⊟ 两个按钮来显示或隐藏明细数据，隐藏明细数据后的效果如图 2.67 所示。

如果需要取消分类汇总查看方式，可以选中数据清单后，再选择“数据→分级显示”组中的“分类汇总”命令，单击“全部删除”按钮即可。

	A	B	C	D	E	F	G	H
1				2018级信息与计算科学专业学生成绩单				
2								
3	学号	姓名	班级	线性代数	离散数学	大学英语	数据结构	C语言程序设计
9			1班 最大值	93	98	92	89	95
15			2班 最大值	92	98	96	95	92
21			3班 最大值	95	98	92	92	95
27			4班 最大值	92	98	96	98	95
32			5班 最大值	95	92	98	95	92
33			总计最大值	95	98	98	98	95
34			最高分	95	98	98	98	95
35			最低分	70	70	70	70	70

图 2.67 隐藏明细数据后效果

任务 3 数据透视表的使用

1. 任务目标

① 掌握数据透视表的建立。

② 掌握数据透视表的编辑。

2. 任务要求

参照图 2.68 创建数据透视表。

	A	B	C	D	E	F	G
1	性别	男					
2							
3	行标签	线性代数平均分	线性代数最高分	离散数学平均分	离散数学最高分	大学英语平均分	大学英语最高分
4	1班	82.25	93	85.5	92	91.75	92
5	2班	85.5	88	86.5	98	94	96
6	4班	80.66666667	92	85	92	91.66666667	96
7	5班	92.66666667	95	81.33333333	89	87	87
8	总计	85	95	84.5	98	90.91666667	96

图 2.68 数据透视表

3. 任务步骤

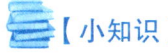

【小知识】

数据透视表是一种特殊形式的表，它能从一个数据列表的特定字段中概括出信息，可以得到比分类汇总更为详尽的交叉分析的列表。

步骤 1 创建数据透视表。打开工作簿"学生成绩单",选中表中任意一个单元格。选择"插入→表格"组,单击"数据透视表"按钮,如图 2.69 所示。打开"创建数据透视表"对话框,按图 2.70 进行设置,单击"确定"按钮。

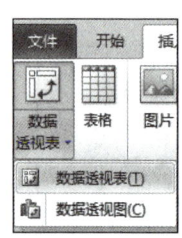

图 2.69 插入数据透视表

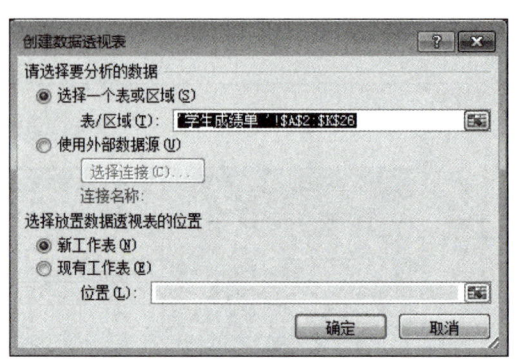

图 2.70 "创建数据透视表"对话框

步骤 2 选择报表字段。在"数据透视表字段列表"窗格中,拖曳"性别"字段到"报表筛选"区域,拖曳"班级"字段到"行标签"区域,两次拖曳"线性代数"、"离散数学"、"大学英语"字段到"列标签"区域,如图 2.71 所示,设置后效果如图 2.72 所示。

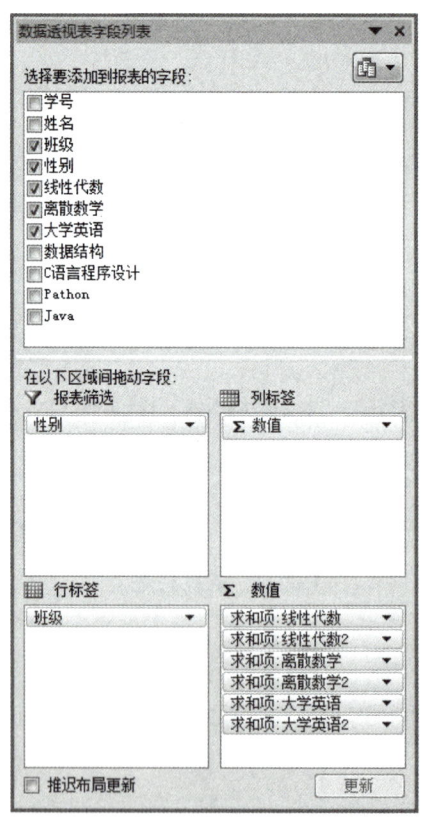

图 2.71 数据透视表字段列表

	A	B	C	D	E	F	G
1	性别	(全部)					
2							
3	行标签	求和项:线性代数	求和项:线性代数2	求和项:离散数学	求和项:离散数学2	求和项:大学英语	求和项:大学英语2
4	1班	417	417	424	424	459	459
5	2班	441	441	418	418	445	445
6	3班	428	428	448	448	400	400
7	4班	417	417	447	447	461	461
8	5班	354	354	336	336	359	359
9	总计	2057	2057	2073	2073	2124	2124

图 2.72　设置后效果

步骤 3　选择值字段汇总方式。在"数据透视表字段列表"窗格的"数值"区域中,单击"求和项:线性代数"右侧下拉按钮,在弹出的列表中选择"值字段设置",如图 2.73 所示,打开"值字段设置"对话框,设置自定义名称为"线性代数平均值",计算类型为"平均值",单击"确定"按钮,如图 2.74 所示。

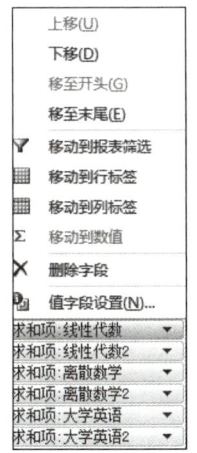

图 2.73　值字段设置

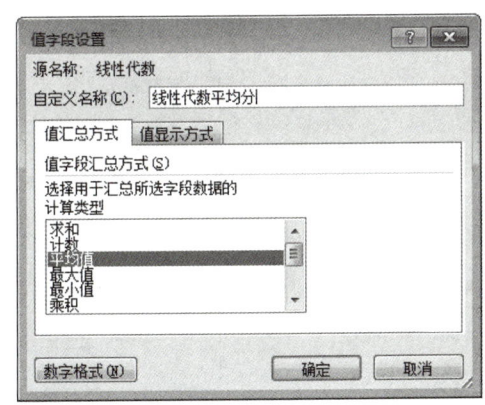

图 2.74　值字段设置－线性代数平均分

步骤 4　以同样的方式设置"求和项:线性代数 2"的值字段设置,自定义名称为"线性代数最高分",计算类型为"最大值",单击"确定"按钮,如图 2.75 所示。

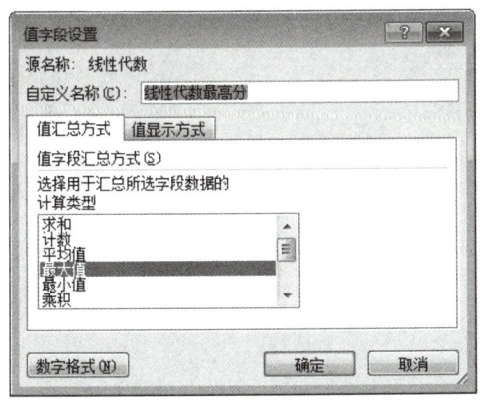

图 2.75　值字段设置－线性代数最高分

步骤 5　以同样的方式分别设置"离散数学"和"大学英语"的平均分和最高分,如图 2.76 所示。

性别	(全部)					
行标签	线性代数平均分	线性代数最高分	离散数学平均分	离散数学最高分	大学英语平均分	大学英语最高分
1班	83.4	93	84.8	92	91.8	92
2班	88.2	92	83.6	98	89	96
3班	85.6	95	89.6	94	80	92
4班	83.4	92	89.4	97	92.2	96
5班	88.5	95	84	92	89.75	98
总计	85.70833333	95	86.375	98	88.5	98

图 2.76　设置后效果

步骤 6　筛选性别为"男"的相关的数据信息。

单击 B2 单元格右侧的下拉按钮,弹出如图 2.77 所示的列表,勾选"选择多项"复选框,取消选中"女"复选框,单击"确定"按钮,可筛选出各班所有男生的成绩信息。

图 2.77　筛选性别"男"

步骤 7　保存文件。

任务 4　员工档案信息的分析和汇总

1. 任务目标

① 熟练掌握工作表的格式化。
② 熟练应用公式和函数计算工作表中数据。
③ 熟练掌握图表的创建。
④ 熟练掌握数据的分类汇总。

2. 任务要求

请根据东方公司员工档案表("Excel.xlsx"文件),按照如下要求完成公司员工档案信息的分析和汇总工作。

① 请对工作表进行格式调整,将所有"工资"列设为保留两位小数的数值,适当加大行高列宽。

② 根据身份证号,请在工作表的"出生日期"列中,使用 MID 函数提取员工生日,单元格式类型为"yyyy′年′m′月′d′日′"。

③ 根据入职时间,请在工作表的"工龄"列中,使用 TODAY 函数和 INT 函数计算员工的工龄,工作满一年才计入工龄。

④ 引用"工龄工资"工作表中的数据来计算员工的工龄工资,在"基础工资"列中,计算每个人的基础工资。(基础工资 = 基本工资 + 工龄工资)

⑤ 根据工作表中的工资数据,统计所有人的基础工资总额,并将其填写在"统计报告"工作表的 B2 单元格中。

⑥ 根据工作表中的工资数据,统计职务为项目经理的基本工资总额,并将其填写在"统计报告"工作表的 B3 单元格中。

⑦ 根据工作表中的数据,统计东方公司本科生平均基本工资,并将其填写在"统计报告"工作表的 B4 单元格中。

⑧ 通过分类汇总功能求出每个职务的平均基本工资。

⑨ 创建一个饼图,对每个员工的基本工资进行比较,并将该图表放置在"统计报告"中。

⑩ 保存 Excel.xlsx 文件。

3. 任务步骤

步骤 1 工作表格式化。

① 打开 Excel.xlsx,打开"员工档案表"工作表。

② 选中所有"工资"列单元格,选择"开始→单元格"组中的"格式"下拉按钮,在弹出的下拉列表中选择"设置单元格格式",弹出"设置单元格格式"对话框。在"数字"选项卡"分类"组中选择"数值",在小数位数微调框中设置小数位数为"2"。设置完毕后单击"确定"按钮即可,如图 2.78 所示。

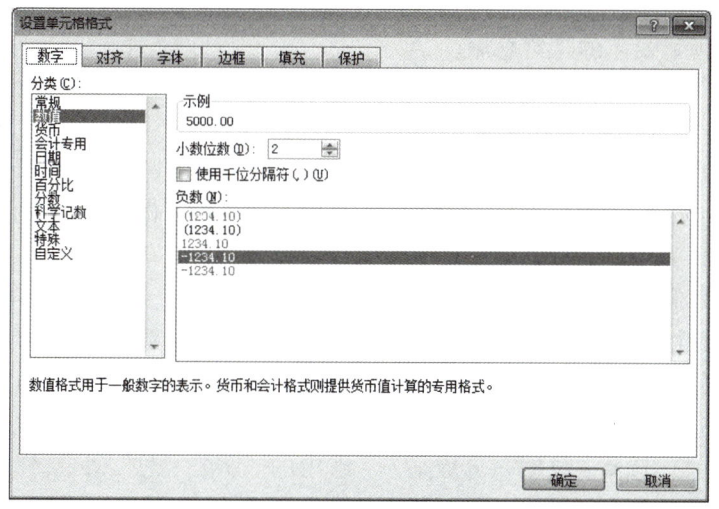

图 2.78 设置单元格格式

③ 选中所有单元格内容，选择"开始→单元格"组中的"格式"下拉按钮，在弹出的下拉列表中选择"自动调整行高"，如图 2.79 所示。

④ 选择"开始→单元格"组中的"格式"命令，按照设置行高同样的方式选择"自动调整列宽"命令。

步骤 2 提取生日。

在 G3 单元格中输入"=MID（F3,7,4）&"年"&MID（F3,11,2）&"月"&MID（F3,13,2）&"日""，按 Enter 键确认，然后向下填充公式到最后一个员工，并适当调整该列的列宽。

步骤 3 计算工龄。

在 J3 单元格中输入"=INT（（TODAY（）–I3）/365）"，表示当前日期减去入职时间的余额除以 365 天后再向下取整，按 Enter 键确认，然后向下填充公式到最后一个员工。

步骤 4 计算基础工资。

① 在 L3 单元格中输入"=J3*工龄工资!$B$3"，按 Enter 键确认，然后向下填充公式到最后一个员工。

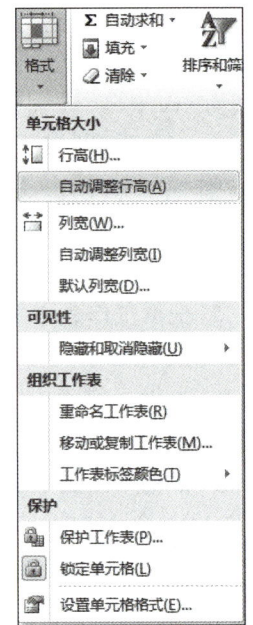

图 2.79 "格式"下拉列表

【小知识】

单元格的引用包括相对引用和绝对引用。

相对引用仅指出引用数据的相对位置，用列标号和行标号表示单元格引用。当复制相对引用公式到其他单元格时，被复制公式中的单元格的引用地址也随着变化。

在列标号和行标号前分别加上"$"，表示公式中单元格的精确地址，与包含公式的单元格的位置无关，这种引用方式就是绝对引用。如果引用的是其他工作表的单元格，需要以"工作表名!单元格名称"来表示。

② 在 M3 单元格中输入"=K3+L3"，按 Enter 键确认，然后向下填充公式到最后一个员工。

步骤 5 统计所有员工的工资总额。

在"统计报告"工作表中的 B2 单元格中输入"=SUM（员工档案表!M3:M44）"，按 Enter 键确认。

步骤 6 统计项目经理的基本工资总额。

在"统计报告"工作表中的 B3 单元格中输入"=SUMIF（员工档案表!E3:E44,"项目经理",员工档案表!K3:K44）"，按 Enter 键确认。

步骤 7 统计本科生的平均基本工资。

设置"统计报告"工作表中的 B4 单元格格式为两位小数，然后在 B4 单元格中输入"=AVERAGEIF（员工档案表!H3:H44,"本科",员工档案表!K3:K44）"，按 Enter 键确认。

步骤 8 统计每个职务的平均基本工资。

选中 E38 单元格，选择"数据→分级显示"组中的"分类汇总"命令，弹出"分类汇总"对话框。单击"分类字段"组中的下拉按钮选择"职务"，单击"汇总方式"组中的下拉按钮选择"平均值"，在"选定汇总项"组中勾选"基本工资"复选框，如图 2.80 所示，单击"确定"按钮。

步骤 9 插入图表。

① 同时选中每个职务平均基本工资所在的单元格,选择"插入→图表→饼图"命令,在"饼图"的下拉列表中选择"分离型饼图",如图 2.81 所示。

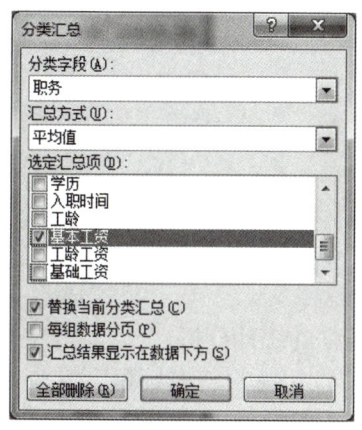

图 2.80　分类汇总

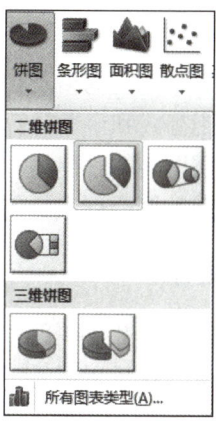

图 2.81　插入饼图

② 右击图表区,选择"选择数据"命令,弹出"选择数据源"对话框,如图 2.82 所示。选中"水平(分类)轴标签"下的"1",单击"编辑"按钮,弹出"轴标签"对话框,在"轴标签区域"中输入"部门经理,人事行政经理,文秘,项目经理,销售经理,研发经理,员工,总经理",如图 2.83 所示,单击"确定"按钮。

③ 剪切该图表,粘贴到"统计报告"工作表中。

步骤 10　保存 Excel.xlsx 文件。

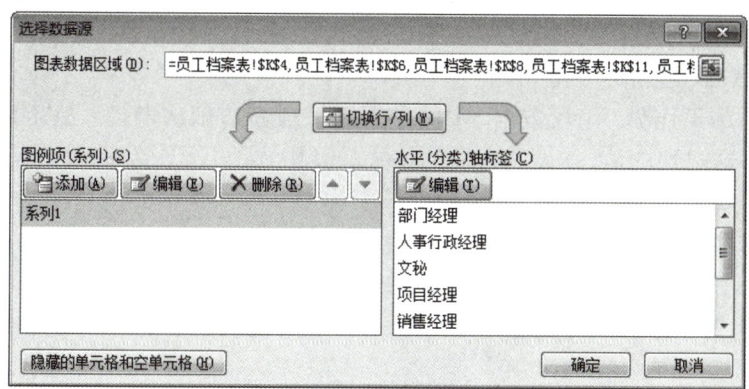

图 2.82　选择数据源

图 2.83　设置轴标签

任务5　全国人口普查的统计分析

1. 任务目标

① 熟练掌握工作表的格式化。
② 熟练应用公式和函数计算工作表中数据。
③ 熟练掌握图表的创建。
④ 熟练掌握数据透视表的创建和编辑。

2. 任务要求

按照下列要求完成对第五次、第六次人口普查数据的统计分析。

① 新建一个 Excel 文档,将工作表 Sheet1 更名为"第五次普查数据",将 Sheet2 更名为"第六次普查数据",将该文档以"全国人口普查数据分析.xlsx"为文件名进行保存。

② 浏览网页"第五次全国人口普查公报.htm",将其中的"2000年第五次全国人口普查主要数据"表格导入到工作表"第五次普查数据"中;浏览网页"第六次全国人口普查公报.htm",将其中的"2010年第六次全国人口普查主要数据"表格导入到工作表"第六次普查数据"中(要求均从 A1 单元格开始导入,不得对两个工作表中的数据进行排序)。

③ 对两个工作表中的数据区域套用合适的表格样式,要求至少四周有边框且偶数行有底纹,并将所有人口数列的数字格式设为带千分位分隔符的整数。

④ 将两个工作表内容合并,合并后的工作表放置在新工作表"比较数据"中(自 A1 单元格开始),且保持最左列仍为地区名称、A1 单元格中的列标题为"地区",对合并后的工作表设置自动调整行高和列宽、字体为"黑体"、11 号字、边框底纹等,使其便于阅读。以"地区"为关键字对工作表"比较数据"进行升序排列。

⑤ 在合并后的工作表"比较数据"中的数据区域最右边依次增加"人口增长数"和"比重变化"两列,计算这两列的值,并设置合适的格式。其中,人口增长数 =2010年人口数 –2000年人口数;比重变化 =2010年比重 –2000年比重。

⑥ 打开工作簿"统计指标.xlsx",将工作表"统计数据"插入到正在编辑的文档"全国人口普查数据分析.xlsx"中工作表"比较数据"的右侧。

⑦ 在工作簿"全国人口普查数据分析.xlsx"的工作表"比较数据"中的相应单元格内填入统计结果。

⑧ 基于工作表"比较数据"创建一个数据透视表,将其单独存放在一个名为"透视分析"的工作表中。透视表中要求筛选出 2010 年人口数超过 5 000 万的地区及其人口数、2010 年所占比重、人口增长数,并按人口数从多到少排序。最后适当调整透视表中的数字格式。(提示:行标签为"地区",数值项依次为 2010年人口数、2010年比重、人口增长数)。

⑨ 保存文件。

3. 任务步骤

步骤1 管理工作表。

① 新建一个 Excel 文档,并将该文档命名为"全国人口普查数据分析.xlsx"。

② 打开"全国人口普查数据分析.xlsx",双击工作表 Sheet1 的表名,在编辑状态下输入"第五次普查数据",双击工作表 Sheet2 的表名,在编辑状态下输入"第六次普查数据"。

步骤2 获取外网页部数据。

① 打开网页"第五次全国人口普查公报.htm",复制其地址栏的内容。在工作表"第五次普查数据"中选中 A1,选择"数据→获取外部数据→自网站"命令,如图 2.84 所示,弹出"新建 Web 查询"对话框,在"地址"文本框中粘贴网页"第五次全国人口普查公报.htm"的地址,保留地址中的目录部分,删除文件名部分,手工输入"第五次全国人口普查公报.htm",单击右侧的"转到"按钮。查看网页,找到"2000年第五次全国人口普查主要数据"表格,单击表格旁边的带方框的黑色箭头,使黑色箭头变成对号,然后单击"导入"按钮,如图 2.85 所示。在弹出"导入数据"对话框中,选择"数据的放置位置"为"现有工作表",在文本框中输入"=$A$1",单击"确定"按钮,如图 2.86 所示。

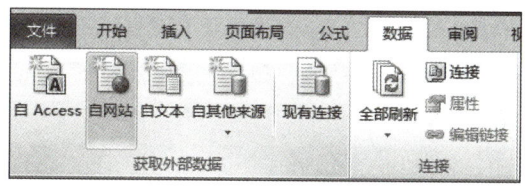

图 2.84 "数据"选项卡

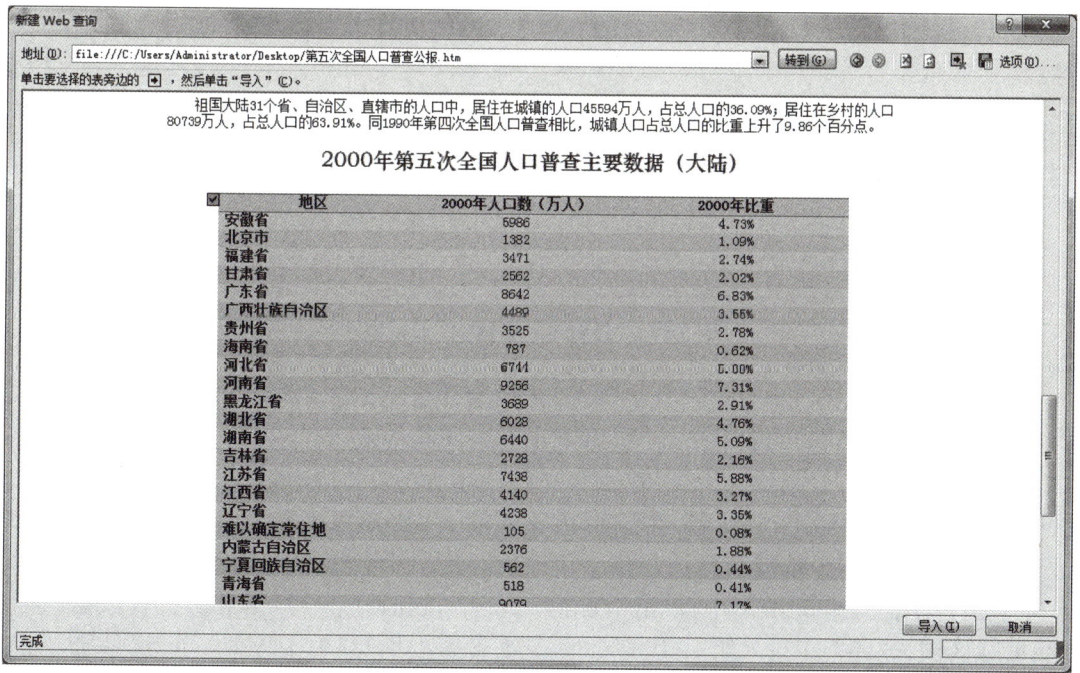

图 2.85 新建 Web 查询

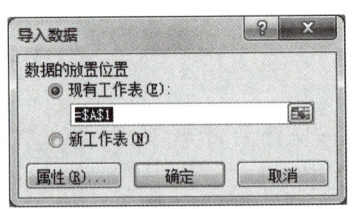

图 2.86　导入数据

② 按照上述方法,打开网页"第六次全国人口普查公报.htm",将其中的"2010年第六次全国人口普查主要数据"表格导入到工作表"第六次普查数据"中。

步骤 3　设置表格样式和格式。

① 在工作表"第五次普查数据"中选中数据区域,选择"开始→样式→套用表格格式"命令,打开下拉列表,可以选择"表样式浅色 16"样式。选中 B 列,单击"开始→数字"组中右下角的小箭头按钮（对话框启动器按钮）,弹出"设置单元格格式"对话框,在"数字"选项卡的"分类"下选择"数值",在"小数位数"微调框中输入"0",勾选"使用千位分隔符"复选框,然后单击"确定"按钮,如图 2.87 所示。

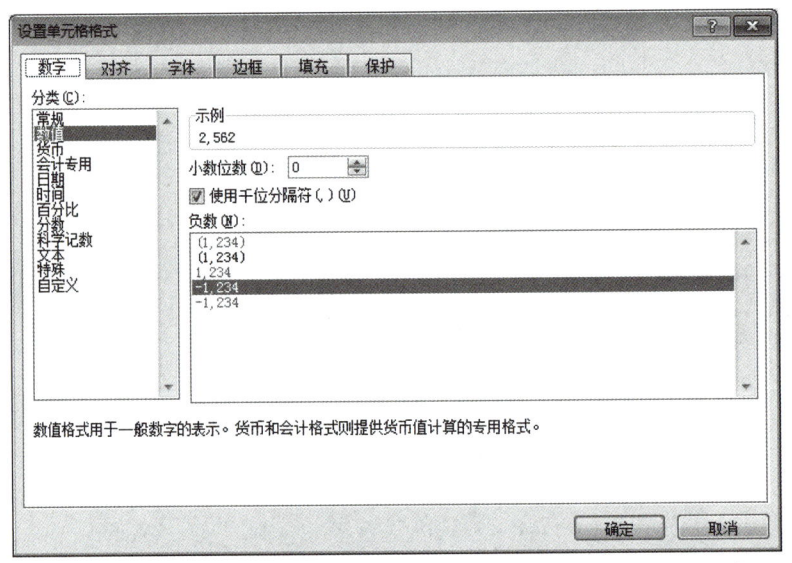

图 2.87　"设置单元格格式"对话框

② 按照上述方法对工作表"第六次普查数据"套用合适的表格样式,可以选择"表样式浅色 17",并将所有人口数列的数字格式设为带千分位分隔符的整数。

步骤 4　合并计算。

① 双击工作表 Sheet3 的表名,在编辑状态下输入"比较数据"。在该工作表的 A1 中输入"地区",单击"数据→数据工具→合并计算"按钮,弹出"合并计算"对话框,设置"函数"为"求和",在"引用位置"文本框中,单击右侧的"选取"按钮,切换到"第五次普查数据"表,选取 A1:C34 区域,或者手工录入第一个区域"第五次普查数据!$A$1:$C$34",单击"添加"按钮,

输入第二个区域"第六次普查数据!$A$1:$C$34",单击"添加"按钮,在"标签位置"下勾选"首行"复选框和"最左列"复选框,然后单击"确定"按钮,如图2.88所示。

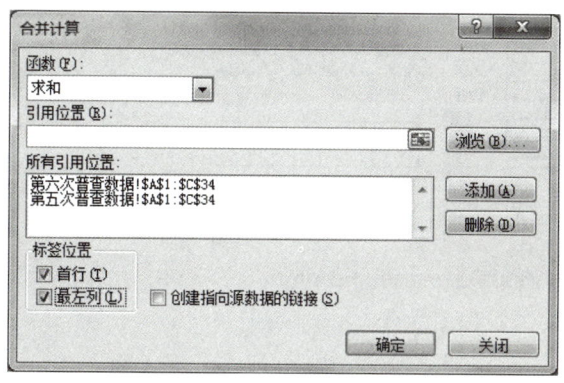

图2.88 "合并计算"对话框

② 对合并后的工作表,适当地调整行高列宽、字体字号、边框底纹等。选中整个工作表,选择"开始→单元格→格式"命令,在"格式"下拉列表中选择"自动调整行高",在"格式"下拉列表中选择"自动调整列宽",如图2.89所示。

③ 选择"开始→字体"选项组,设置字体为黑体,字号为11。

④ 选中数据区域,右击鼠标,在快捷菜单中选择"设置单元格格式"命令,在"设置单元格格式"对话框中,选择"边框"选项卡,单击"外边框"和"内部"命令后,单击"确定"按钮,如图2.90所示。选中数据区域,使用"开始→样式→套用表格格式"命令,在下拉列表中可以选择"表样式浅色18"。

⑤ 选中数据区域的任一单元格,选择"数据→排序和筛选→排序"命令,在"排序"对话框中,设置"主要关键字"为"地区","次序"为"升序",单击"确定"按钮,如图2.91所示。

步骤5 公式计算。

① 在合并后的工作表"比较数据"中的数据区域最右边,依次增加"人口增长数"和"比重变化"两列。

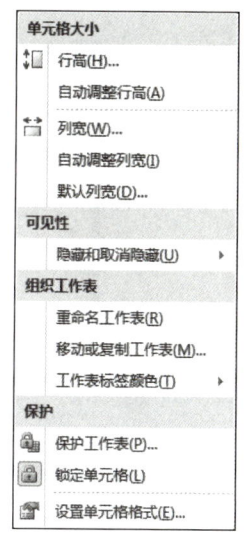

图2.89 "格式"下拉列表

② 在工作表"比较数据"中的F2单元格中输入"=[@2010年人口数(万人)]–[@2000年人口数(万人)]",按Enter键。在G2单元格中输入"=[@2010年比重]–[@2000年比重]",按Enter键。为F列和G列设置保留4位小数,选中F列和G列,单击"开始→数字"组中右下角的小箭头按钮 (对话框启动器按钮),弹出"设置单元格格式"对话框,在"数字"选项卡的"分类"下选择"数值",在"小数位数"微调框中输入"4",单击"确定"按钮。

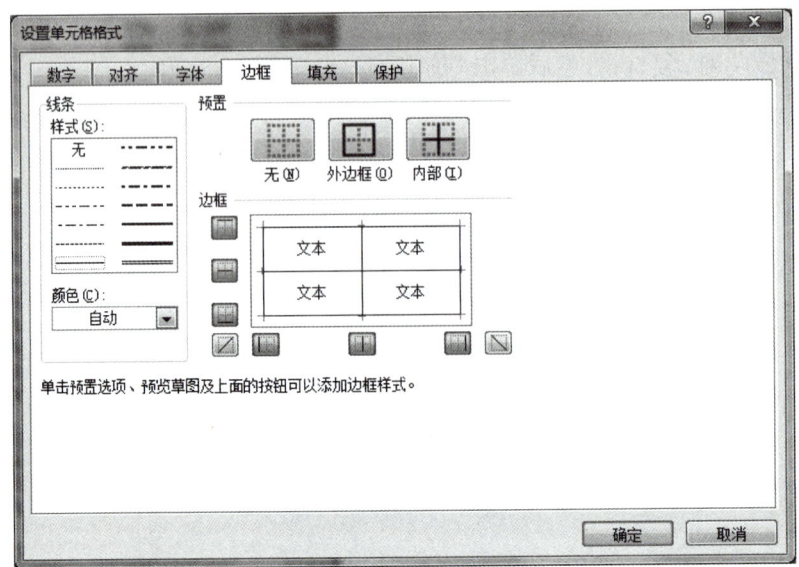

图 2.90　设置单元格格式

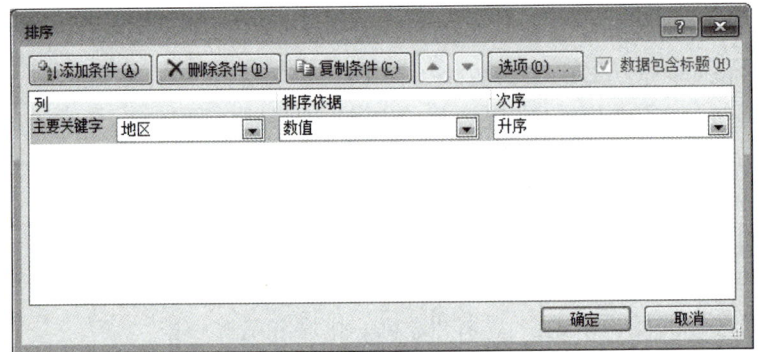

图 2.91　"排序"对话框

【小提示】

[@2010年人口数（万人）]表示对"表"中字段的引用。在利用"表"计算时,引用字段比引用单元格更加简便,其默认整个列的计算公式是一致的,所以可以对该列直接进行计算,而不必操作填充步骤。例如,在 C1 单元格中计算 "=[@ 单价]*[@ 数量]",整个 C 列就会自动计算出结果。

表是管理和分析数据的工具,可以选择"插入→表格→表格"命令来创建表。

步骤 6　插入数据。

打开工作簿"统计指标 .xlsx",将工作表"统计数据"的内容复制粘贴到"全国人口普查数据分析 .xlsx"中工作表"比较数据"的右侧。

步骤 7　公式计算和排序。

在工作表"比较数据"中的 J2 单元格中输入"=SUM（D2:D34）",按 Enter 键。在 K2 单元格中输入"=SUM（B2:B34）",按 Enter 键。在 K3 单元格中输入"=SUM（F2:F34）",按 Enter 键。根据统计项目需要,对表中各列数据进行排序,将排序结果填入统计项目的相应位置。

步骤 8 创建数据透视表。

① 在"比较数据"工作表中,选择"插入→表格→数据透视表"命令,从下拉列表中选择"数据透视表",在"创建数据透视表"对话框中,设置"表/区域"为"比较数据!$A$1:$G$34",选择放置数据透视表的位置为"新工作表",单击"确定"按钮。双击新工作表 Sheet1,重命名为"透视分析",如图 2.92 所示。

② 在"数据透视字段列表"任务窗格中,拖动"地区"到"行标签",拖动"2010年人口数（万人）"、"2010年比重"、"人口增长数"到"数值",如图 2.93 所示。

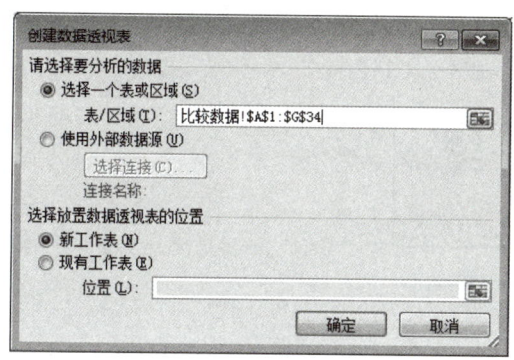

图 2.92　创建数据透视表

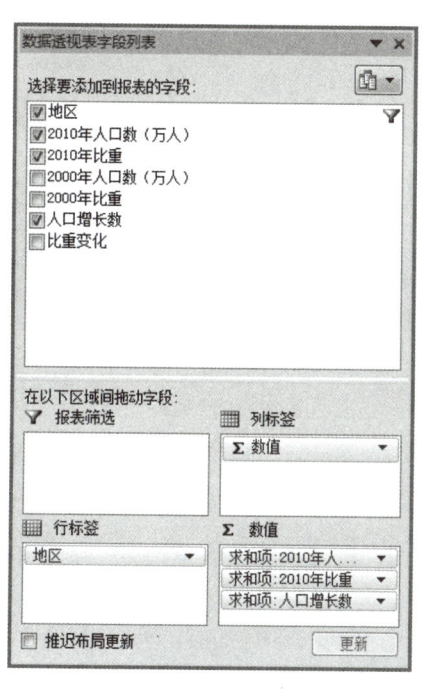

图 2.93　数据透视表字段列表

③ 单击"行标签"右侧的"标签筛选"按钮,在弹出的下拉列表中选择"值筛选",打开级联菜单,选择"大于",如图 2.94 所示。弹出"值筛选（地区）"对话框,在第一个文本框中选择"求和项:2010年人口数（万人）",第二个文本框选择"大于",在第三个文本框中输入"5 000",单击"确定"按钮,如图 2.95 所示。

④ 选中 B4 单元格,选择"数据→排序和筛选→降序"命令,按人口数从多到少排序,如图 2.96 所示。

⑤ 适当调整 B 列,使其格式为整数且使用千位分隔符。适当调整 C 列,使其格式为百分比且保留两位小数。

⑥ 保存文档。

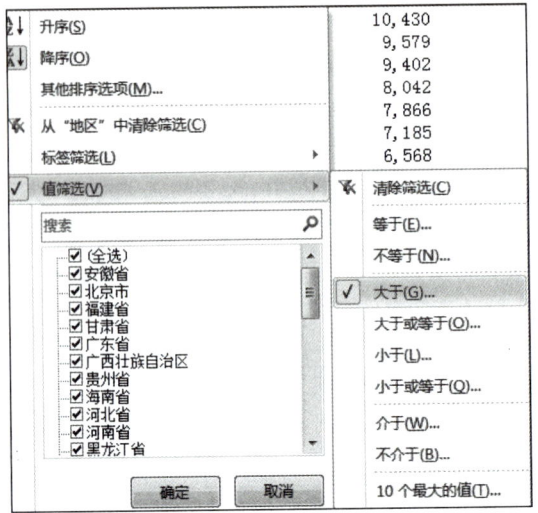

图 2.94　值筛选

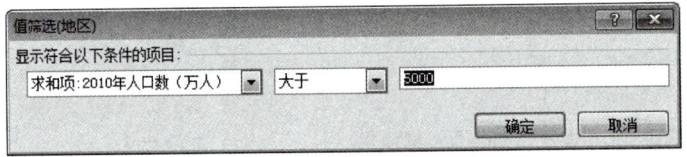

图 2.95　"值筛选（地区）"对话框

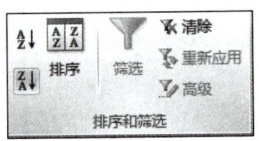

图 2.96　排序和筛选

任务 6　期末成绩分析

1．任务目标

① 熟练掌握工作表的格式化。
② 熟练掌握条件格式的使用。
③ 熟练应用公式和函数计算工作表中数据。
④ 熟练掌握图表的创建。
⑤ 熟练掌握数据透视表的创建和编辑。

2．任务要求

请根据"素材 .xlsx"文档，完成 2012 级法律专业学生期末成绩分析表的制作。具体要求如下。
① 将"素材 .xlsx"文档另存为"年级期末成绩分析 .xlsx"。

② 在"2012级法律"工作表最右侧依次插入"总分"、"平均分"、"年级排名"列;将单元格区域 A1:O1 合并居中,并设置为"黑体"、15字号。对班级成绩区域套用带标题行的"表样式中等深浅 15"的表格格式。设置所有列的对齐方式为居中,其中排名为整数,其他成绩的数值保留一位小数。

③ 在"2012级法律"工作表中,利用公式分别计算"总分"、"平均分"、"年级排名"列的值。对学生成绩不及格(小于60)的单元格套用格式突出显示为"黄色(标准色)填充色红色(标准色)文本"。

④ 在"2012级法律"工作表中,根据学生的学号,利用公式将其班级的名称填入"班级"列,规则为学号的第三位为专业代码、第四位代表班级序号,即01为"法律一班",02为"法律二班",03为"法律三班",04为"法律四班"。

⑤ 根据"2012级法律"工作表,创建一个数据透视表,放置于表名为"班级平均分"的新工作表中,工作表标签颜色设置为红色。要求数据透视表中按照英语、体育、计算机、近代史、法制史、刑法、民法、法律英语、立法法的顺序统计各班各科成绩的平均分,其中行标签为班级。为数据透视表格内容套用带标题行的"数据透视表样式中等深浅15"的表格格式,所有列的对齐方式设为居中,成绩的数值保留一位小数。

⑥ 在"班级平均分"工作表中,针对各课程的班级平均分创建二维的簇状柱形图,其中水平簇标签为班级,图例项为课程名称,并将图表放置在表格下方的 A10:H30 区域中。

⑦ 保存文件。

3. 任务步骤

步骤1 文档另存。

打开"素材.xlsx"文档,选择"文件→另存为"命令,弹出"另存为"对话框,在该对话框中将其文件名设置为"年级期末成绩分析.xlsx",单击"保存"按钮。

步骤2 工作表格式化。

① 在 M2、N2、O2 单元格内分别输入文字"总分"、"平均分"、"年级排名"。

② 选择 A1:O1 单元格,选择"开始→对齐方式"组中"合并后居中"命令。

③ 选择合并后的单元格,在"开始→字体"组中将"字体"设置为黑体,将"字号"设置为15,如图 2.97 所示。

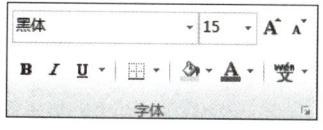

图 2.97 字体字号设置

④ 选中 A2:O102 区域的单元格,选择"开始→样式→套用表格样式"命令,在下拉列表中选择"表样式中等深浅15",如图 2.98 所示。在弹出的"套用表格式"对话框中,单击"确定"按钮,如图 2.99 所示。

⑤ 选中 A2:O102 区域的单元格,选择"开始→对齐方式→居中"命令,将对齐方式设置为居中。

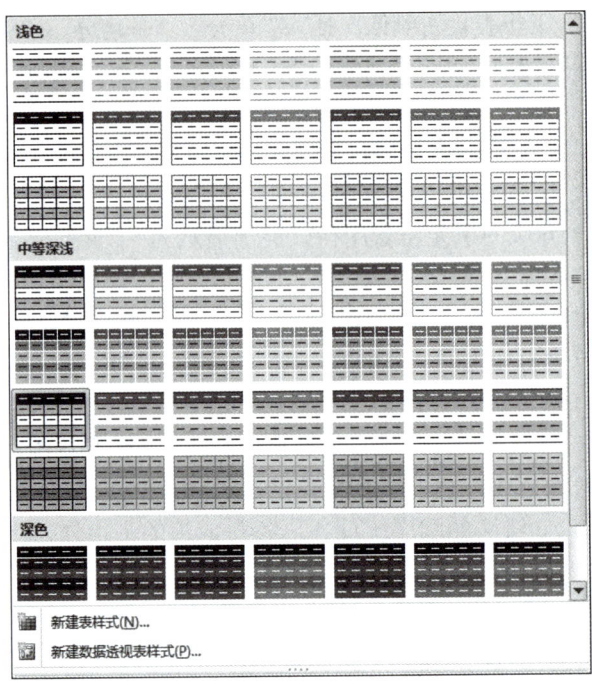

图 2.98 套用表格样式下拉列表

⑥ 选中 D3:N102 区域的单元格,右击鼠标,在弹出的快捷菜单中选择"设置单元格格式"命令,如图 2.100 所示。在"设置单元格格式"对话框中选择"数字"选项卡,在"分类"列表框中选择"数值"选项,将"小数位数"设置为"1",单击"确定"按钮,如图 2.101 所示。

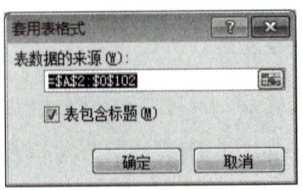

图 2.99 "套用表格式"对话框

图 2.100 快捷菜单

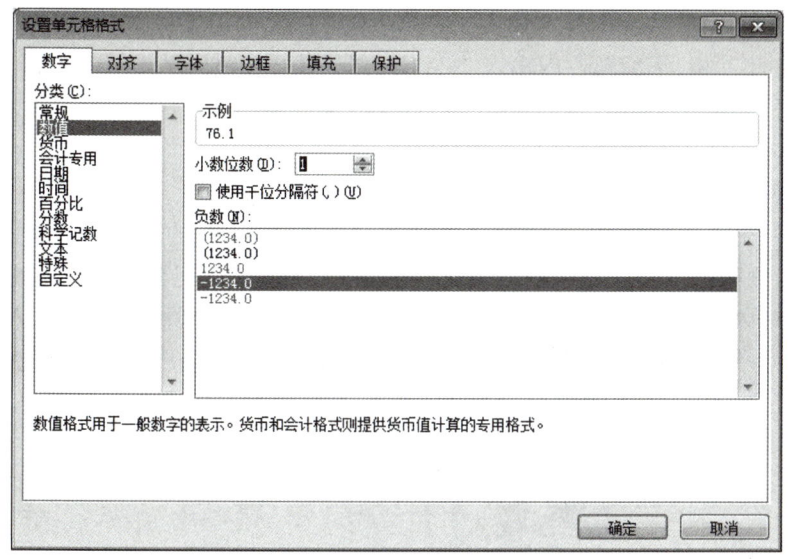

图 2.101 "设置单元格格式"对话框

⑦ 选中 O3:O102 单元格,按上述同样方式,将"小数位数"设置为 0。

步骤 3 计算和条件格式化。

【小知识】

函数种类多样、功能丰富。表 2.1 列出了部分常用函数。

表 2.1 部分常用函数

常用函数	说明
求和函数 SUM(区域)	计算指定区域所有数值和
求最大值函数 MAX(区域)	求指定区域中最大的数
求最小值函数 MIN(区域)	求指定区域中最小的数
求平均值函数 AVERAGE(区域)	计算指定区域所有数据平均值
求个数函数 COUNT(区域)	求指定区域中的包含数据的个数
条件函数 IF(条件表达式,值1,值2)	当"条件表达式"为真时,"值1"作为函数值返回; 当"条件表达式"为假时,"值2"作为函数值返回
排名函数 RANK(预获得排名的数据,区域,排名方式)	求指定数据在区域中的排名。当排名方式为0或者默认,表示降序,否则为升序
MID(字符串,起始位置,长度)	求字符串从起始位置截取指定长度的子串
TEXT(数据,单元格格式)	将数据设置为指定的格式

① 选择 M3 单元格,在编辑栏内输入"=SUM(D3:L3)",向下填充,完成求和。

② 选择 N3 单元格,在编辑栏内输入"=M4/9",向下填充,完成平均值的运算。

③ 选择 O3 单元格,在编辑栏内输入"=RANK(M3,M$3:M$102,0)",向下填充,完成年级排序。

④ 选择 D3:L102 单元格,选择"开始→样式→条件格式"命令,在下拉列表中选择"突出显示单元格规则→小于"选项,如图 2.102 所示。在"小于"对话框的文本框中输入文字"60",单击"设置为"右侧的下三角按钮,在弹出的下拉列表中选择"自定义格式"选项,如图 2.103 所示。在"设置单元格格式"对话框中切换至"字体"选项卡,将"颜色"设置为"标准色"中的红色,如图 2.104 所示。切换至"填充"选项卡,将"背景色"设置为标准色中的黄色,如图 2.105 所示。单击"确定"按钮,返回到"小于"对话框中,再次单击"确定"按钮。

图 2.102 条件格式下拉列表

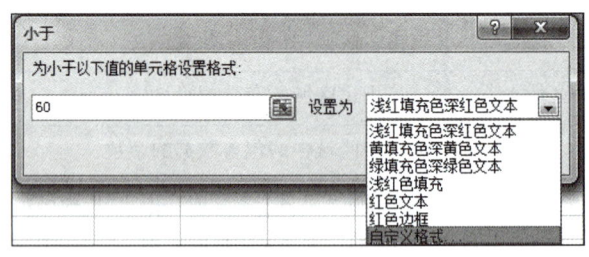

图 2.103 自定义格式

步骤 4 公式计算。

选择 A3 单元格,在该单元格内输入"="法律"&TEXT(MID(B3,3,2),"[DBNum1]")&"班"",按 Enter 键完成操作。

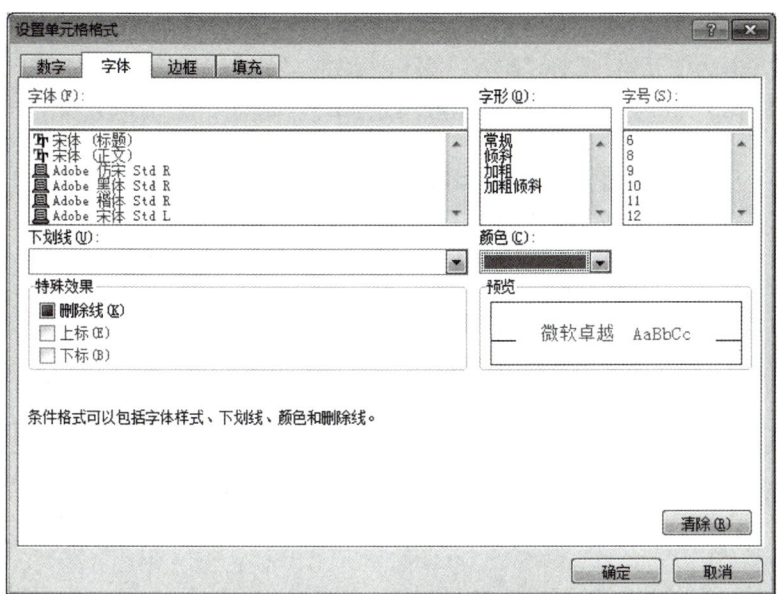

图 2.104　字体颜色为红色

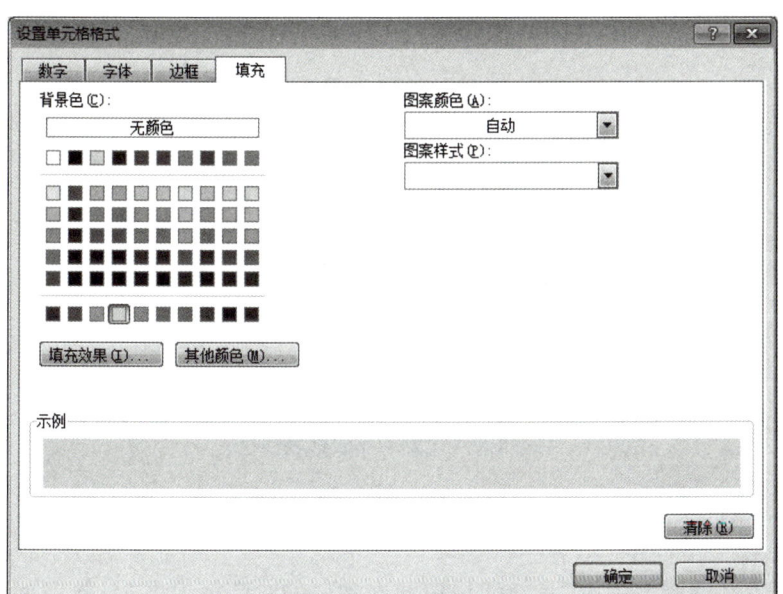

图 2.105　填充颜色为黄色

【小提示】

[DBnum1]是将单元格的数值格式设置为中文小写数字,[DBnum2]是将数值设置为中文大写数字。例如,12 的中文小写数字为"一十二",中文大写数字为"壹拾贰"。

步骤 5 创建数据透视表。

① 选择 A2:O102 单元格,选择"插入→表格→数据透视表"命令,在弹出的"创建数据透视表"中选择"新工作表"单选按钮,如图 2.106 所示,单击"确定"按钮。

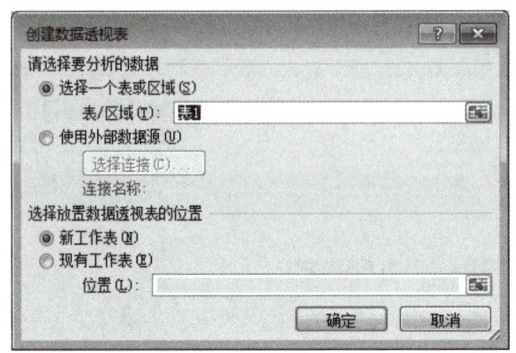

图 2.106　插入数据透视表

② 双击 Sheet2 使其处于可编辑状态,将其重命名为"班级平均分",在标签上右击鼠标,在弹出的快捷菜单中选择"工作表标签颜色"命令,在弹出的级联菜单中选择标准色中的红色,如图 2.107 所示。

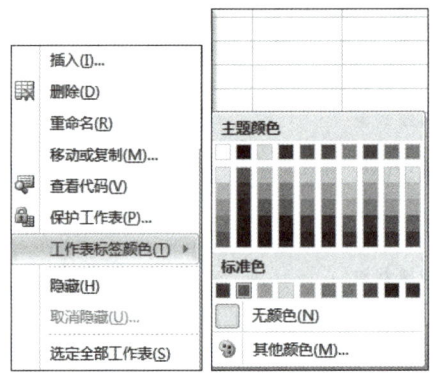

图 2.107　设置工作表标签颜色

③ 在"数据透视表字段列表"任务窗格中,将"班级"拖曳至"行标签"中,将"英语"拖曳至"Σ 数值"中。

④ 在"Σ 数值"字段中选择"值字段设置",在弹出的对话框中将"计算类型"设置为"平均值",如图 2.108 所示。使用同样的方法将"体育"、"计算机"、"近代史"、"法制史"、"刑法"、"民法"、"法律英语"、"立法法"拖曳至"Σ 数值"中,并更改计算类型。

⑤ 选中 A3:J8 单元格,进入"设计"选项卡中,单击"数据透视表样式"组中的"其他"下拉三角按钮,在弹出的下拉列表中选择"数据透视表样式中等深浅 15"。

⑥ 确定 A3:J8 单元格处于选中状态,右击鼠标,在弹出的快捷菜单中选择"设置单元格格式"命令,在弹出的对话框中选择"数字"选项卡,选择"分类"选项下的"数值",将"小数位数"设置为"1"。切换至"对齐"选项卡,将"水平对齐"和"垂直对齐"均设置为居中,单击"确定"按钮。

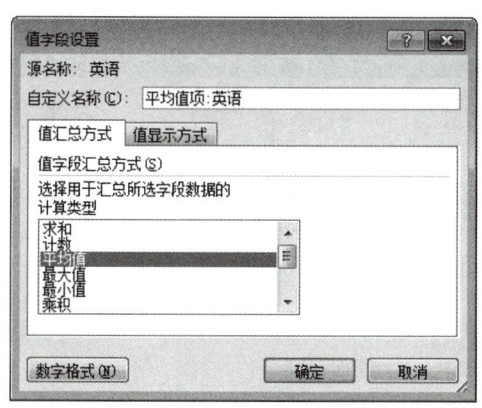

图 2.108　值字段设置

步骤 6　插入图表。

选择 A3:J8 单元格,选择"插入→图表→柱形图"命令,在下拉列表中选择"二维柱形图"下的"簇状柱形图",插入簇状柱形图,适当调整柱形图的位置和大小,使其放置在表格下方的 A10:H30 区域中。

步骤 7　保存文件。

模块 3 演示文稿的制作

任务 1 PowerPoint 基本操作综合训练

1. 任务目标

① 掌握版式和主题的应用及背景设置。
② 掌握音乐和视频等多媒体的使用。
③ 掌握自定义动画的设置。
④ 掌握幻灯片切换方式的设置。
⑤ 掌握超链接和动作按钮的使用。
⑥ 掌握页眉页脚的设置。
⑦ 掌握幻灯片母版的设置。
⑧ 掌握演示文稿的插入合并方法。

2. 任务要求

利用图片、文字、声音、视频等媒体,制作一个具有超链接功能的演示文稿,题目为"美好的大学时光",并将演示文稿"做人的原则"的部分幻灯片插入合并到本演示文稿中。制作完成的演示文稿如图 3.1 所示。

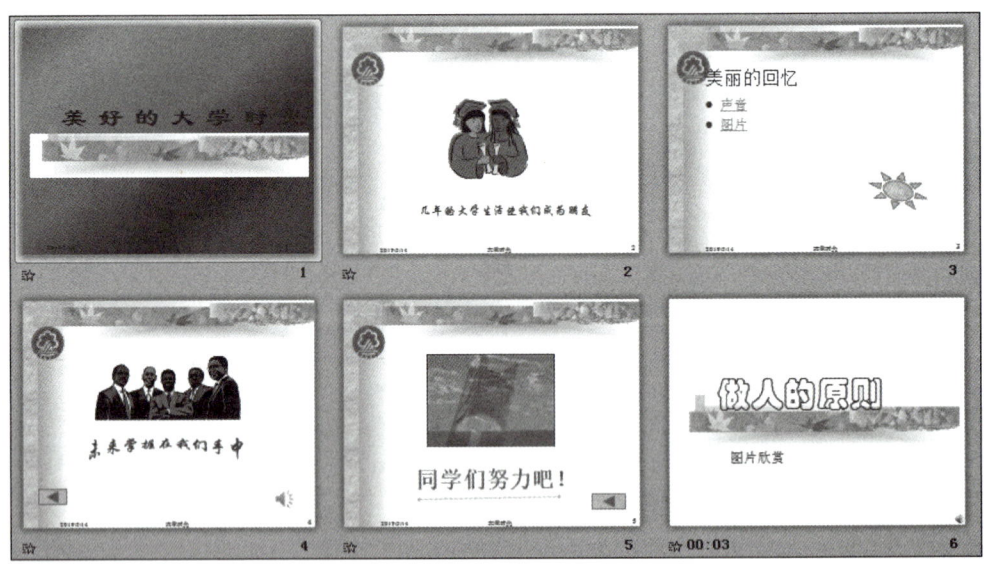

图 3.1 "美好的大学时光"演示文稿

3．任务步骤

步骤 1 制作标题幻灯片。

① 插入第一张幻灯片,幻灯片版式为"标题幻灯片",主题为"波形"。

选择"开始→幻灯片→版式"命令,选择"标题幻灯片"版式。默认情况下,"标题幻灯片"版式为第一张幻灯片的默认版式,如图 3.2 所示。选择"设计→主题"命令,在"主题"选项组中,打开下拉列表,选择"波形",如图 3.3 所示。

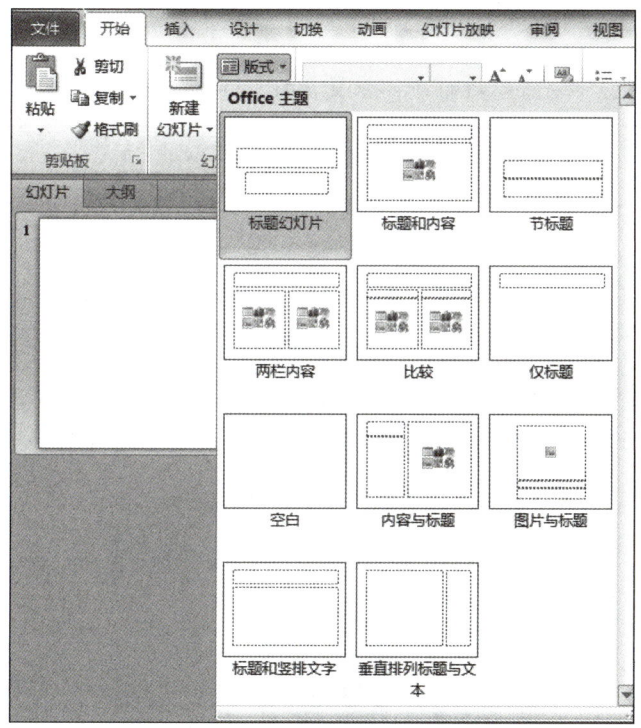

图 3.2 标题幻灯片版式

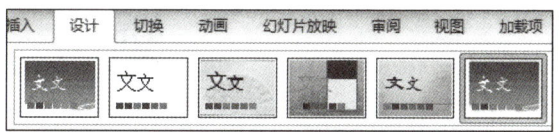

图 3.3 设置标题幻灯片主题为波形

【小知识】

一个演示文稿一般由多张幻灯片组成。幻灯片是演示文稿的每一页的内容。

【小知识】

主题是一组预定义的颜色、字体和视觉效果,利用主题可以使多张幻灯片具有统一的专业的外观。

【小知识】

版式指的是幻灯片内容在幻灯片上的排列方式。版式由占位符组成,而占位符可放置文字,例如标题和项目符号列表等,也可以是幻灯片的具体内容,例如表格、图表、图片和剪贴画等。

② 输入标题占位符内容"美好的大学时光",设置字体为隶书,60号,加粗,阴影效果,分散对齐。输入副标题占位符内容"影音版",设置字体为隶书,40号,加粗,加下划线,居中对齐,字体颜色为RGB(245,80,180)。

【小提示】

选择"开始→字体"命令可以进行字体设置,如图3.4所示。

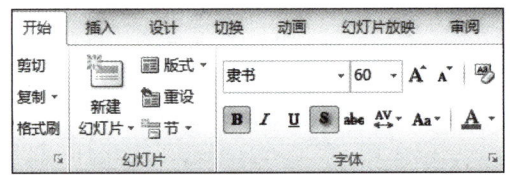

图3.4 设置占位符的字体格式

设置颜色时选择"其他颜色",在"颜色"对话框中选择"自定义"选项卡,在"红色"、"绿色"、"蓝色"后面的文本框中输入相应的数值(245,80,180),如图3.5所示。

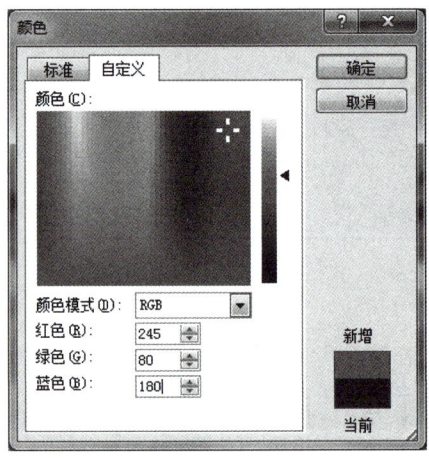

图3.5 自定义字体颜色

步骤2 制作第二张幻灯片。

① 插入第二张幻灯片,幻灯片版式为"空白"。

选择"开始→幻灯片→新建幻灯片"命令,插入新幻灯片,选择"开始→幻灯片→版式"命令,选择"空白"版式。

② 在幻灯片中插入剪贴画(图片1.wmf),设置图片的高度为200磅,宽度为200磅,水平位置(距左上角)为9厘米,垂直位置(距左上角)为6厘米。

【小提示】

选择"插入→图像→图片"命令,将"图片 1.wmf"插入到幻灯片中。右击图片,在快捷菜单中选择"设置图片格式"命令,在弹出的"设置图片格式"对话框中,取消"锁定纵横比"选项前的复选框,并在图片的高度和宽度后的文本框中输入"200磅"(换算为7.06厘米),如图3.6所示。

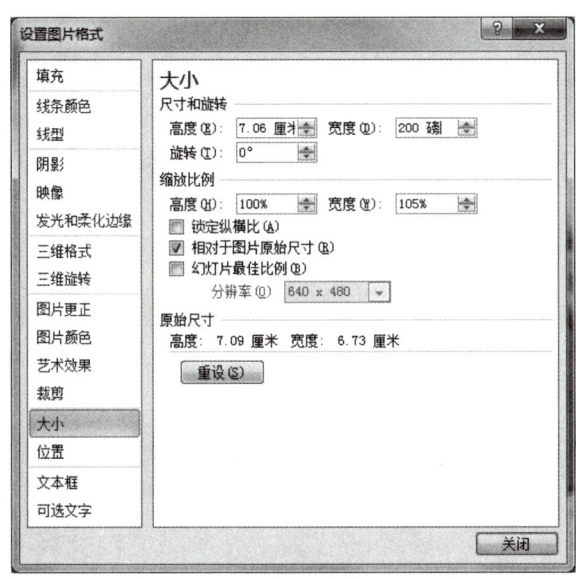

图 3.6　设置图片的尺寸

选择"位置"选项卡,设置图片的位置为距幻灯片左上角水平9厘米和垂直6厘米,如图3.7所示。

图 3.7　设置图片的位置

③ 设置剪贴画的动画效果为从底部"飞入",速度为"非常快"。

选中"图片1",选择"动画→动画→飞入"命令,如图3.8所示。选择"动画→动画→效果选项"命令,选择"自底部",如图3.9所示。

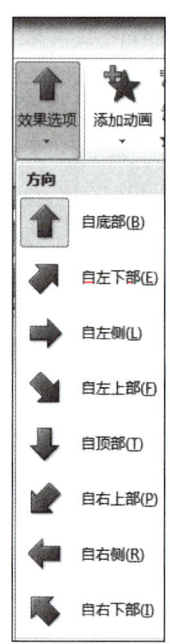

图3.8 给图片添加飞入效果　　图3.9 设置自底部飞入效果

【小提示】

可以选择"动画→动画"右下角的小箭头按钮 (对话框启动器按钮),在弹出的"飞入"对话框中进行设置,如图3.10所示。

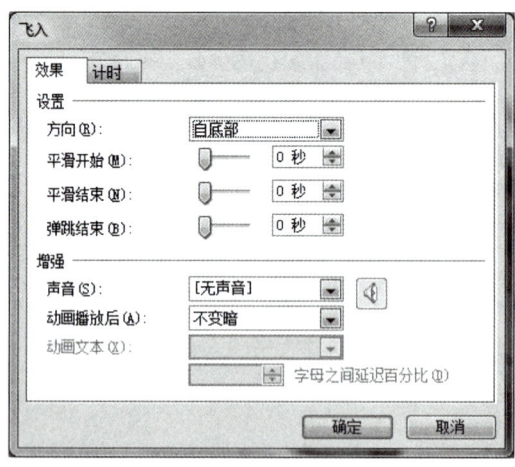

图3.10 "飞入"对话框

【小提示】

可以选择"飞入"对话框中的"效果"选项卡中的效果设置方向,在"计时"选项卡中设置"期间"为"非常快",如图 3.11 所示。

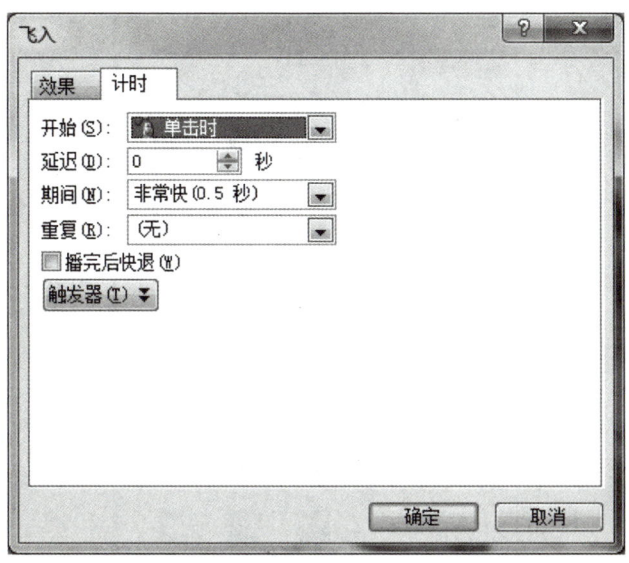

图 3.11 "飞入"对话框的"计时"选项卡

【小提示】

可以选择"动画→高级动画→添加动画"命令设置动画效果。

可以选择"动画→高级动画→动画刷"命令,将当前占位符的动画效果复制,然后粘贴到其他占位符上。

【小知识】

动画设置包括"进入"、"强调"、"退出"和"动作路径"4 个选项。

进入:使文本或对象以某种效果进入幻灯片。

强调:为幻灯片上的文本或对象添加效果。

退出:为文本或对象添加在某一时刻离开幻灯片的效果。

动作路径:为对象添加某种效果以使其按照指定的模式移动。

④ 设置图片 1 的阴影效果为"外部-向右偏移"。

【小提示】

选中"图片 1",选择"图片工具→格式→图片样式"命令,单击"图片效果"命令,设置阴影样式,如图 3.12 所示。

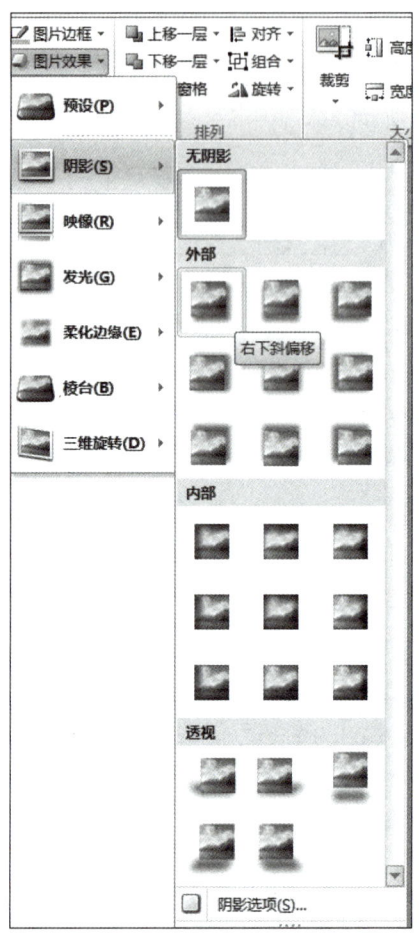

图 3.12　图片的阴影效果设置

⑤ 在剪贴画的下面插入水平文本框,输入内容为"几年的大学生活使我们成为朋友",字体为华文行楷,字号为 30 号,动画效果为"回旋"。

【小提示】

选择"插入→文本→文本框→横排文本框"命令,然后在幻灯片上绘制一个文本框,在文框中输入文字。

选中文本框,选择"动画→动画→回旋"命令。

步骤 3　制作第三张幻灯片。

插入第三张幻灯片,幻灯片版式为"标题和文本"。输入标题内容"美丽的回忆",文本处添加两行文本"声音"和"影片",并设置项目符号为圆点。

【小提示】

选择"开始→幻灯片→新建幻灯片"命令,插入新幻灯片,选择"开始→幻灯片→版式"命令,选择"标题和文本"版式。

选中文本框,选择"开始→段落→项目符号和编号"命令,在"项目符号"选项卡中选择圆点符号,如图 3.13 所示。

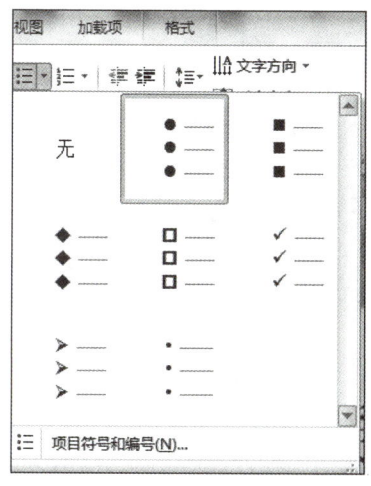

图 3.13　项目符号的设置

步骤 4　制作第四张幻灯片。

① 插入第四张空白幻灯片,并在新幻灯片中插入来自文件"背景音乐.wav"中的声音(自动播放),放映时隐藏。

【小提示】

选择"开始→幻灯片→新建幻灯片"命令,插入新幻灯片,选择"开始→幻灯片→版式"命令,选择"空白"版式。

选择"插入→媒体→音频"命令,选择"文件中的音频"命令,选择音频素材文件,插入到幻灯片中。选择"音频工具→播放"命令,在"开始"的文本框中选择"自动"播放,如图 3.14 所示,勾选"放映时隐藏"复选框。

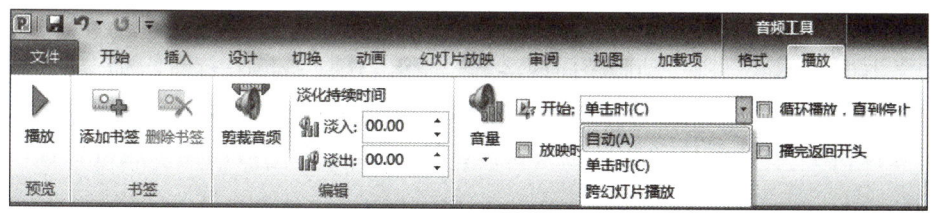

图 3.14　设置自动播放

② 插入水平文本框,将 rr.txt 文件的内容插入到占位符中,字号为 40,华文行楷,转换,弯曲,桥形。

选择"插入→文本→文本框→横排文本框"命令,然后在幻灯片上绘制一个文本框。打开

rr.txt 文件,复制里面的内容粘贴到文框中。选中文本框,选择"开始→字体"命令,在字号文本框中输入"40",在字体文本框中选择"华文行楷"。选择"绘图工具→艺术字样式→文本效果"命令,选择"转换"命令,选择"弯曲→桥形",如图 3.15 所示。

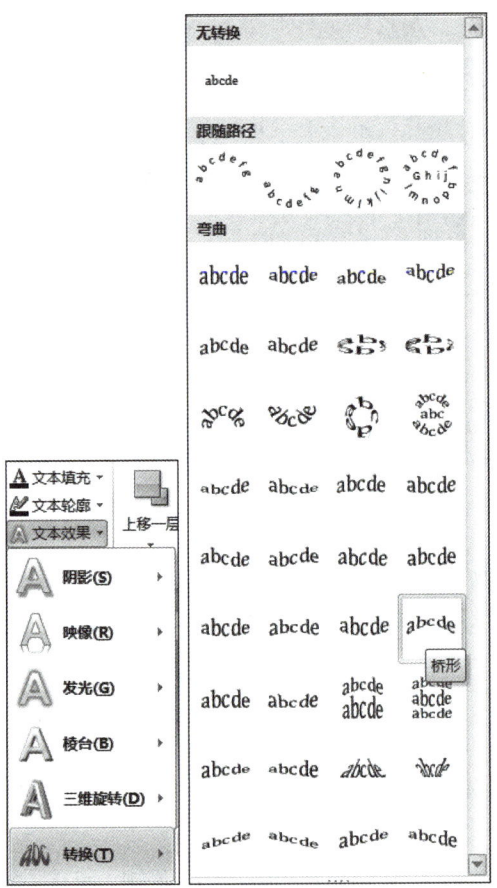

图 3.15　设置文本效果

③ 设置文本框的动画效果为"向内溶解",在上一个动画之后 1 秒开始,动画文本为"按字母",动画声音为"风铃"。

选中文本框,选择"动画→动画→向内溶解"命令。选择"动画→计时"命令,"开始"设置为"上一动画之后"开始,延迟文本框中输入"01.00",如图 3.16 所示。选择"动画→动画"右下角的小箭头按钮（对话框启动器按钮）,在弹出的"向内溶解"对话框中进行设置,如图 3.17 所示。

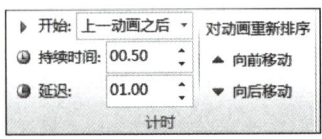

图 3.16　设置动画的计时选项

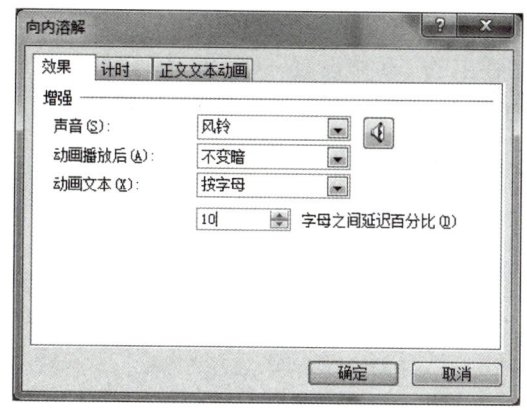

图 3.17 设置动画的效果

④ 插入"图片 2.wmf",动画效果为"菱形",方向为"缩小",速度为"非常快"。

🔔【小提示】

选中图片,选择"动画→动画"命令,展开动画下拉列表,选择"更多动画效果",弹出"更多进入效果"对话框,选择"菱形",如图 3.18 所示。

⑤ 设置动画执行顺序为先播放图片后播放文本框。

🔔【小提示】

选择"动画→计时"命令,单击"对动画重新排序"下方的"向前移动"或者"向后移动"按钮,可调整动画播放的顺序。也可以选择"动画→高级动画→动画窗格"命令,在动画窗格中对所有设置的动画重新排序,如图 3.19 所示。

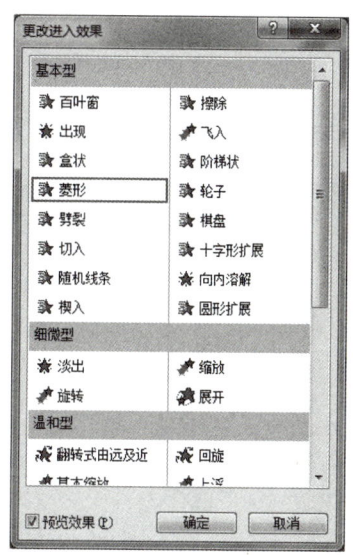

图 3.18 设置动画进入的菱形效果

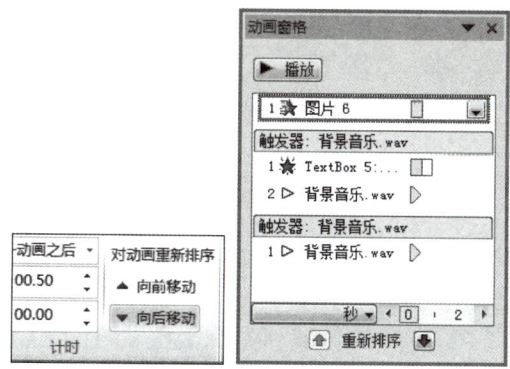

图 3.19 设置动画播放顺序

⑥ 插入动作按钮(后退或前一项),使其超级链接到第三张幻灯片。

选择"插入→插图→形状→动作按钮→后退或前一项"命令,如图 3.20 所示。在幻灯片的空白位置绘制一个按钮,在弹出的"动作设置"对话框中,选择"单击鼠标时的动作"标签下的"超链接到"→"幻灯片",如图 3.21 所示。在弹出的"超链接到幻灯片"对话框中选择"3. 美丽的回忆",单击"确定"按钮,如图 3.22 所示。

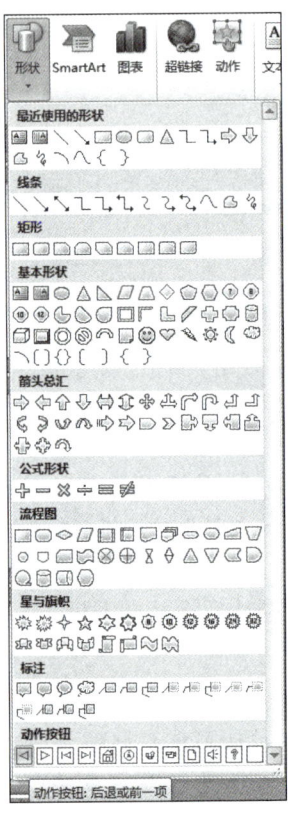

图 3.20 插入动作按钮

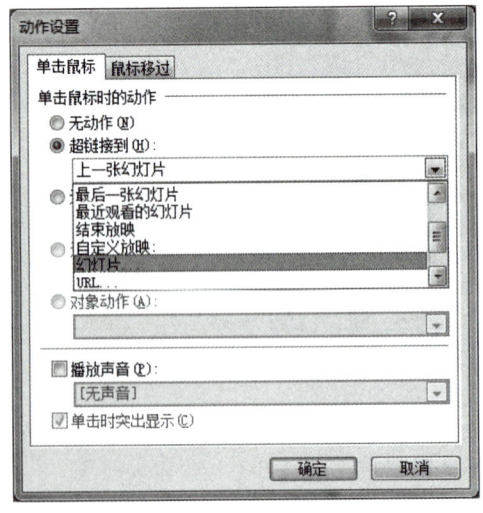

图 3.21 动作按钮的动作设置

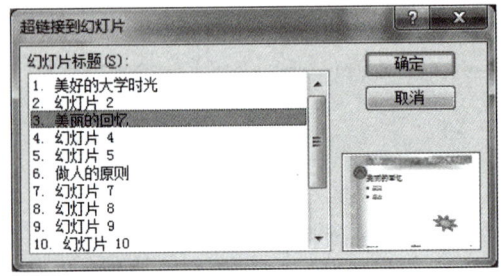

图 3.22 超链接设置

【小知识】

动作按钮是系统提供的现成的按钮,可以插入演示文稿并为其设置动作,例如定义超链接或运行某个程序等。

步骤 5 制作第五张幻灯片。

① 插入第五张空白幻灯片,并在新幻灯片中插入来自文件中的影片(单击时播放)。

选择"插入→媒体→视频"命令,选择"文件中的视频"命令。选择视频素材文件,插入到幻灯片中。选择"视频工具→播放→视频选项",在"开始"文本框中选择"单击时"播放,如图 3.23 所示。

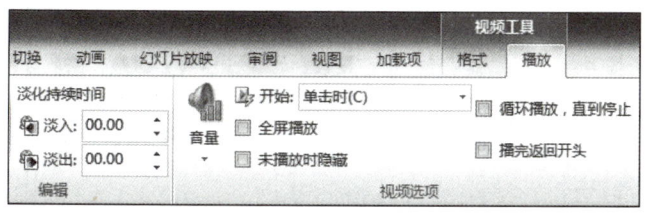

图 3.23 设置视频播放选项

【小知识】

图片是以嵌入的方式成为演示文稿的组成部分。

默认情况下,音频文件和视频文件是链接而非嵌入到演示文稿中。所谓链接是指放映演示文稿时,系统会打开所链接的媒体文件进行播放。所以,应该将音频文件和视频文件与演示文稿文件保存在相同的位置,以便演示文稿调用相关的媒体文件。如果要在另一台计算机上播放带有链接文件的演示文稿,则必须在复制该演示文稿的同时复制它所链接的文件。

② 插入第 5 行第 4 列艺术字,内容为"同学们努力吧!",隶书,字号 40。

【小提示】

选择"插入→文本→艺术字"命令,选择第 3 行第 2 列的艺术字样式,如图 3.24 所示。输入文字"同学们努力吧!"。

③ 设置艺术字的动画效果为"劈裂",方向为"左右向中央收缩"。

【小提示】

选中艺术字,选择"动画→动画"命令,选择"劈裂",选择"效果选项→左右向中央收缩"。

④ 在艺术字下方绘制一条方点虚线,粗细为 3 磅,前端形状和后端形状为圆形箭头。

选择"插入→插图→形状"命令,选择"直线",在幻灯片上

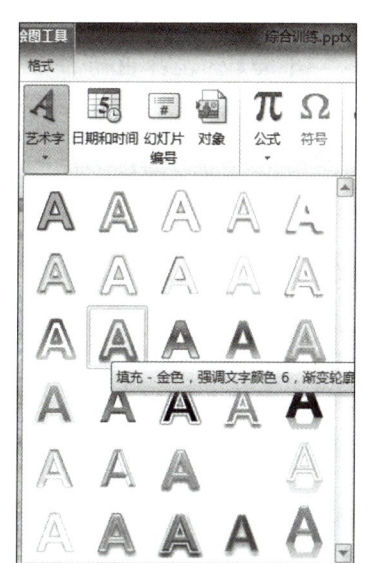

图 3.24 选择艺术字样式

绘制一条直线。选中直线，右击鼠标，选择"设置形状格式"命令，在弹出的"设置形状格式"对话框中，设置线条的虚线为"方点"，粗细为3磅，前端形状和后端形状为圆形箭头，如图3.25所示。

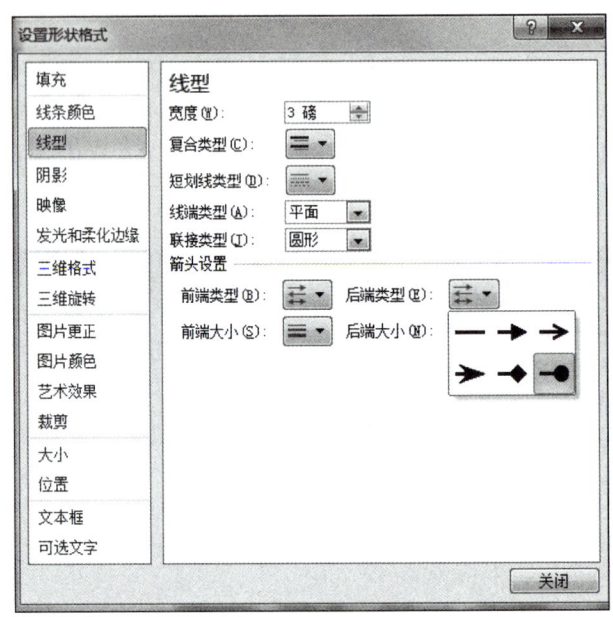

图3.25 "设置形状格式"对话框

⑤ 插入动作按钮（后退或前一项），使其超级链接到第三张幻灯片。

【小提示】

选择"插入→插图→形状→动作按钮→后退或前一项"命令。在幻灯片的空白位置绘制一个按钮，在弹出的"动作设置"对话框中，选择"单击鼠标时的动作"标签下的"超链接到"→"幻灯片"。在弹出的"超链接到幻灯片"对话框中选择"3.美丽的回忆"，单击"确定"按钮。

步骤6 设置幻灯片的背景颜色及幻灯片的切换方式。

① 设置第一张幻灯片的背景设为预设颜色"孔雀开屏"的"线性对角–左上到右下"渐变底纹。

选择第一张幻灯片，选择"设计→背景"右下方的小箭头按钮 （对话框启动器按钮），如图3.26所示。在"设置背景格式"对话框中，选择"填充→渐变填充"命令，预设颜色选择为"孔雀开屏"，如图3.27所示，方向选择为"线性对角–左上到右下"，如图3.28所示，设置完成后单击"关闭"按钮。

【小提示】

设置完成后单击"全部应用"按钮，将改变演示文稿中所有幻灯片的背景。

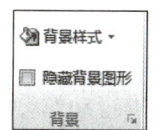

图 3.26 "背景"选项组

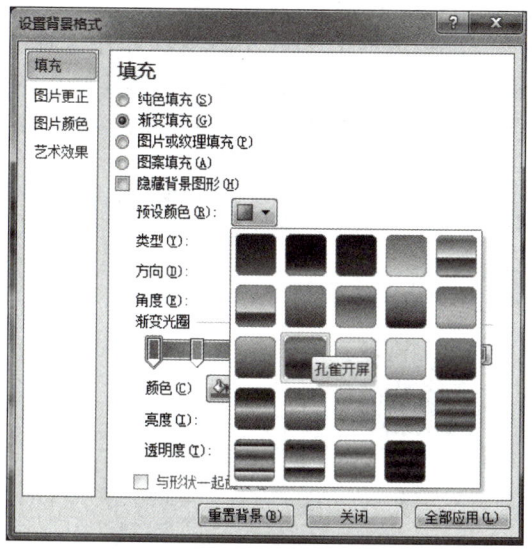

图 3.27 设置预设颜色

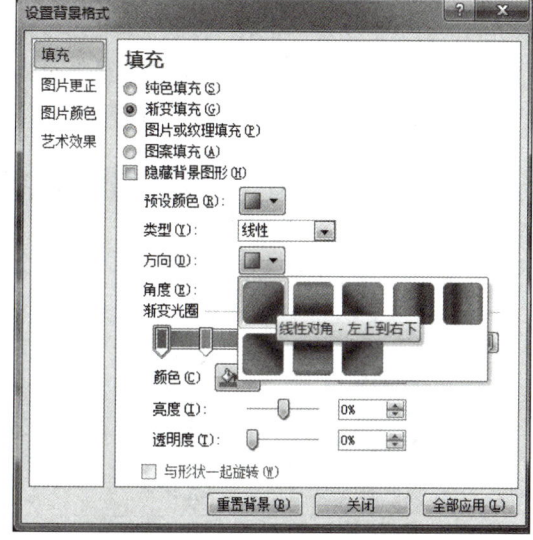

图 3.28 设置渐变方向

② 设置第一张幻灯片的切换方式为自底部推进,声音为"激光";第二张幻灯片的切换方式为自右侧揭开,声音为"鼓掌"。

选择第一张幻灯片,选择"切换→切换到此幻灯片→推进"命令,如图3.29所示,选择"切换→切换到此幻灯片→效果选项"命令,选择"自底部",如图 3.30 所示。

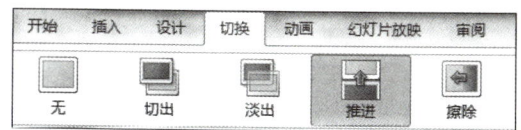

图 3.29 设置幻灯片切换效果

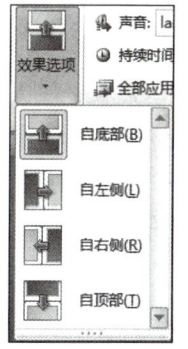

图 3.30 设置切换效果选项

【小提示】

选择第二张幻灯片,选择"切换→切换到此幻灯片→揭开"命令,选择"切换→切换到此幻

灯片→效果选项"命令，选择"自右侧"。

步骤7 设置文本和自选图形的超链接。

① 对第三页幻灯片中的文本"声音"进行动作设置，使其超级链接到下一张幻灯片。

选中文字"声音"，选择"插入→链接→动作"命令。在弹出的"动作设置"对话框中，动作设置为超链接到"下一张幻灯片"，单击"确定"按钮。

② 对第三页幻灯片中的文本"影片"插入超链接，使其超级链接到第五张幻灯片。

选中文字"影片"，选择"插入→链接→超链接"命令，或右击文字，在快捷菜单中选择"编辑超链接"命令，在打开的"编辑超链接"对话框中，左侧"链接到"列表中选择"本文档中的位置"，并在"请选择文档中的位置"列表中选择第五张幻灯片，单击"确定"按钮，如图 3.31 所示。

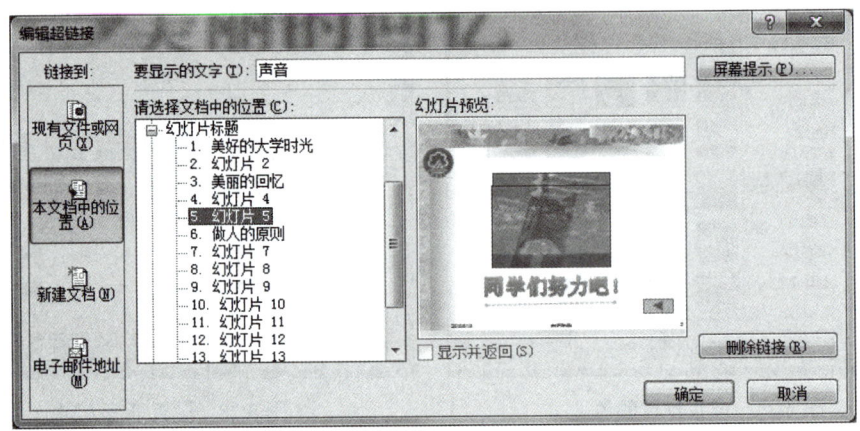

图 3.31 超链接设置

【小知识】

超链接是从一个幻灯片到另一个幻灯片、网页或文件的链接。超链接本身可能是文本、图片、图形、形状或艺术字等。

如果链接指向另一个幻灯片，目标幻灯片将显示在 PowerPoint 演示文稿中。如果链接指向某个网页、网络位置或不同类型文件，则会在适当的应用程序或 Web 浏览器中显示目标页或目标文件，也可以输入链接目标的 URL 地址。

表示超链接的文本用下划线显示，图片、形状和其他对象超链接没有附加格式。

③ 插入自选图形"太阳形"，设置图形的填充颜色为"花束"纹理，输入文字"结束"，更改方向为 15 度。

【小提示】

选择"插入→插图→形状→基本形状→太阳形"命令，在幻灯片上绘制图形，选中该图形，右击鼠标，选择"设置图片格式"命令，弹出"设置图片格式"对话框，如图 3.32 所示。在"填充"选项组中选择"图片或纹理填充"单选按钮，在"纹理"下拉列表中选择"花束"纹理，如图 3.33 所示，单击"确定"按钮完成。在"大小"选项组中设置旋转角度为 15 度，如图 3.34 所示。

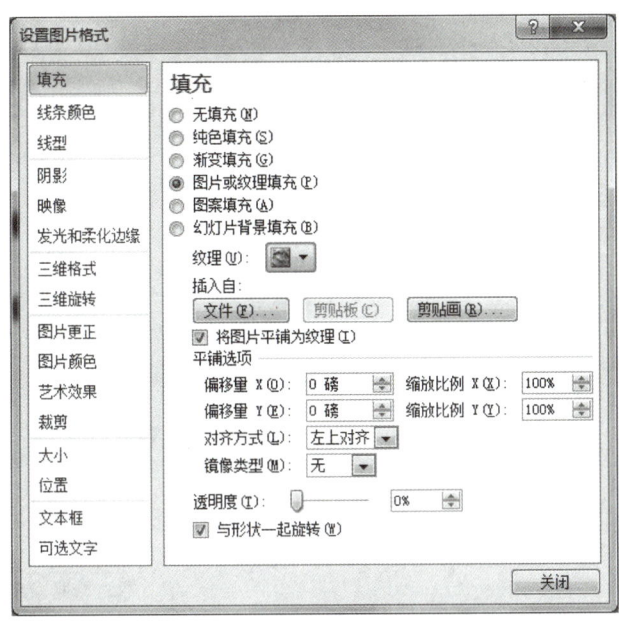

图 3.32 "设置图片格式"对话框

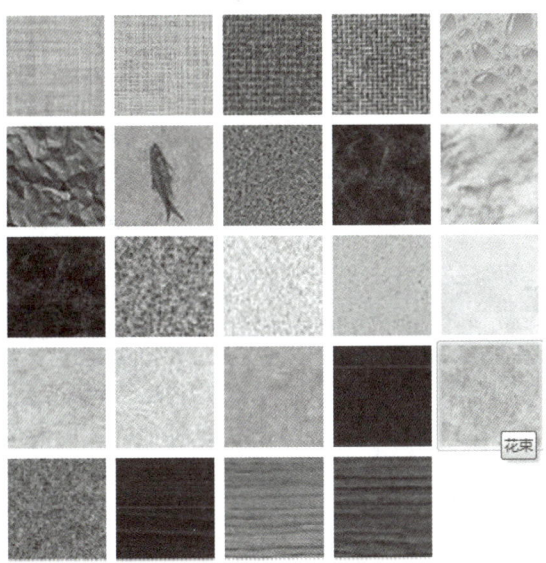

图 3.33 设置纹理填充 – 花束

④ 对自选图形进行动作设置,单击鼠标时结束放映。

【小提示】

选中"太阳形",选择"插入→链接→动作"命令。在弹出的"动作设置"对话框中,动作设置为超链接到"结束放映",单击"确定"按钮。

步骤 8 利用母版设置幻灯片的页脚格式。

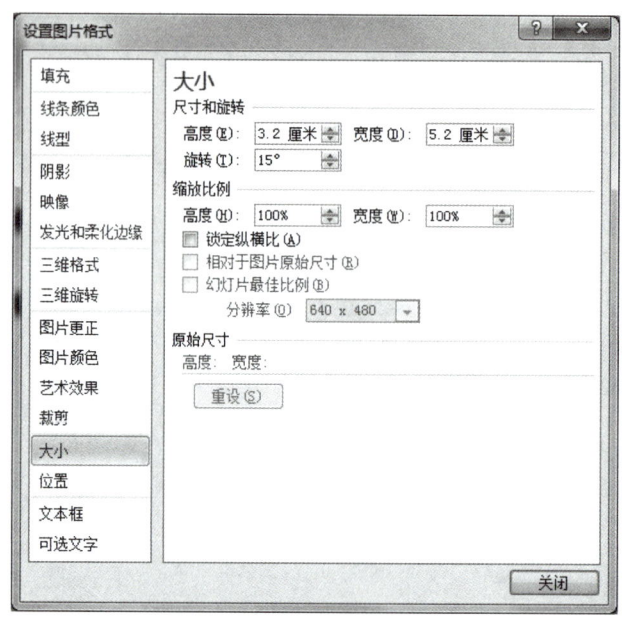

图 3.34　设置大小 – 旋转

① 给所有幻灯片（标题幻灯片除外）添加自动更新的日期、页脚为"大学时光"、幻灯片编号。

选择"插入→文本→页眉和页脚"命令，弹出"页眉和页脚"对话框，在"幻灯片"选项卡中设置日期和时间为"自动更新"，选中"幻灯片编号"复选框，输入页脚的内容为"大学时光"，选中"标题幻灯片中不显示"复选框，单击"全部应用"按钮，如图 3.35 所示。

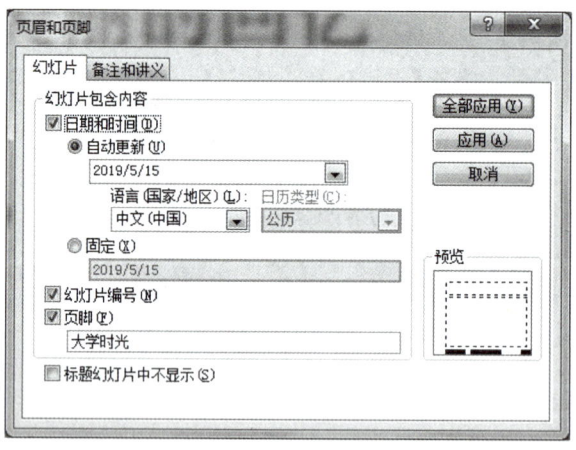

图 3.35　"页眉和页脚"对话框

② 在母版中设置日期、页脚和编号的字号为 24、蓝色字体。

选择"视图→母版视图→幻灯片母版"命令，进入幻灯片母版视图。选中第一个"幻灯片母版",分别选中该母版下方的3个文本框,设置字体为24,设置颜色为蓝色。选择"幻灯片母版→关闭→关闭母版视图"命令,返回到普通视图。

【小提示】

不同的幻灯片版式都有与之相对应的母版,所以在幻灯片母版视图中会展现多张母版,每张母版都标记着使用该母版的幻灯片编号,可以对不同的母版设置格式效果。

③ 在母版中插入图片"校徽.jpg"。

【小提示】

选择"视图→母版视图→幻灯片母版"命令,进入幻灯片母版视图。选中第一个"幻灯片母版",插入图片"校徽.jpg",适当调整图片的大小和位置。

【小知识】

母版用于设置文稿中每张幻灯片的预设格式,这些格式包括标题及正文文字的位置和大小、项目符号的样式、背景图案等。母版包括幻灯片母版、讲义母版和备注母版。

① 幻灯片母版:设计除标题幻灯片以外的所有幻灯片的格式。
② 讲义母版:添加或修改幻灯片以讲义形式出现的页眉和页脚信息。
③ 备注母版:设计备注页的版式以及备注文字的格式。

通常使用幻灯片母版可以进行的操作如下。

① 更改字体或项目符号。
② 插入要显示在多张幻灯片上的艺术图片(如徽标)。
③ 更改占位符的位置、大小和格式。

步骤9 幻灯片的页面设置。设置幻灯片大小为自定义,宽度25厘米、高度20厘米,幻灯片编号起始值为1。

选择"设计→页面设置→页面设置"命令,弹出"页面设置"对话框,在"幻灯片大小"下拉列表中选择"自定义",宽度文本框设置为25厘米、高度文本框设置为20厘米,幻灯片编号起始值设置为1,单击"确定"按钮,如图3.36所示。

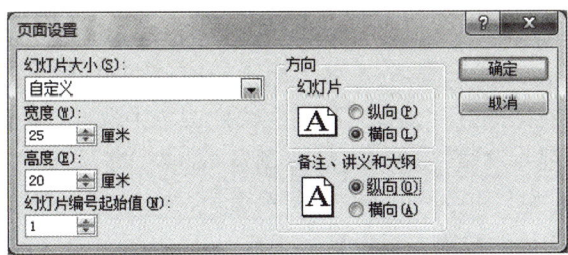

图3.36 幻灯片的页面设置

步骤10 更改主题为nature.potx。

选择"设计→主题"命令,在"主题"选项组中,打开"主题库"下拉列表,选择"浏览主题"

命令,在"选择主题或主题文档"对话框中,选择"Office 主题和 PowerPoint 模板"文件类型,选中 Nature.potx 文件,单击"应用"按钮,如图 3.37 所示。

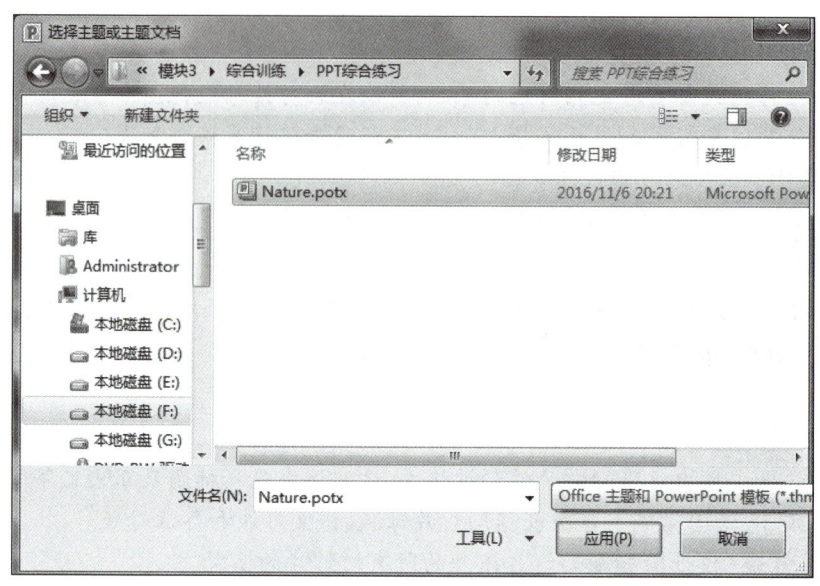

图 3.37 "选择主题或主题文档"对话框

【小知识】

主题是一组预定义的颜色、字体和视觉效果,利用主题可以使多张幻灯片具有统一的专业的外观。模板是扩展名为 .potx 的文件,模板使所有的幻灯片具有相同的外观。设计模板包括项目符号和字体的类型和大小、占位符大小和位置、背景设计和填充、配色方案以及幻灯片母版和可选的标题母版。

模板是一个主题和一些内容的集合,通常是针对特定的应用目的而设计,以支持演示文稿的制作,如销售、商业计划或课堂教学等。模板具有协同工作的设计元素,如颜色、字体、背景、效果等,以及服务于讲述的样本内容。自定义模板并将其进行存储,可以使模板为多人共享和重复使用。

步骤 11 将"做人的原则 .pptx"添加到本演示文稿的末尾。

打开"做人的原则 .pptx"演示文稿,选择"视图→演示文稿视图→幻灯片浏览"命令。在幻灯片浏览视图下,选中所有的幻灯片,右击鼠标,在快捷菜单中选择"复制"命令。切换到当前演示文稿中,选择"视图→演示文稿视图→幻灯片浏览"命令,将光标插入点定位到最后,右击鼠标,在快捷菜单中选择"粘贴"命令,如图 3.38 所示。

步骤 12 将本演示文稿的放映方式设置为观众自行浏览。

选择"幻灯片放映→设置→设置幻灯片放映"命令,弹出"设置放映方式"对话框,在"放映类型"选项组中,选择"观众自行浏览"单选按钮,如图 3.39 所示。

图 3.38 演示文稿的插入和合并

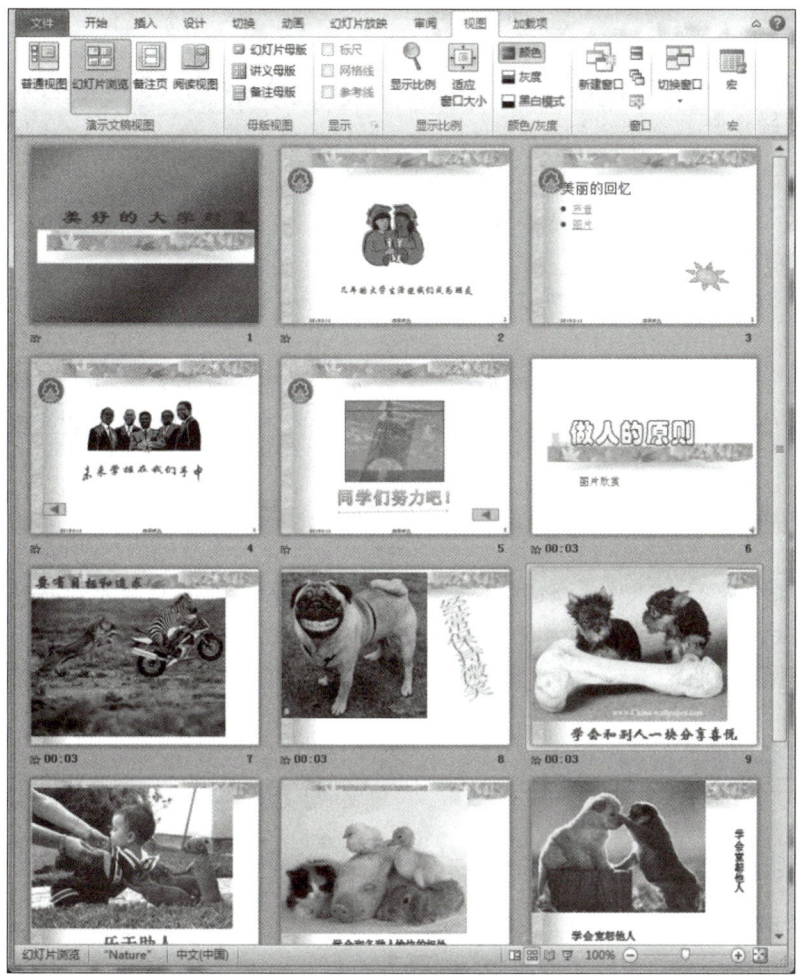

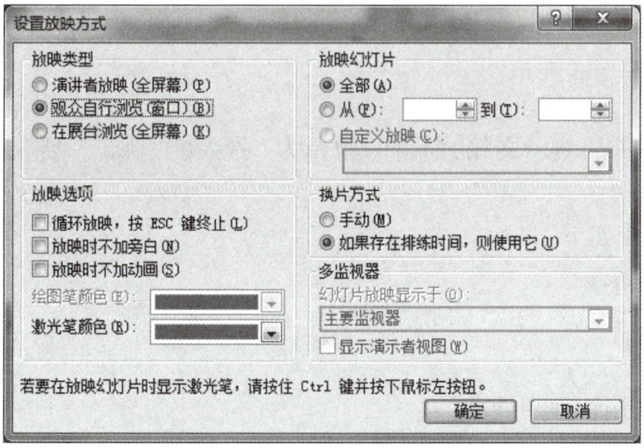

图 3.39 "设置放映方式"对话框

【小提示】

如果有幻灯片不必放映,选择"幻灯片放映→设置→隐藏幻灯片"命令,可以隐藏当前幻灯片,使得幻灯片放映时不显示该幻灯片。

【小知识】

有3种放映方式,具体如下。

① 演讲者放映:最常用的放映方式,使演示文稿全屏放映,播放者可以随时放映或者暂停演示文稿。

② 观众自行浏览:一般在窗口中演示。这种方式提供了演示文稿播放时移动、编辑、复制和打印等命令,便于观众自己浏览演示文稿。在此方式中,可以使用滚动条从一张幻灯片移到另一张幻灯片。

③ 在展台浏览:可自动运行演示文稿,适用于展览会场或会议中。可以防止用户更改演示文稿。

用户可以设置是否循环放映,放映时是否加旁白、是否加动画,放映时幻灯片的切换方式是手动或自动放映,是放映全部幻灯片还是部分幻灯片以及设置放映时绘图笔的颜色等。

步骤 13 保存文件。

任务 2 生动精彩的演讲稿

1. 任务目标

① 掌握主题文件的使用。
② 掌握超级链接和动作按钮的使用。
③ 掌握页眉页脚的设置。
④ 掌握幻灯片母版的设置。
⑤ 掌握背景音乐的使用。

2. 任务要求

制作一个用于演讲的演示文稿,演讲的题目为"做人的原则"。要求利用主题文件设计幻灯片。

演讲提纲内容提要如下。
- 要有目标和追求。
- 经常保持微笑。
- 乐于助人。
- 学会和各种人愉快地相处。
- 学会宽恕他人。
- 保持高度的自信心。

● 尊重弱者。

制作完成的演示文稿如图 3.40 所示。。

图 3.40 "做人的原则"演示文稿

3．任务步骤

步骤 1 制作标题幻灯片。

① 插入第一张幻灯片，选择"开始→幻灯片→版式"命令，设置版式为"标题幻灯片"。选择"设计→主题"命令，在"主题"选项组中，打开"主题库"下拉列表，选择"浏览主题"，在"选择主题或主题文档"对话框中，选择"Office 主题和 PowerPoint 模板"文件类型，选中 Crayons.thmx 文件，单击"应用"按钮，如图 3.41 所示。

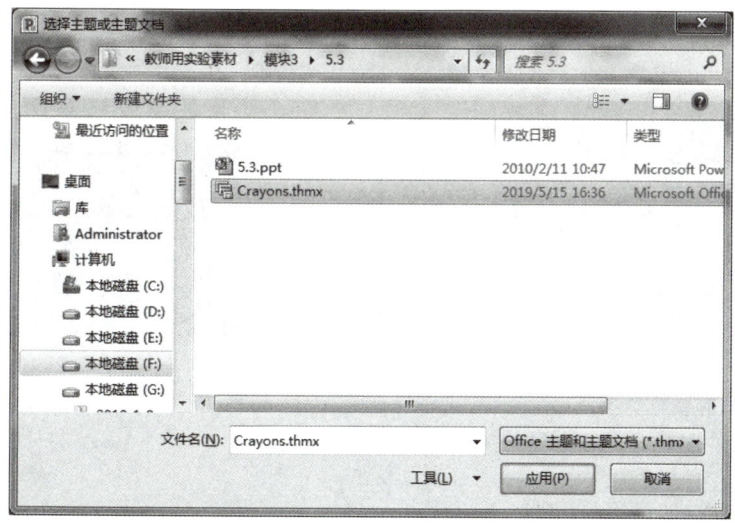

图 3.41 选择主题文件

【小提示】

主题包括内置和来自 Office.com 两种,如图 3.42 所示。将主题文件 Crayons.thmx 复制到 Office 应用程序的主题文件夹中,可以将该主题加入到内置的主题中。通常 C:\Users\Administrator\AppData\Roaming\Microsoft\Templates\Document Themes 即是主题文件的文件夹。

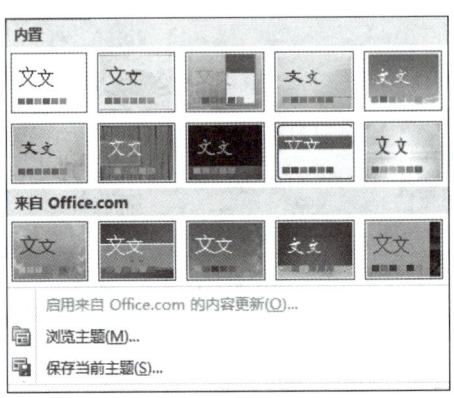

图 3.42　主题的设置

② 输入标题文字"做人的原则",设置字体为华文彩云、字号 80、阴影效果,如图 3.43 所示。

③ 删除副标题文本框。

【小提示】

选中副标题文本框,按 Delete 键删除。

步骤 2　制作其他幻灯片。

① 新建一张幻灯片,选择版式为"空白",插入一幅图片和一个横排文本框,调整图片和文本框的大小和位置,对文本框中的文字进行适当的格式化操作,如图 3.44 所示。

图 3.43　选择模板　　　　　　　　　　　图 3.44　设计幻灯片

② 选中图片,添加自定义动画。

【小提示】

选中图片,选择"动画→动画"命令,选择一种进入效果。动画效果根据需要选择。可以使用"动画→高级动画→动画窗格"命令,在任务窗格中单击"播放"按钮查看播放效果。

③ 插入新幻灯片,按照内容提纲将图片和文字依次插入到幻灯片中,并设置各张幻灯片上图形对象和文本对象的自定义动画效果。

【小提示】

为了使幻灯片更加生动、灵活,可以使用文本框、艺术字、剪切画等美化幻灯片,图片也可使用旋转、拉伸等效果。

【小提示】

例如,可以为第三张幻灯片中的图片添加"百叶窗"动画效果;为第四张幻灯片中的图片添加"菱形"动画效果;为第五张幻灯片中的图片添加"光速"动画效果;为第六张幻灯片中的图片添加"光速"动画效果,如图 3.45 所示。

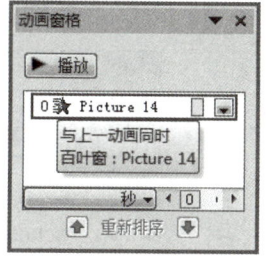

图 3.45　设计幻灯片中图片的动画效果

步骤 3　设置各张幻灯片的换片方式。

① 选择"切换→切换到此幻灯片"命令,在"切换到此幻灯片"的选项中选择一种切换方式。

② 选择"切换→计时"命令,在"换片方式"选项组中,勾选"设置自动换片时间"复选框,设置时间间隔为 3 秒,如图 3.46 所示。

【小技巧】

如果需要为多张幻灯片添加切换方式,可以为幻灯片添加切换方式,然后选择"切换→计时→全部应用"命令,如图 3.46 所示。

【小技巧】

通常情况下,可以使用鼠标或者键盘切换幻灯片,如果需要幻灯片自动切换,可以在"换片方式"栏中将"每隔"复选框选中,并设置一个自动切换时间,单位为秒(s)。

如果不希望使用鼠标换片,可以将"单击鼠标时"复选框取消,这样可以防止鼠标的误操作,此时仍可以使用键盘操作来切换幻灯片。

步骤 4 设置背景音乐。

① 选中第一张幻灯片。

② 选择"插入→媒体→音频"命令,选择"文件中的音频"命令。选择音频素材文件,插入到幻灯片中。

③ 选中音频占位符,选择"动画→高级动画→动画窗格"命令,打开"动画窗格"对话框,在"背景音乐"素材的下拉列表中,选择"从上一项开始",如图 3.47 所示。

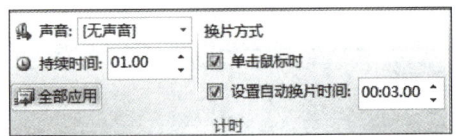

图 3.46　设置换片方式

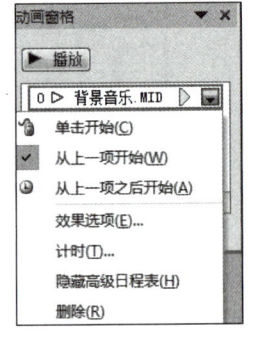

图 3.47　设置音频动画开始方式

【小提示】

可以选择"视频工具→播放→视频选项"命令,在"开始"文本框中选择"与上一动画同时"播放。

④ 选择"动画→动画"选项组中右下角的小箭头按钮 ⬚(对话框启动器按钮),在弹出的"播放音频"对话框中,"开始播放"选项组中选择"从头开始",在"停止播放"选项组中,设置"第 9 张幻灯片之后",如图 3.48 所示。

⑤ 在"计时"选项卡中设置"重复"选项为"直到幻灯片末尾",如图 3.49 所示。

⑥ 在"声音设置"选项卡中,选中"幻灯片放映时隐藏声音图标"复选框,如图 3.50 所示。

任务 2　生动精彩的演讲稿

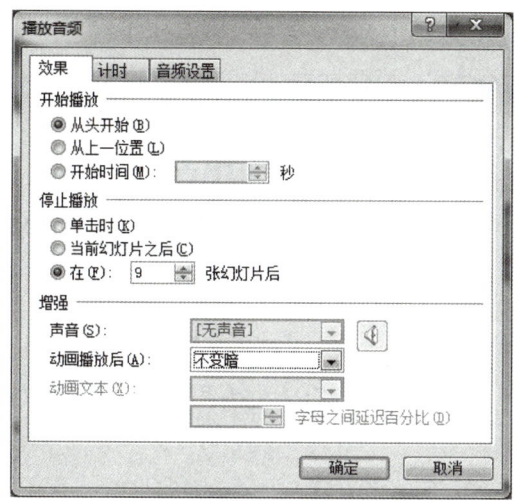

图 3.48　设置音频动画开始和结束的选项

图 3.49　声音重复设置

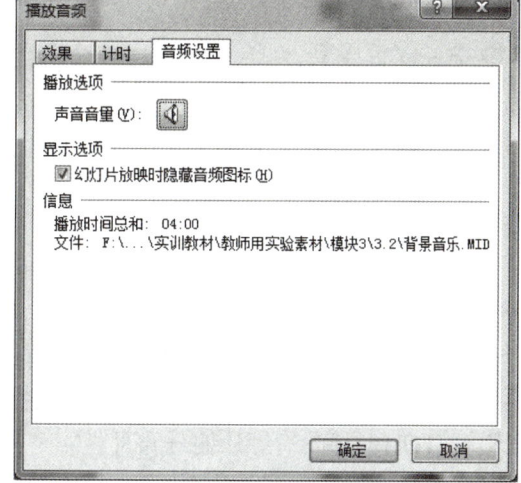

图 3.50　隐藏声音图标设置

步骤 5　为幻灯片添加目录。

① 选中第一张幻灯片。

② 插入一张新幻灯片,选择幻灯片版式为"只有标题"。

③ 选中标题文本框,输入文字"目录",并进行相应的格式化。

④ 在幻灯片上插入一个水平文本框,在文框中输入内容提要,设置字体为宋体、字号为 24。选中文本框,选择"插入→段落→项目符号"命令,在"项目符号"选项卡中选择方块符号,如图 3.51 所示。

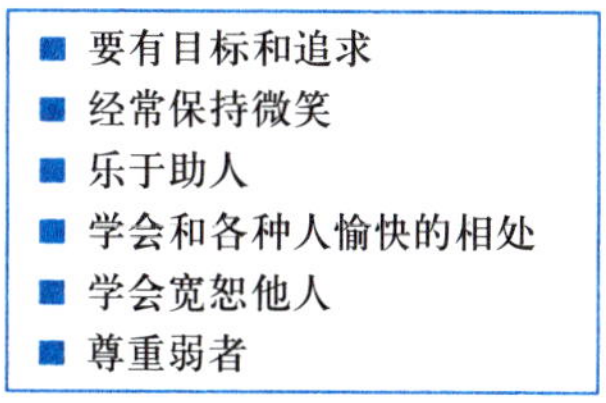

- 要有目标和追求
- 经常保持微笑
- 乐于助人
- 学会和各种人愉快的相处
- 学会宽恕他人
- 尊重弱者

步骤 6　设置超级链接。

图 3.51　添加项目符号

① 选中文字"要有目标和追求",选择"插入→链接→超链接"命令,在打开的"编辑超链接"对话框中,在左侧"链接到"列表中选择"本文档中的位置",在

"请选择文档中的位置"列表中选择第三张幻灯片,单击"确定"按钮完成,如图 3.52 所示。

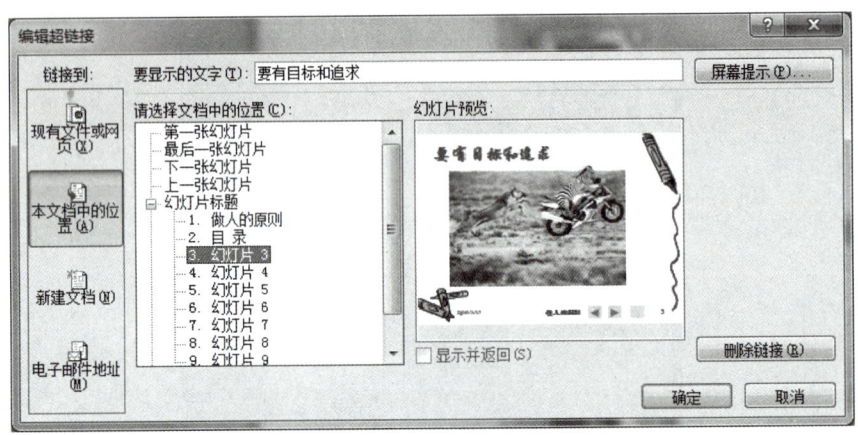

图 3.52　设置超级链接

【小提示】

也可以选中文字后,右击鼠标,在快捷菜单中选择"超链接"命令,打开"编辑超链接"对话框。

② 使用同样的方法给其他目录项添加超级链接。

【小提示】

如果要修改或删除超链接,可以右击超链接,在弹出的菜单中选择"编辑超链接"或"取消超链接"命令。

步骤 7　为所有幻灯片添加日期、幻灯片编号和页脚。

选择"插入→文本→页眉和页脚"命令,打开"页眉和页脚"对话框,在"幻灯片"选项卡中可以设置日期和时间、幻灯片编号和页脚。

【小提示】

日期和时间设置为"自动更新",即显示系统当前的日期,选中"幻灯片编号"复选框,输入页脚的内容为"做人的原则",设置的具体内容如图 3.53 所示,如果这些内容不想在标题幻灯片中显示,则把最后一项复选框选中。设置完成后,单击"全部应用"按钮。

步骤 8　在母版中对日期、幻灯片编号和页脚进行格式化。

① 选择"视图→母版视图→幻灯片母版"命令,进入幻灯片母版视图。

② 选中"幻灯片母版",并分别选中该母版下方的 3 个文本框进行格式化,如图 3.54 所示。

"日期/时间"文本框设置为 16 号字,加粗,红色字体。

"页脚"文本框设置为 18 号字,加粗,蓝色字体。

"#"(幻灯片编号)文本框设置为 20 号字,加粗,绿色字体。

选择"幻灯片母版→关闭母版视图"命令,返回到普通视图。

任务 2　生动精彩的演讲稿　127

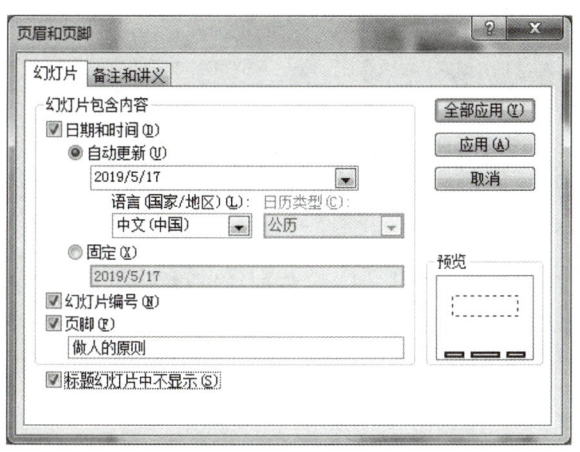

图 3.53　日期、幻灯片编号和页脚的设置

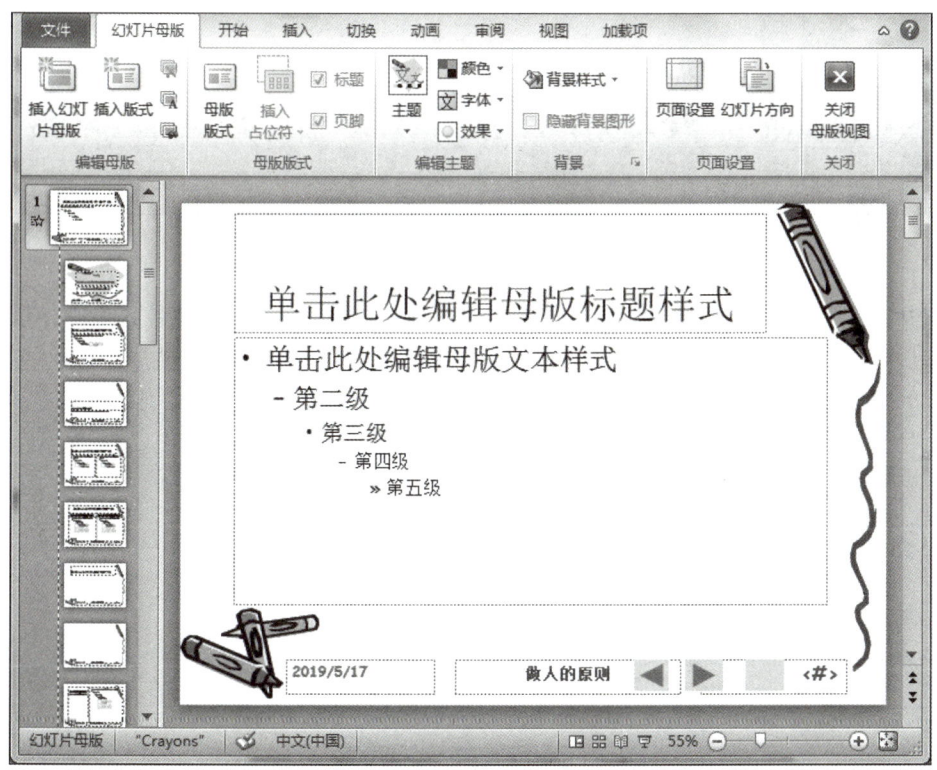

图 3.54　母版视图

【小提示】

如果要为所有幻灯片进行相同的格式化,可以在幻灯片母版中进行设置。例如,在幻灯片母版中为右侧的纵向波浪线设置"向下擦除"的动画效果,则每张幻灯片都应用此动画效果,如图3.55 所示。

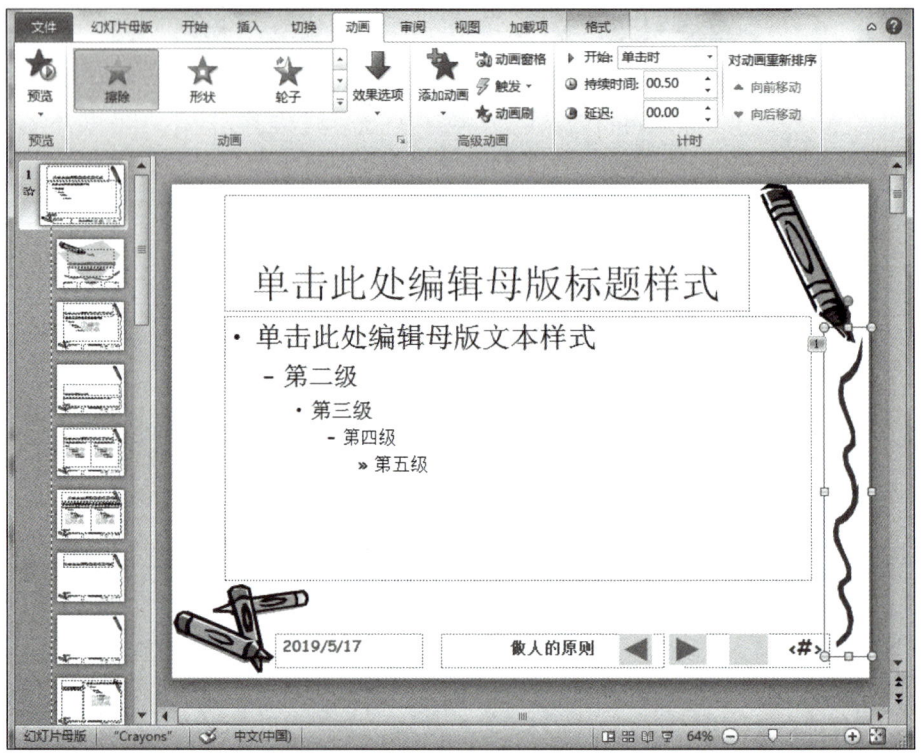

图 3.55　在母版视图中设置动画效果

步骤 9　为所有幻灯片（除标题幻灯片）添加"后退"、"前进"和"返回"3 个动作按钮。

① 进入"幻灯片母版"视图，选择"插入→插图→形状→动作按钮→后退或前一项"命令，在幻灯片的空白位置绘制一个按钮，在弹出的"动作设置"对话框中单击"确定"按钮，如图 3.56 所示。

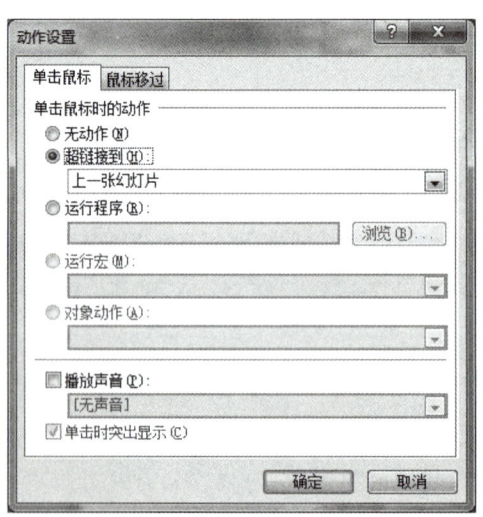

图 3.56　动作设置

② 选择"插入→插图→形状→动作按钮→前进或下一项"命令,在幻灯片的空白位置绘制一个按钮,在弹出的"动作设置"对话框中单击"确定"按钮。

③ 选择"插入→插图→形状→动作按钮→自定义"命令,在幻灯片的空白位置绘制一个按钮,在弹出的"动作设置"对话框中选择"单击鼠标"选项卡,动作设置为超链接到"幻灯片",如图3.57所示,在弹出的"超链接到幻灯片"对话框中选择"目录",单击"确定"按钮,如图3.58所示。

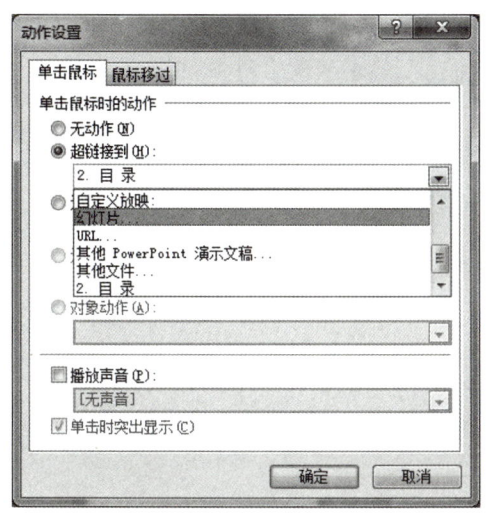

图 3.57　动作设置

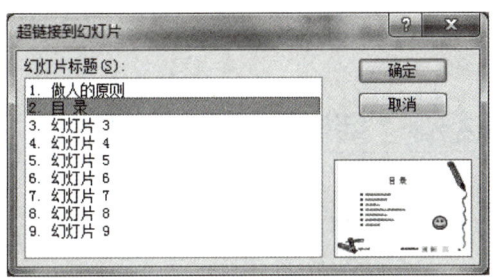

图 3.58　超链接到幻灯片设置

④ 选择"幻灯片母版→关闭→关闭母版视图"命令,返回到普通视图。

步骤 10　在"目录"幻灯片中插入自选图形,单击自选图形,结束幻灯片的放映。

选择"插入→插图→形状→基本形状→笑脸"命令,选中该形状,选择"插入→链接→动作"命令,弹出"动作设置"对话框,在"单击鼠标时的动作"选项组中,在"超链接到"文本框中选择"结束放映",单击"确定"按钮,如图3.59所示。

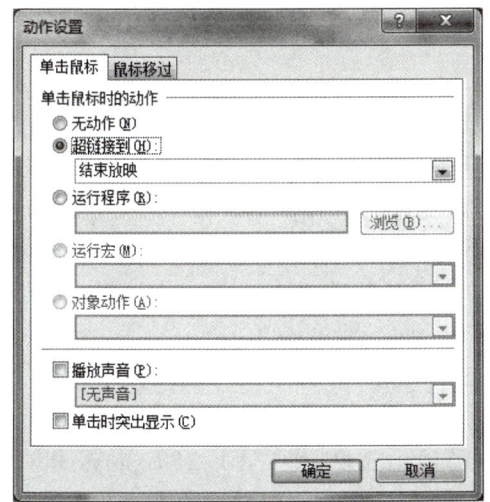

图 3.59　超链接到"结束放映"

步骤 11　设置幻灯片的大小为 A4 纸。

选择"设计→页面设置→页面设置"命令,弹出"页面设置"对话框,在"幻灯片大小"下拉列表中选择"A4 纸张",单击"确定"按钮,如图 3.60 所示。

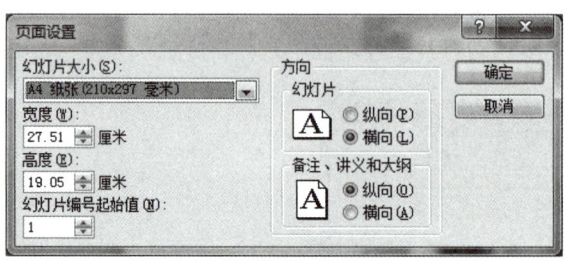

图 3.60　页面设置对话框

步骤 12　保存文件。

任务 3　结构清晰的教学课件

1．任务目标

① 掌握幻灯片标题和列表级别的使用。
② 掌握主题的使用。
③ 掌握幻灯片合并的方法。
④ 掌握幻灯片中 SmartArt 图的制作。
⑤ 掌握动画的设置。
⑥ 掌握幻灯片中表格的处理。
⑦ 掌握超链接的设置。
⑧ 掌握演示方案的设计方法。

2．任务要求

① 根据"基本内容和知识点 .docx"文档,创建"第 1–2 节 .pptx"演示文稿,将 Word 文档中的标题 2 样式的文字制作为每张幻灯片的标题,将标题 3 样式的文字制作为每张幻灯片的第一级文本内容,将正文的文字制作为第二级文本。

② 根据"基本内容和知识点 .docx"文档,创建"第 3–5 节 .pptx"演示文稿,将 Word 文档中的标题 2 样式的文字制作为每张幻灯片的标题,将标题 3 样式的文字制作为每张幻灯片的第一级文本内容,将正文的文字制作为第二级文本。

③ 分别为"第 1–2 节 .pptx"和"第 3–5 节 .pptx"两个演示文稿指定不同的合适的设计主题。

④ 创建"物理课件 .pptx"演示文稿,将"第 1–2 节 .pptx"和"第 3–5 节 .pptx"中的所有幻灯片合并到"物理课件 .pptx"中,要求所有幻灯片保留原来的格式。

⑤ 在第一张幻灯片之前插入一张标题幻灯片，将"基本内容和知识点.docx"文档中的标题1样式的文字制作为标题。

⑥ 在标题幻灯片后插入一张幻灯片，版式为"垂直排列标题与文本"，标题为"主要内容"，将"基本内容和知识点.docx"文档中的主要内容下面的文字作为内容项目。

⑦ 在"物理课件.pptx"的第3张幻灯片之后插入一张版式为"仅标题"的幻灯片，输入标题文字"物质的状态"，在标题下方制作一张射线列表式关系图，样例参考"关系图素材及样例.docx"。为该关系图添加适当的动画效果，要求同一级别的内容同时出现、不同级别的内容先后出现。

⑧ 在第6张幻灯片后插入一张版式为"标题和内容"的幻灯片，在该张幻灯片中插入与素材"蒸发和沸腾的异同点.docx"文档中相同的表格，并为该表格添加适当的动画效果。

⑨ 将第4张、第7张幻灯片分别链接到第3张、第6张幻灯片的相关文字上。

⑩ 在演示文稿中创建两个演示方案，第一个演示方案包含幻灯片第1、2、3、4、5页，保存演示方案，命名为"方案1"。第二个演示方案包含幻灯片第1、2、6、7、8、9页，保存演示方案，命名为"方案2"。

⑪ 为幻灯片添加编号，页脚内容为"物态及其变化"。

⑫ 为幻灯片设置适当的切换方式。

3．任务步骤

步骤1 制作"第1-2节.pptx"。

① 打开Word文档"基本内容和知识点.docx"。

② 启动PowerPoint 2010，插入第一张幻灯片，设置版式为"标题和内容"。

③ 将第1节的标题"一、物态变化、温度"复制粘贴到标题栏中，将其下的文字复制粘贴到内容文本框中。注意，内容文本框中的级别列表，选择"开始→段落"选项组中的"降低列表级别"和"提高列表级别"进行调整，如图3.61所示。

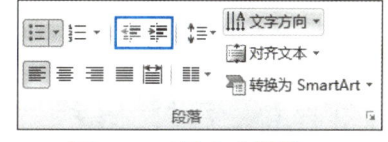

图3.61 列表级别的设置

④ 选择"开始→幻灯片→新建幻灯片"命令，插入第二张幻灯片，将第2节的标题"二、熔化和凝固"复制粘贴到标题栏中，将其下的文字复制粘贴到内容文本框中。

⑤ 保存演示文稿，命名为"第1-2节.pptx"。

步骤2 制作"第3-5节.pptx"。

① 选择"文件→新建"命令，在"可用的模板和主题"选项组中选择"空白演示文稿"，单击"创建"按钮。

② 插入第一张幻灯片，设置版式为"标题和内容"。

③ 将第3节的标题"三、汽化和液化"复制粘贴到标题栏中，将其下的文字复制粘贴到内容文本框中。

④ 选择"开始→幻灯片→新建幻灯片"命令，插入第二张幻灯片，将第4节的标题"四、升华和凝华"复制粘贴到标题栏中，将其下的文字复制粘贴到内容文本框中。

⑤ 选择"开始→幻灯片→新建幻灯片"命令，插入第三张幻灯片，将第5节的标题"五、生

活和技术中的物态变化"复制粘贴到标题栏中,将其下的文字复制粘贴到内容文本框中。

⑥ 保存演示文稿,命名为"第 3-5 节 .pptx"。

步骤 3　设置演示文稿的主题。

① 在任务栏中切换到"第 1-2 节 .pptx",选择"设计→主题→暗香扑面"命令。

② 在任务栏中切换到"第 3-5 节 .pptx",选择"设计→主题→跋涉"命令。

步骤 4　制作"物理课件 .pptx"。

① 选择"文件→新建"命令,在"可用的模板和主题"选项组中选择"空白演示文稿",单击"创建"按钮。

② 选择"开始→幻灯片"命令,在"幻灯片"选项组中,单击"新建幻灯片"下拉列表,在下拉列表中选择"重用幻灯片",如图 3.62 所示。打开"重用幻灯片"任务窗格。

③ 在"重用幻灯片"任务窗格中,单击"浏览"按钮,选择"浏览文件",弹出"浏览"对话框,选择"第 1-2 节 .pptx",单击"打开"按钮,勾选"重用幻灯片"任务窗格中的"保留源格式"复选框,如图 3.63 所示。分别单击其中的 4 张幻灯片,幻灯片会重用在"物理课件 .pptx"中。

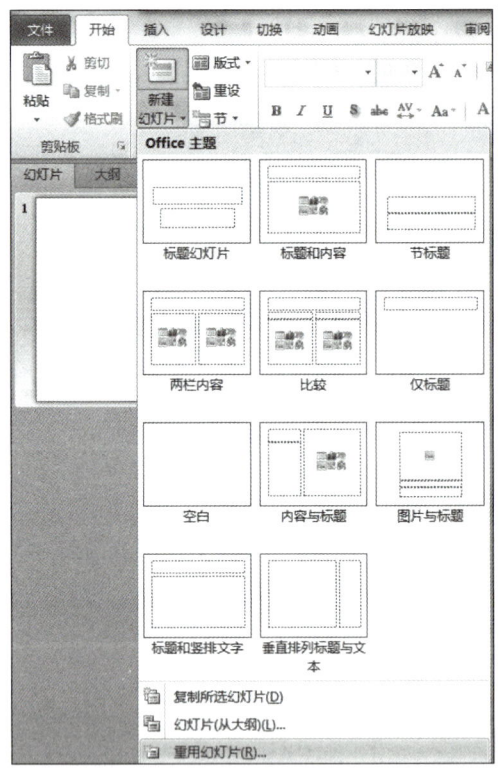
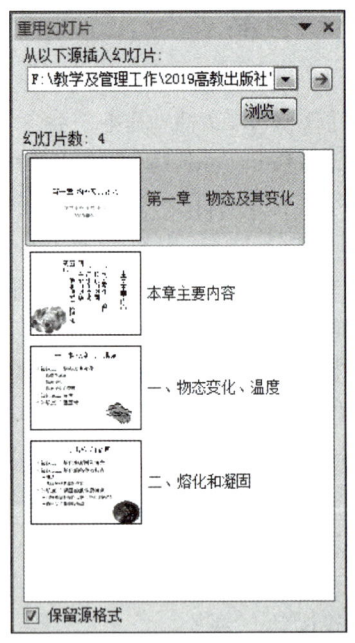

图 3.62　重用幻灯片　　　　图 3.63　"重用幻灯片"任务窗格

④ 将光标定位到第四张幻灯片之后,单击"浏览"按钮,选择"浏览文件",弹出"浏览"对话框,选择"第 3-5 节 .pptx",单击"打开"按钮,勾选"重用幻灯片"任务窗格中的"保留源格式"复选框,分别单击每张幻灯片,将幻灯片重用到"物理课件 .pptx"中。关闭"重用幻灯片"任务窗格。

步骤 5 制作标题幻灯片。

插入第一张幻灯片,选择"开始→幻灯片→版式"命令,设置版式为"标题幻灯片"。将 Word 文档"基本内容和知识点 .docx"中标题 1 样式的文字复制粘贴到标题栏。

步骤 6 制作主要内容幻灯片。

插入第二张幻灯片,选择"开始→幻灯片→版式"命令,设置版式为"垂直排列标题与文本",将"基本内容和知识点 .docx"文档中的"主要内容"复制粘贴到标题栏,将主要内容下面的文字作为文本内容复制粘贴到内容文本框中。

步骤 7 制作射线列表式关系图。

① 选中第三张幻灯片,选择"开始→幻灯片"命令,在"幻灯片"选项组中,在"新建幻灯片"下拉列表中选择"仅标题",输入标题文字"物质的状态"。

② 选择"插入→插图"命令,在"插图"选项组中,单击 SmartArt 命令,弹出"选择 SmartArt 图形"对话框,选择"关系"中的"射线列表"选项,单击"确定"按钮,如图 3.64 所示。

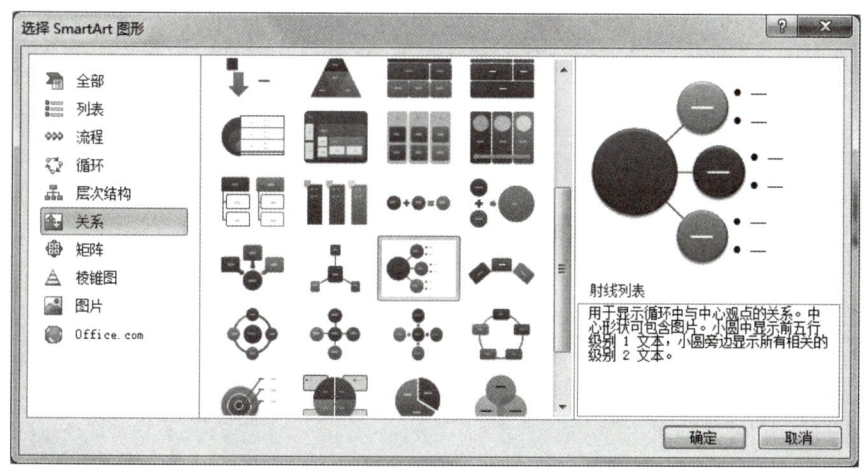

图 3.64 "选择 SmartArt 图形"对话框

③ 参照"关系图素材及样例 .docx",在适当的位置插入 SmartArt 图,并将文档表格中的内容复制粘贴到适当的图形和文本框中。效果如图 3.65 所示。

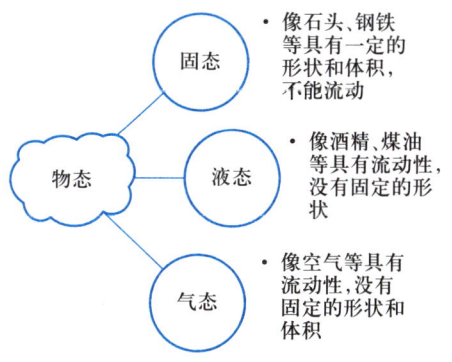

图 3.65 射线列表式关系图

④ 选中 SmartArt 图形，选择"动画→动画"命令，在"动画"选项组中，单击"擦除"命令，在"效果选项"下拉列表中选择"逐个级别"，如图 3.66 所示。

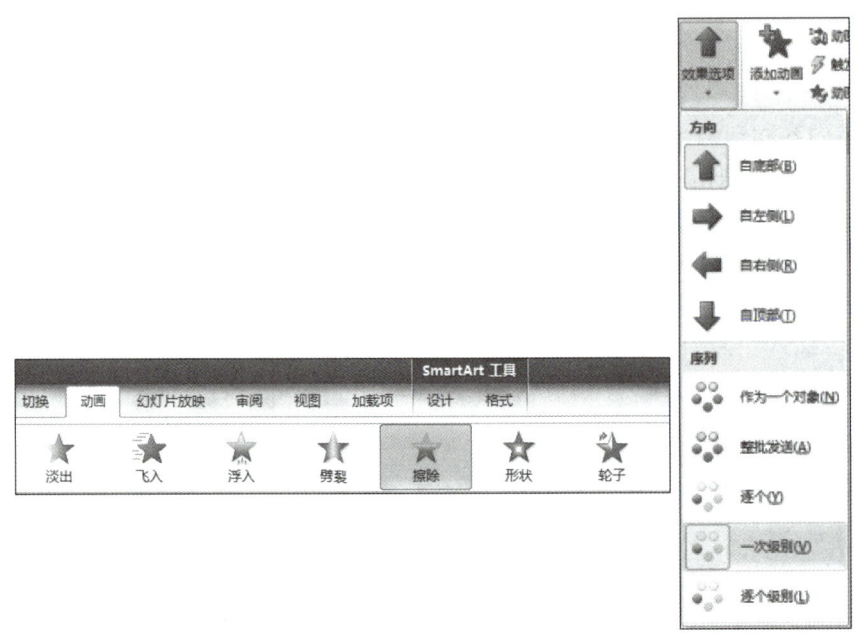

图 3.66　设置射线列表式关系图的动画效果

步骤 8　插入表格。

① 选中第六张幻灯片，选择"开始→幻灯片"命令，在"幻灯片"选项组中，在"新建幻灯片"下拉列表中选择"标题和内容"，在标题栏中输入标题"蒸发和沸腾的异同点"。

② 选择第七张幻灯片，参照素材"蒸发和沸腾的异同点 .docx"，选择"插入→表格"命令，在"表格"下拉列表中选择"插入表格"，在列数微调框中设定 4，在行数微调框中设定 6，如图 3.67 所示。

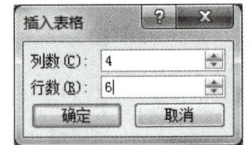

图 3.67　"插入表格"对话框

③ 选中第 1 行的第 1 列和第 2 列，选择"表格工具→布局→合并→合并单元格"命令将单元格合并，选中第 2 行的第 1 列和第 2 列，选择"表格工具→布局→合并→合并单元格"命令将单元格合并，选中第 3、4、5、6 行的第 1 列，选择"表格工具→布局→合并→合并单元格"命令将单元格合并。

④ 选择"表格工具→设计→绘图边框"命令，选择"绘制表格"工具，在第 1 行第 1 列绘制斜线。

⑤ 参照"蒸发和沸腾的异同点 .docx"，将其中的内容输入到相应的单元格中。

⑥ 选择"表格工具→设计→表格样式"命令，在"表格样式"选项组中选择"浅色样式 1，强调 4"。

⑦ 选中表格，选择"动画→动画"命令，在"动画"选项组中，选择"翻转式由远及近"选项。

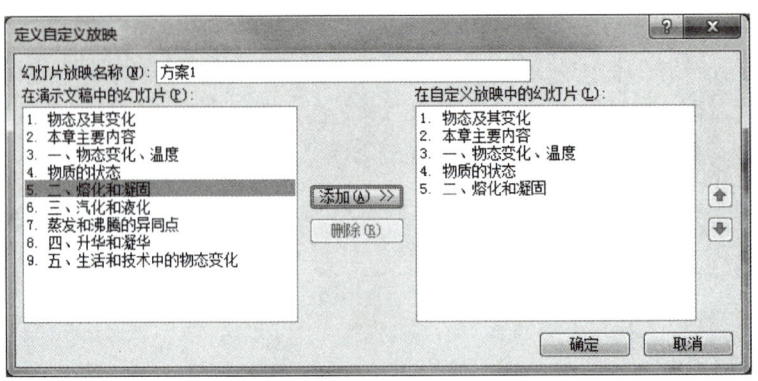

图 3.70 "定义自定义放映"对话框

③ 选择"幻灯片放映→开始放映幻灯片"命令,在"自定义幻灯片放映"下拉列表中,选择"自定义放映",弹出"自定义放映"对话框。

④ 在"自定义放映"对话框中,单击"新建"按钮,弹出"定义自定义放映"对话框。在"定义自定义放映"对话框中,"幻灯片放映名称"文本框中输入"方案2","在演示文稿中的幻灯片"中选择第1、2、6、7、8、9张幻灯片,单击"添加"按钮,将其添加到"在自定义放映中的幻灯片"列表框中。

【小知识】

用户可以选择自定义放映。自定义放映是在现有演示文稿中将幻灯片分组,或者选择一些幻灯片,以便可以给特定的观众放映演示文稿的特定部分。

步骤 11 设置页眉和页脚。

选择"插入→文本→页眉和页脚"命令,弹出"页眉和页脚"对话框,勾选"幻灯片编号"、"页脚"和"标题幻灯片中不显示"复选框,在"页脚"文本框中输入"物态及其变化",单击"全部应用"按钮,如图 3.71 所示。

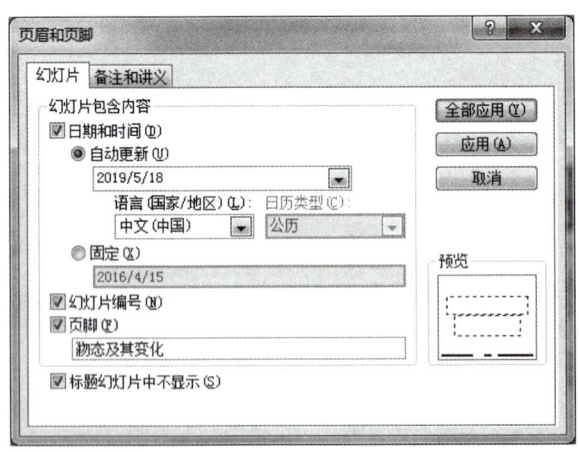

图 3.71 "页眉和页脚"对话框

步骤 12 设置幻灯片切换方式。

选择"切换→切换到此幻灯片"命令,在"切换到此幻灯片"组中选择"形状"切换方式,在"效果选项"下拉列表中选择"圆",单击"计时"组中的"全部应用"按钮,如图 3.72 所示。

步骤 13 保存演示文稿。

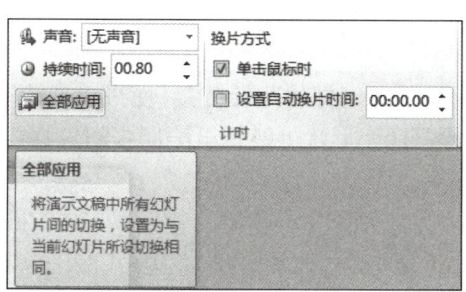

图 3.72 "计时"选项组

任务 4 绚丽多彩的摄影相册

1. 任务目标

① 掌握创建相册及设置相册版式的方法。
② 掌握主题的设置方法。
③ 掌握幻灯片切换方式的设置。
④ 掌握幻灯片版式的设置。
⑤ 掌握将文本转换为 SmartArt 图形的方法。
⑥ 掌握音频的使用。
⑦ 掌握列表级别的降低和提高以及自动分割幻灯片的方法。
⑧ 掌握幻灯片中图表的插入以及图表动画设置的方法。

2. 任务要求

今年校摄影社团开展了一年一度的比赛项目,为了更好地推广比赛活动,持续地办好比赛,校摄影社团将优秀作品进行展示,并对主题要求、摄影评析以及历年参赛作品的情况进行简要介绍。优秀的摄影作品以图片文件的形式收集,命名为 Photo(1).jpg ~ Photo(12).jpg。按照如下要求,在 PowerPoint 中完成制作工作。

① 利用 PowerPoint 应用程序创建一个相册,并包含 Photo(1).jpg ~ Photo(12).jpg 共 12 幅摄影作品。在每张幻灯片中包含 4 张图片,并将每幅图片设置为"居中矩形阴影"相框形状。
② 设置相册主题为"相册主题 .pptx"样式。
③ 为相册中每张幻灯片设置不同的切换效果。
④ 在标题幻灯片后插入一张新的幻灯片,将该幻灯片设置为"标题和内容"版式。在该幻灯片的标题位置输入"摄影社团优秀作品赏析",并在该幻灯片的内容文本框中输入 3 行文字,

分别为"湖光春色"、"冰消雪融"和"田园风光"。

⑤ 将"湖光春色"、"冰消雪融"和"田园风光"3行文字转换成样式为"蛇形图片重点列表"的SmartArt对象,并将Photo(1).jpg、Photo(6).jpg和Photo(9).jpg定义为该SmartArt对象的显示图片。

⑥ 为SmartArt对象添加自左至右的"擦除"进入动画效果,并要求在幻灯片放映时该SmartArt对象元素可以逐个显示。

⑦ 在SmartArt对象元素中添加幻灯片跳转链接,使得单击"湖光春色"标注形状可跳转至第三张幻灯片,单击"冰消雪融"标注形状可跳转至第四张幻灯片,单击"田园风光"标注形状可跳转至第五张幻灯片。

⑧ 将"背景音乐.wav"声音文件作为该相册的背景音乐,并在幻灯片放映时即开始播放。

⑨ 在第一张幻灯片之后插入第二张幻灯片,版式为"标题和内容",将"校园摄影比赛.docx"文档中的内容输入到恰当的位置,标题1样式的内容输入到标题栏中,其他内容输入到内容文本框中,提高标题3样式内容的列表级别。

⑩ 将第二张幻灯片的内容自动分成两张幻灯片,版式均为"标题和内容",标题内容均为"校园摄影比赛",内容文本框中分别是"主题要求"及其下面的内容,以及"摄影评析"及其下面的内容。

⑪ 增加最后一张幻灯片,版式为"标题和图表",根据"校园摄影比赛.docx"文档中的表格数据,在幻灯片的图表框中插入折线图,为各个系列折线图设置不同的颜色,并设置动画效果为"擦除",方向为"自左侧",序列为"按系列"。将"校园摄影比赛.docx"文档中的表格的标题内容输入到标题栏中。

⑫ 保存文件,命名为"摄影相册.pptx"。将"摄影相册.pptx"另存为"摄影相册.ppsx"。

3. 任务步骤

步骤1 创建相册。

① 启动PowerPoint 2010。

② 选择"插入→图像"命令,在"图像"选项组中的"相册"下拉列表中,选择"新建相册",弹出"相册"对话框,如图3.73所示。

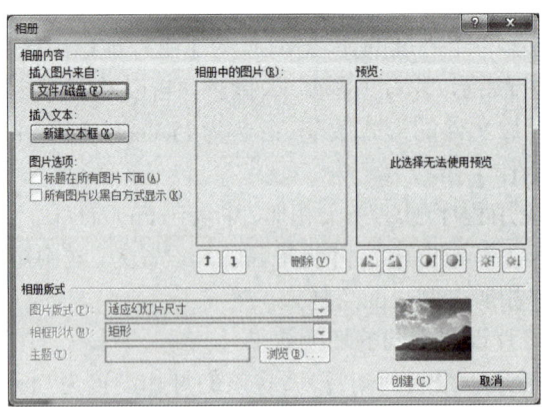

图3.73 "相册"对话框

③ 在"相册"对话框中,单击"文件/磁盘"按钮,弹出"插入新图片"对话框,选中要求的 12 张图片,单击"插入"按钮,如图 3.74 所示。

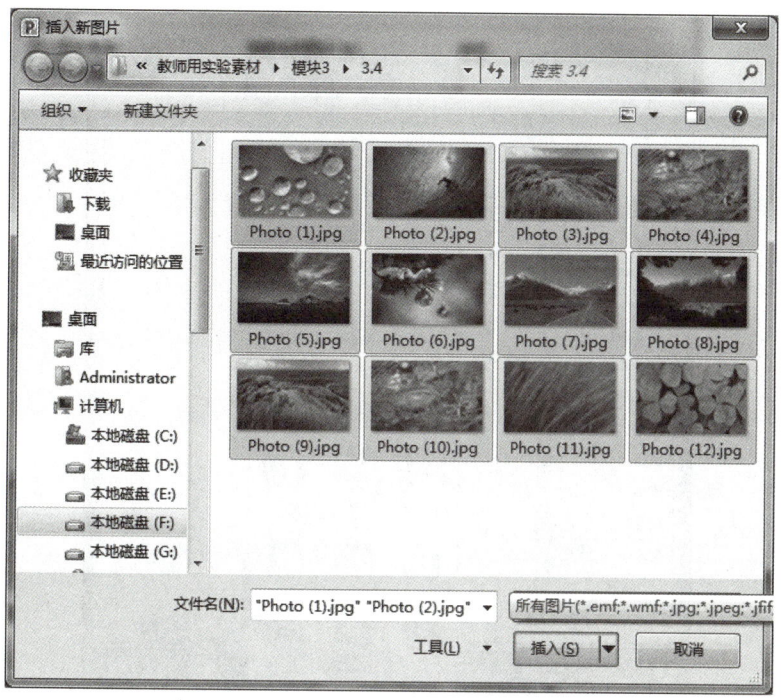

图 3.74 "插入新图片"对话框

④ 在"相册"对话框中,在"相册版式"选项组中的"图片版式"下拉列表中选择"4 张图片",即每张幻灯片中插入 4 张图片,单击"创建"按钮,如图 3.75 所示。

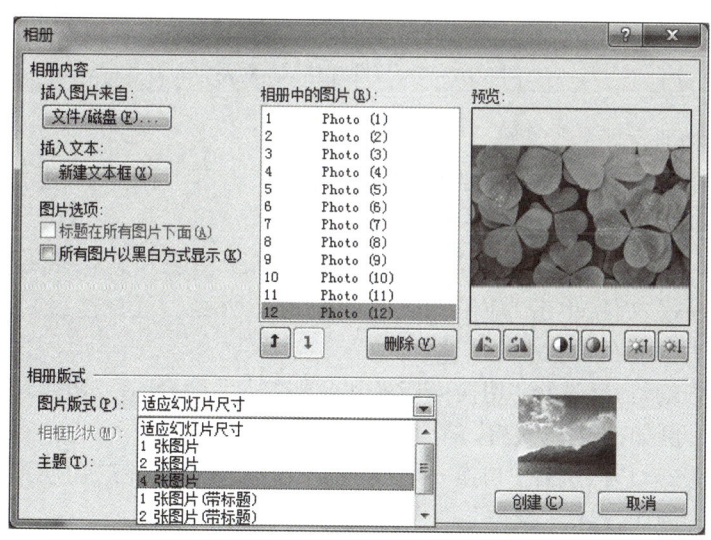

图 3.75 "相册"对话框的"图片版式"

⑤ 依次选中每张图片,右击鼠标,在快捷菜单中选择"设置图片格式"命令,即可弹出"设置图片格式"对话框。在"阴影"选项组中,在"预设"下拉列表框中选择"内部居中",单击"确定"按钮,如图 3.76 所示。

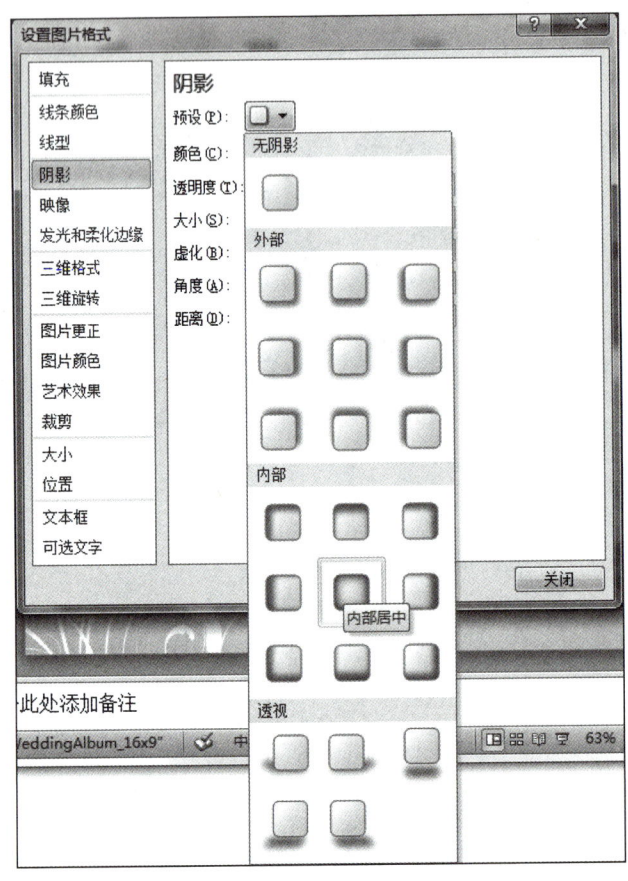

图 3.76 "设置图片格式"对话框

步骤 2 设计相册主题。

① 选择"设计→主题"命令,在"主题"选项组中,打开"主题库"下拉列表,选择"浏览主题"。

② 在"选择主题或主题文档"对话框中,选择"Office 主题和 PowerPoint 模板"文件类型,选中"相册主题.pptx"文件,单击"应用"按钮,如图 3.77 所示。

步骤 3 幻灯片切换的设置。

① 选中第一张幻灯片,选择"切换→切换到此幻灯片"命令,在"切换到此幻灯片"组中选择合适的切换效果,例如,选择"淡出"。

② 选中第二张幻灯片,选择"切换→切换到此幻灯片"命令,在"切换到此幻灯片"组中选择合适的切换效果,例如,选择"推进"。

③ 选中第三张幻灯片,选择"切换→切换到此幻灯片"命令,在"切换到此幻灯片"组中选择合适的切换效果,例如,选择"分割"。

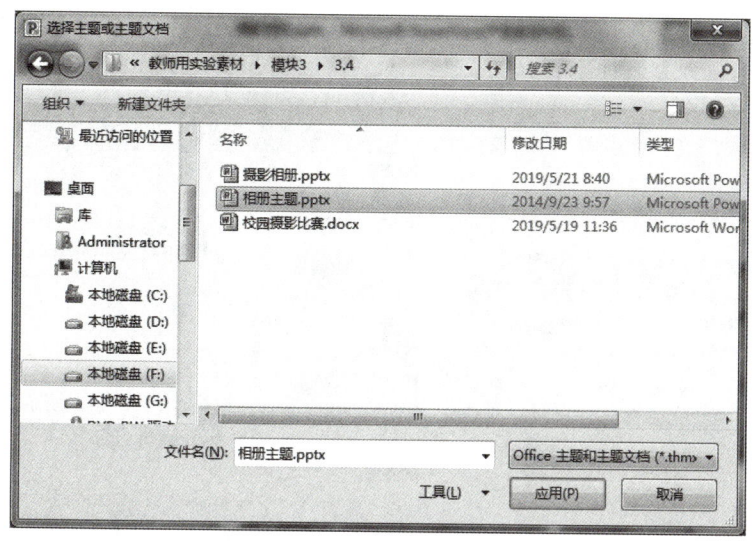

图 3.77 "选择主题或主题文档"对话框

④ 选中第四张幻灯片,选择"切换→切换到此幻灯片"命令,在"切换到此幻灯片"组中选择合适的切换效果,例如,选择"擦除"。

步骤 4 插入新的幻灯片。

① 选中第一张主题幻灯片,选择"开始→幻灯片"命令,在"幻灯片"组中的"新建幻灯片"下拉列表中选择"标题和内容"选项。

② 在新建幻灯片的标题文本框中输入"摄影社团优秀作品赏析",在该幻灯片的内容文本框中输入 3 行文字,分别为"湖光春色"、"冰消雪融"和"田园风光"。

步骤 5 插入新的幻灯片。

① 选中"湖光春色"、"冰消雪融"和"田园风光"3 行文字,选择"段落"选项组中的"转化为 SmartArt 图形"命令,如图 3.78 所示。

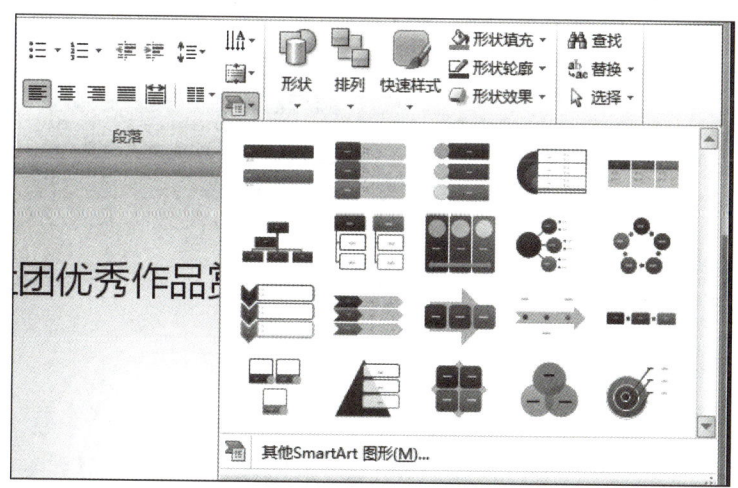

图 3.78 "段落"选项组的"转换为 SmartArt 图形"

步骤 9 超链接的设置。

① 选中第三张幻灯片中的文字"物质的状态",选择"插入→链接→超链接"命令,弹出"编辑超链接"对话框,在"链接到:"下选择"本文档中的位置",在"请选择文档中的位置"中选择第四张幻灯片,单击"确定"按钮,如图 3.68 所示。

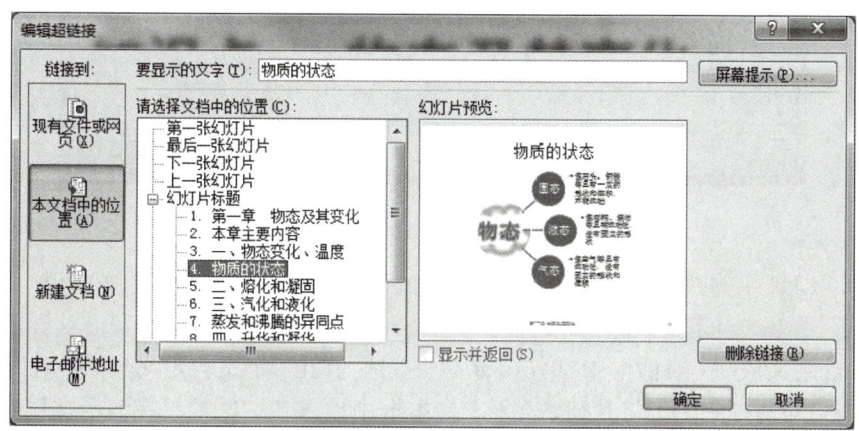

图 3.68 设置超链接

② 选中第六张幻灯片中的文字"蒸发和沸腾",选择"插入→链接→超链接"命令,弹出"编辑超链接"对话框,在"链接到:"下选择"本文档中的位置",在"请选择文档中的位置"中选择第七张幻灯片,单击"确定"按钮。

步骤 10 创建演示方案。

① 选择"幻灯片放映→开始放映幻灯片"命令,在"自定义幻灯片放映"下拉列表中,选择"自定义放映",弹出"自定义放映"对话框,如图 3.69 所示。

② 在"自定义放映"对话框中,单击"新建"按钮,弹出"定义自定义放映"对话框。在"定义自定义放映"对话框中,"幻灯片放映名称"文本框中输入"方案 1","在演示文稿中的幻灯片"中选择第 1、2、3、4、5 张幻灯片,单击"添加"按钮,将其添加到"在自定义放映中的幻灯片"列表框中,如图 3.70 所示。

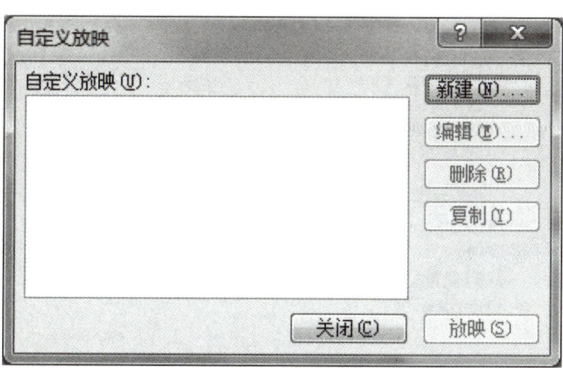

图 3.69 "自定义放映"对话框

② 在"转化为 SmartArt 图形"下拉列表中选择"其他 SmartArt 图形",在"图片"选项组中选择"蛇形图片重点列表",如图 3.79 所示。

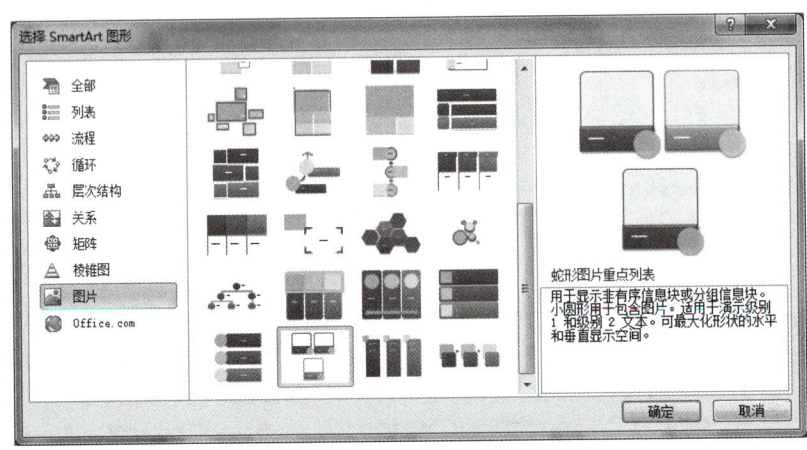

图 3.79 "选择 SmartArt 图形"对话框

③ 调整 SmartArt 图形展示的区域大小和位置,使各个列表横向排列,如图 3.80 所示,单击"湖光春色"所对应的图片按钮,在弹出的"插入图片"对话框中选择 Photo(1).jpg 图片,如图 3.81 所示,单击"插入"按钮,将图片插入 SmartArt 图形中,如图 3.82 所示。

图 3.80 SmartArt 图形

【小提示】

可以在 SmartArt 图形左侧的展开对话框中编辑列表文字和插入图片,如图 3.83 所示。

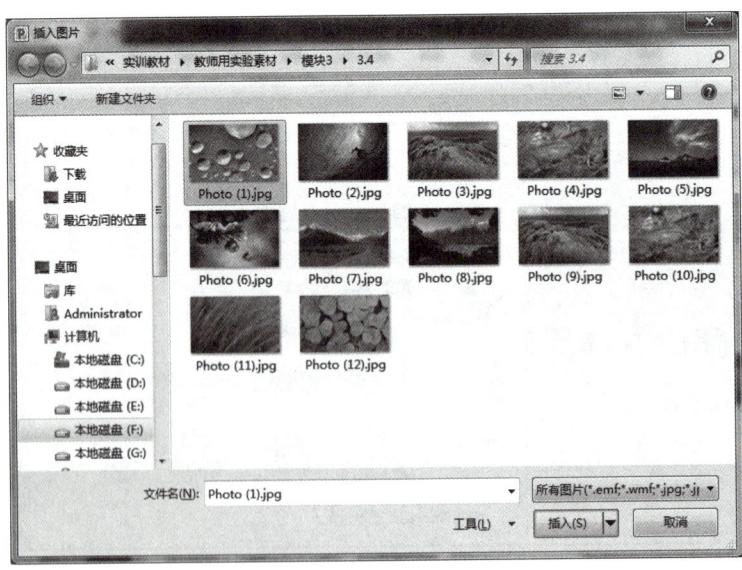

图 3.81 "插入图片"对话框

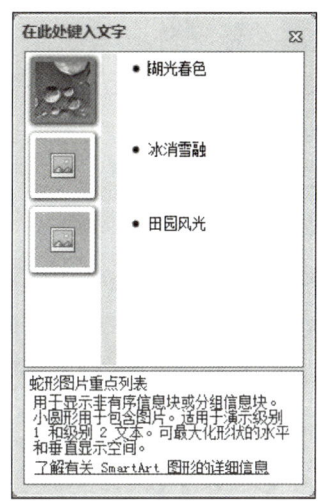

图 3.82　在 SmartArt 图形中插入图片　　图 3.83　在 SmartArt 图形的展开对话框

④ 在"冰消雪融"所对应的图片中选择 Photo(6).jpg，在"田园风光"所对应的图片中选择 Photo(9).jpg。SmartArt 图形中插入图片后的效果如图 3.84 所示。

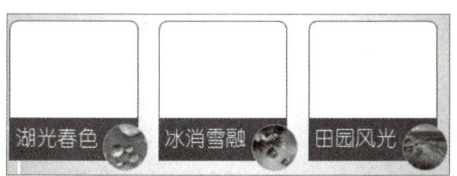

图 3.84　SmartArt 图形中插入图片的效果

步骤 6　设置 SmartArt 图形的动画。

① 选中 SmartArt 图形，选择"动画→动画"命令，在"动画库"选项组中选择"擦除"命令。

② 选择"动画→动画"命令，在"动画"组中的"效果选项"下拉列表中，依次选择"自左侧"和"逐个"，如图 3.85 所示。

步骤 7　设置 SmartArt 图形的超链接。

① 选中 SmartArt 中的"湖光春色"，右击鼠标，在快捷菜单中选择"超链接"命令，即可弹出"插入超链接"对话框。在"链接到"选项组中，选择"本文档中的位置"命令，"请选择文档中的位置"选择"幻灯片 3"，单击"确定"按钮，如图 3.86 所示。

② 选中 SmartArt 中的"冰消雪融"，右击鼠标，在快捷菜单中选择"超链接"命令，即可弹出"插入超链接"对话框。在"链接到"选项组中，选择"本文档中的位置"命令，"请选择文档中的位置"选择"幻灯片 4"，单击"确定"按钮。

③ 选中 SmartArt 中的"田园风光"，右击鼠标，在快捷菜单中选择"超链接"命令，即可弹出"插入超链接"对话框。在"链接到"选项组中，选择"本文档中的位置"命令，"请选择本文档中的位置"选择"幻灯片 5"，单击"确定"按钮。

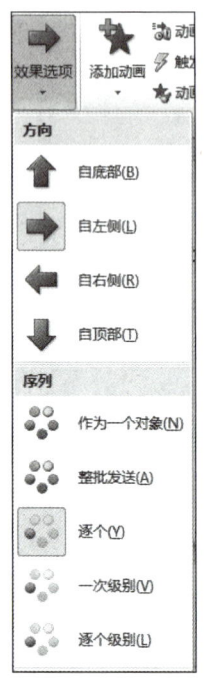

图 3.85　设置 SmartArt 图形效果选项

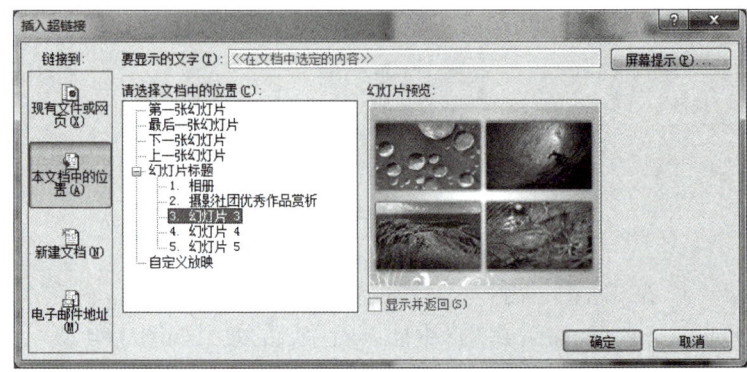

图 3.86　"插入超链接"对话框

步骤 8　插入背景音乐。

① 选中第一张主题幻灯片,选择"插入→媒体"命令,在"媒体"选项组中,打开"音频"下拉列表,选择"文件中的音频",如图 3.87 所示。

② 在弹出的"插入音频"对话框中选中"背景音乐.wav"音频文件,单击"确定"按钮,如图 3.88 所示。

图 3.87　"音频"下拉列表

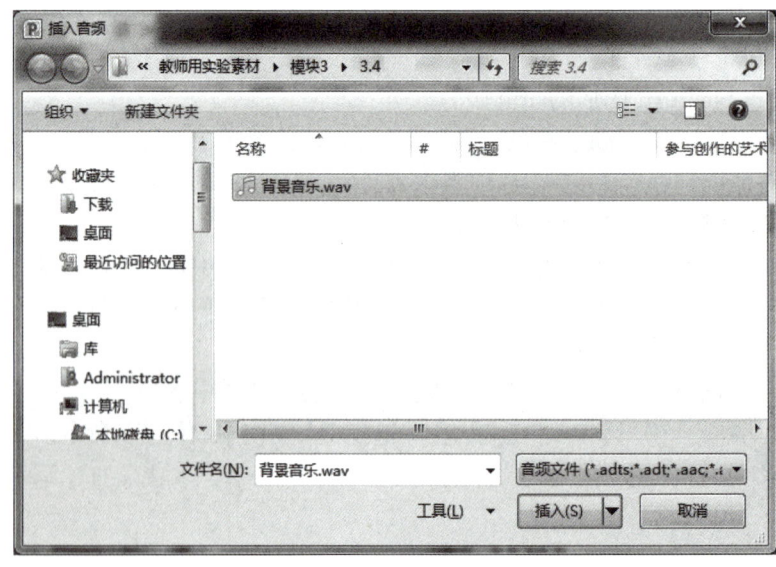

图 3.88　"插入音频"对话框

③ 选中音频的小喇叭图标，选择"音频工具→播放→音频选项"命令，在"音频"选项组中，勾选"循环播放，直到停止"和"播完返回开头"复选框，在"开始"下拉列表框中选择"自动"，如图 3.89 所示。

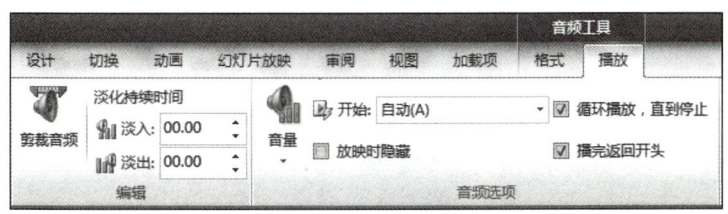

图 3.89　设置音频选项

步骤 9　插入幻灯片。

① 选中第一张幻灯片，选择"开始→幻灯片→新建幻灯片"命令，打开"新建幻灯片"下拉列表，选择"标题和内容"选项，插入新的幻灯片。

② 打开"校园摄影比赛 .docx"文档，将"校园摄影比赛"输入到标题栏中，将"校园摄影比赛"下面的内容输入到文本框中，选择"段落"选项组中的"提高列表级别"命令，将标题 3 样式的内容增大缩进级别，如图 3.90 所示。

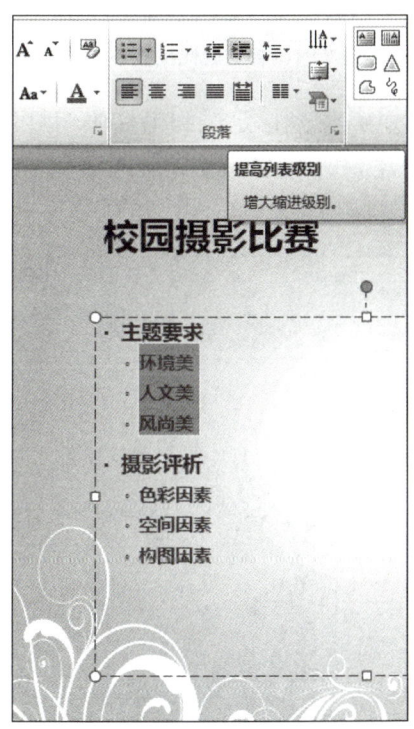

图 3.90　提高列表级别

步骤 10　分割幻灯片。

① 在普通视图中，选中第二张幻灯片，选择"大纲"选项卡，切换到"大纲"方式，如图 3.91 所示。

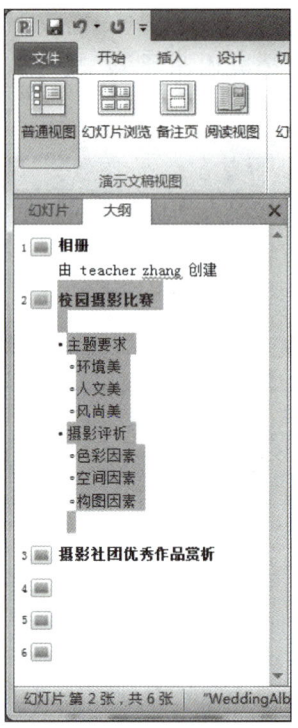

图 3.91 普通视图的大纲方式

② 在普通视图的大纲方式中,将光标定位到第二张幻灯片中"风尚美"文字的后面,按 Enter 键,选择"开始→段落"命令,在"段落"选项卡中,多次单击"降低列表级别"按钮,如图 3.92 所示,可在"大纲"视图中出现新的幻灯片,如图 3.93 所示。

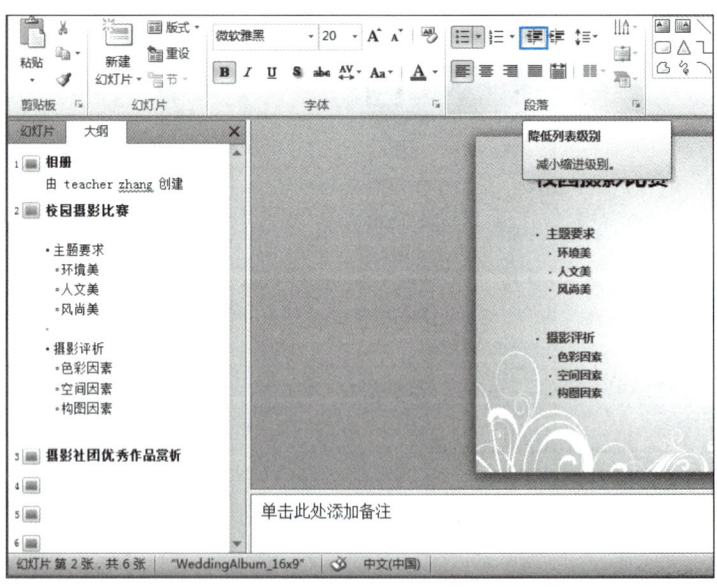

图 3.92 降低列表级别

任务 4　绚丽多彩的摄影相册　147

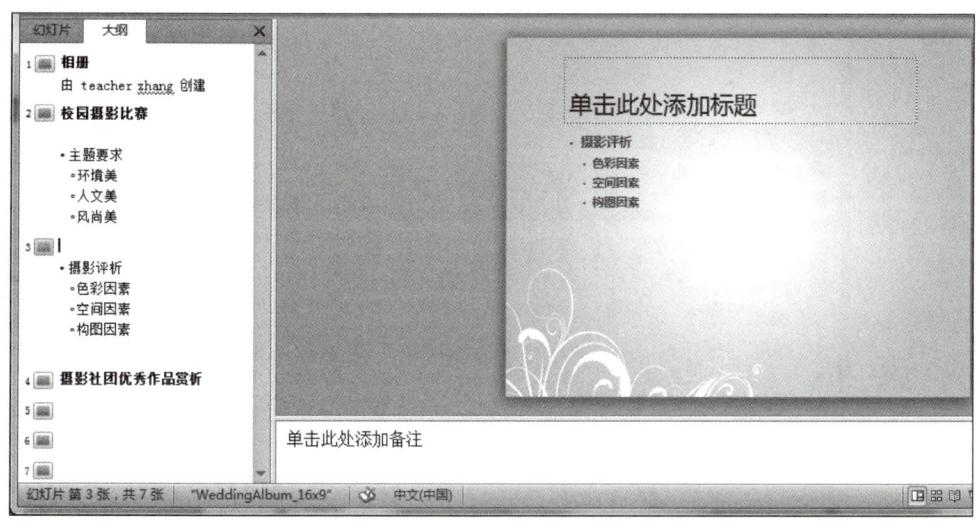

图 3.93　产生新的幻灯片

③ 将第二张幻灯片中的标题复制粘贴到新拆分出幻灯片的标题栏中。

步骤 11　插入图表和折线图。

① 选择普通视图的"幻灯片"选项卡,在幻灯片方式下,选中最后一张幻灯片,选择"开始→幻灯片→新建幻灯片"命令,打开"新建幻灯片"下拉列表,选择"标题和内容"选项,插入新的幻灯片。

② 选择"插入→插图→图表"命令,如图 3.94 所示,弹出"插入图表"对话框。在"插入图表"对话框中选择"折线图"图标,如图 3.95 所示,单击"确定"按钮。

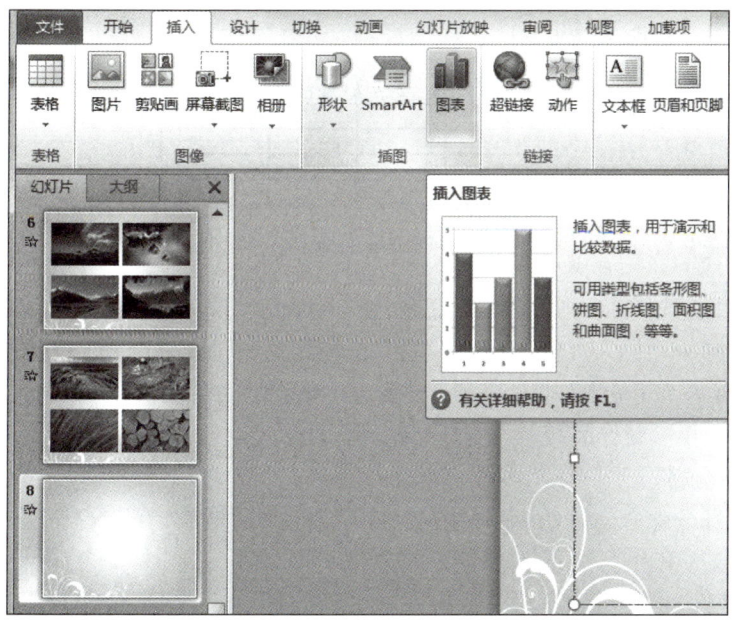

图 3.94　插入图表

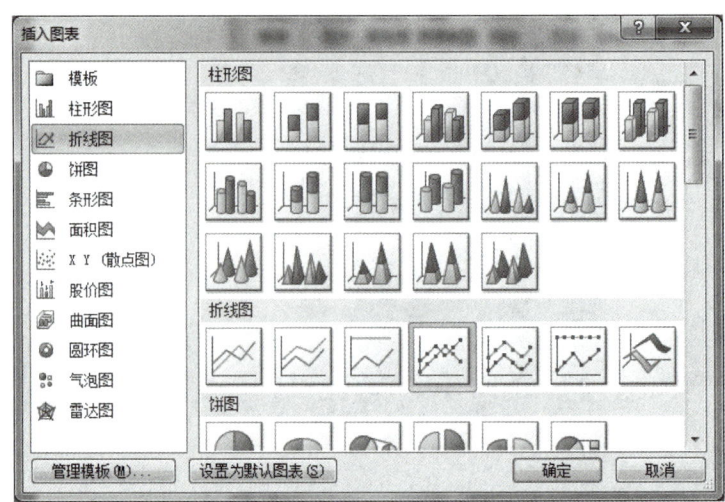

图 3.95 "插入图表"对话框

③ 在该幻灯片中插入一个折线图,并打开 Excel 应用程序,根据"校园摄影比赛 .docx"中历年参赛作品统计的数据,在 Excel 表格中填入相应内容,如图 3.96 所示,关闭 Excel 应用程序。

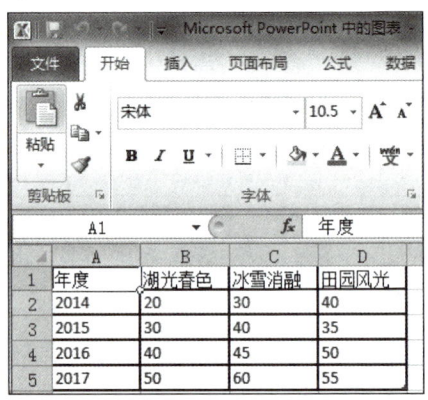

图 3.96 向 Excel 表格中填入数据

④ 选中折线图,选择"动画→动画"命令,在"动画库"选项组中,选择"擦除"效果。

⑤ 选择"动画→动画"命令,打开"动画"选项组中的"效果选项"下拉列表,在下拉列表中,将"方向"设置为"自左侧",将"序列"设置为"按系列",如图 3.97 所示。

⑥ 将标题"历年参赛作品统计"复制粘贴到标题栏中。

步骤 12 保存文件。

① 选择"文件→保存"命令,在弹出的"另存为"对话框中,在"文件名"下拉列表框中输入"摄影相册 .pptx",单击"保存"按钮。

② 选择"文件→另存为"命令,在弹出的"另存为"对话框中,在文件类型处选择"PowerPoint 放映(*.ppsx)",将幻灯片保存为幻灯片自动播放格式。

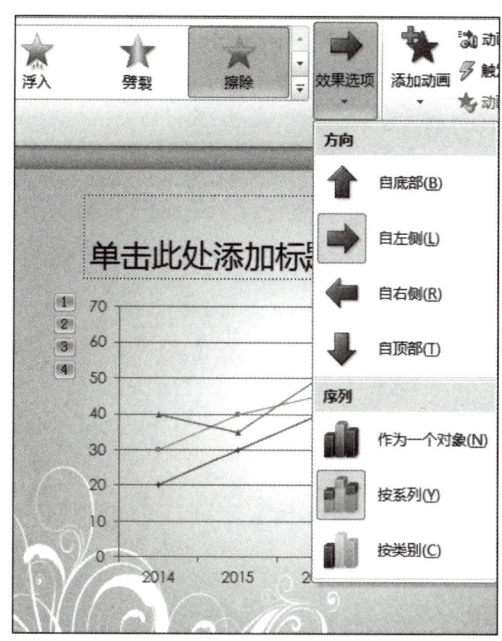

图 3.97　设置折线图动画效果

【小知识】

　　ppsx 是幻灯片放映格式,该格式文件打开时,不是进入普通视图而是直接进入放映视图,直接进行演示。

下篇 数字媒体设计

模块 4　数字图像处理和设计

任务 1　增强数码照片的色彩浓度和颜色层次

1. 任务目标

① 掌握如何修改数码照片的颜色模式。
② 掌握如何调整数码照片的可选颜色。
③ 掌握处理后的数码照片的导出。

2. 任务要求

使用 Photoshop 对一张曝光不准确的数码照片进行处理,使得照片的色调更明快,明暗对比更强烈,颜色层次更丰富,原图如图 4.1 所示,处理后效果如图 4.2 所示。

图 4.1　原始照片

图 4.2　处理后照片

3. 任务步骤

步骤 1　准备工作。
① 使用 Photoshop 打开原图文件(树 .jpg)。
② 使用图 4.3 中的 按钮,新建一个图层。
③ 设置前景色为 #068874,使用油漆桶工具 填充。
④ 图层混合模式改为 "颜色",不透明度改为 20%,如图 4.3 所示。

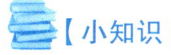【小知识】

图层:一幅图像可以由很多个图层构成,最下面的图层是背景

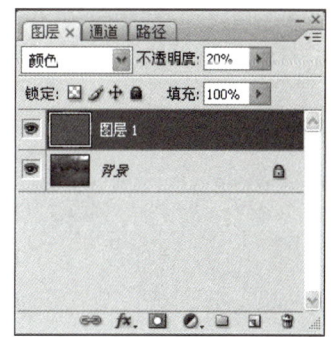

图 4.3　Photoshop 图层工具箱

图层，默认情况下背景图层是不透明的，而其他图层是透明的。叠加在一起的图层是有顺序的，上面图层的不透明部分会遮盖下面的图层。

步骤 2　使用色彩模式修改图像。

① 新建一个图层，按 Ctrl + Shift + Alt + E 盖印图层。

【小技巧】

盖印图层：盖印就是在处理图片的时候将处理后的效果盖印到新的图层上，功能和合并图层差不多，不过比合并图层更好用。因为盖印是重新生成一个新的图层而一点都不会影响之前所处理的图层，这样做的好处就是，如果觉得之前处理的效果不太满意，可以删除盖印图层，之前做效果的图层依然还在。极大程度上方便了处理图片，也可以节省时间。

② 选择"图像→模式→Lab 颜色"命令，然后选择"图像→应用图像"命令，参数设置如图 4.4 所示，单击"确定"按钮，然后选择"图像→模式→RGB 颜色"命令。

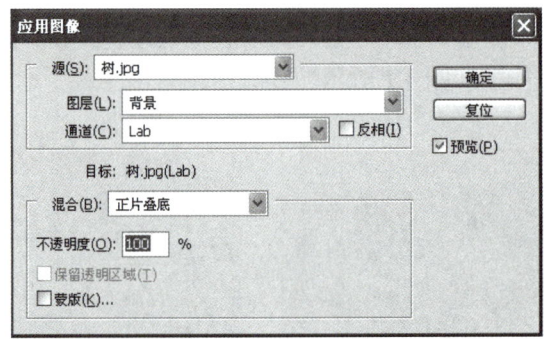

图 4.4　"应用图像"对话框

③ 选择"滤镜→锐化→USM 锐化"命令，参数设置如图 4.5 所示。

图 4.5　"USM 锐化"对话框

步骤 3 选择"图像→调整→可选颜色"命令,依次选择绿色、黄色、青色、中性色和黑色,参数设置如图 4.6 ~ 图 4.10 所示。

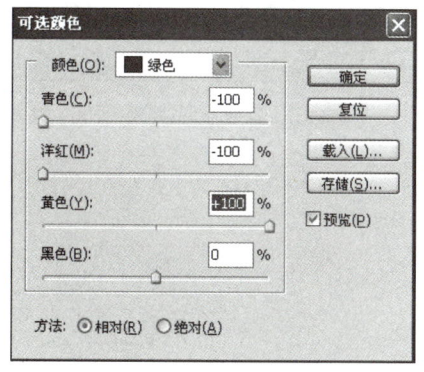

图 4.6 "可选颜色"对话框 1

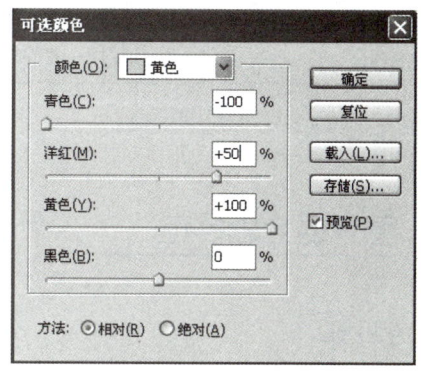

图 4.7 "可选颜色"对话框 2

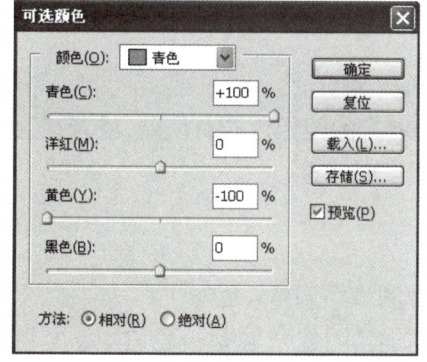

图 4.8 "可选颜色"对话框 3

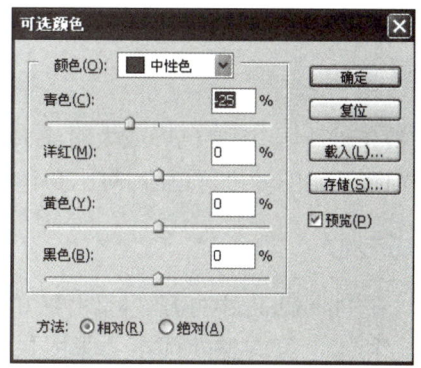

图 4.9 "可选颜色"对话框 4

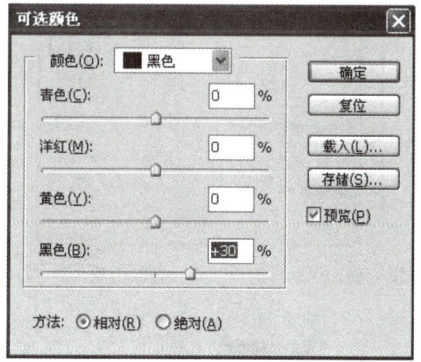

图 4.10 "可选颜色"对话框 5

步骤 4 新建一个图层,按 Ctrl + Shift + Alt + E 键盖印图层,选择"图像→调整→亮度 / 对比度"命令,参数设置如图 4.11 所示。

步骤 5 选择"文件→存储为"命令,写入新文件名,选择文件格式为 JPEG,如图 4.12 所示。

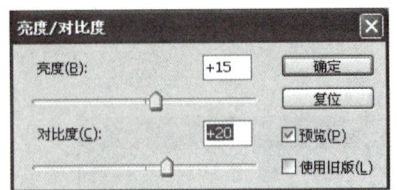

图 4.11 "亮度/对比度"对话框

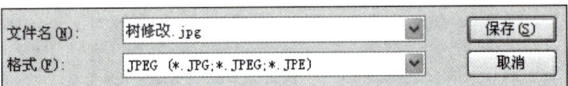

图 4.12 保存文件类型

任务 2 图像的色彩校正

1. 任务目标

① 掌握如何使用色阶校正图像的色彩。
② 掌握如何使用对比度校正图像的色彩。
③ 掌握如何使用饱和度校正图像的色彩。

2. 任务要求

由于拍摄条件所限,图像色彩或太明或太暗,也有的图像色调有偏差,或者有的图像色彩不饱满等。分别将 3 幅图像进行色阶、对比度和饱和度的调整。

3. 任务步骤

步骤 1 在 Photoshop 中打开 3 幅图像,单击"图像→调整"命令。
步骤 2 利用色阶调整处理第一张图像。选择"图像→调整→色阶"命令(Ctrl+L)打开"色阶"对话框,如图 4.13 所示,对话框中可见"色阶"直方图。

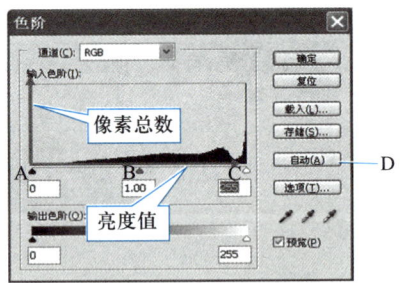

A:暗调滑块 B:中间调滑块 C:亮部滑块 D:自动颜色校正

图 4.13 "色阶"对话框

【小知识】

色阶调整:色阶是表示图像亮度强弱的指数标准,也就是常说的色彩指数。
直方图:说明照片中像素色调分布的图表,用作调整图像基本色调的直观参考。通过调节直方图中的暗调、中间调和高光的高度级别可以校正图像的色调,包括明暗、图像的层次,以及平衡图像的颜色。

步骤3 通过"色阶"对话框,拖曳暗部和亮部滑块后,使得色阶分布较均匀,增强了图像色彩层次,如图4.14所示。

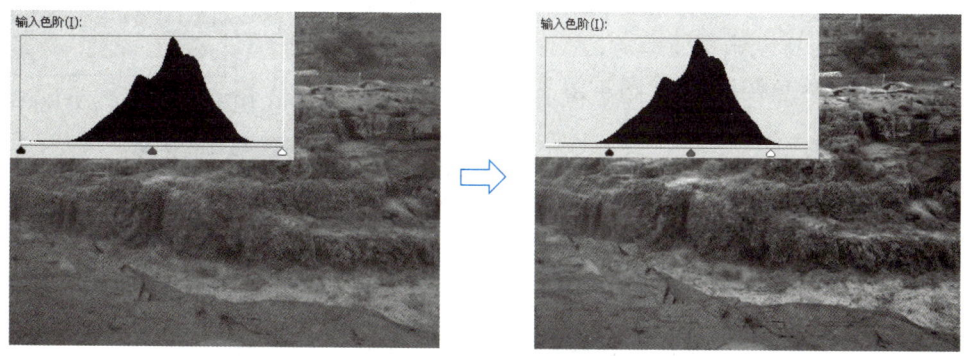

图4.14 调整色阶的暗部和亮部的效果

【小提示】

对于明显缺乏对比度的图像,可以使用"色阶"对话框中"自动"调整命令。

步骤4 选择"图像→调整→曲线"命令(Ctrl+M),弹出"曲线"对话框,如图4.15所示。单击线段上某一点时,会产生一个控制点,然后向上拖动或向下拖动控制点的位置。就会看到图像变亮或变暗,通过勾选或取消勾选"预览"复选框可以比较调整前后的效果。在原曲线上建立3个控制点ABC(分别位于曲线较暗部、中间调、较亮部),向上调整至A'B'C'。观察可以发现,曲线中的较暗部、中间部、较亮部都进行了调亮处理,整体图像亮度也就增加了。但是,各部位的变亮幅度是不同的。

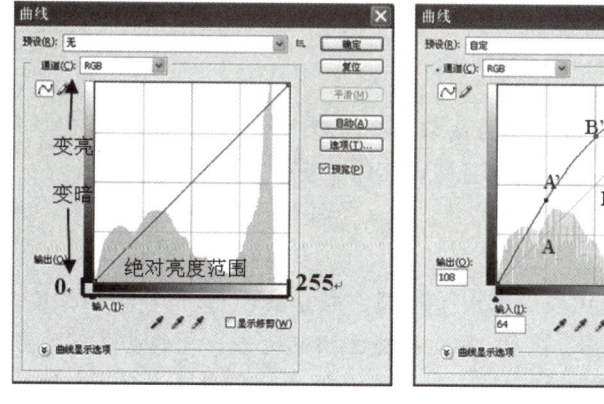

图4.15 "曲线"对话框

【小知识】

"曲线"命令同样可以调整图像的整个色调范围,它是通过调整曲线形状调整图像的亮度、对

比度和色彩等。在"曲线"对话框中显示一条线段,默认情况下为倾斜45度。线段的左下端点代表暗调,右上端点代表高光,中间的过渡代表中间调。在线段左侧和下方各有一条渐变条,下方的渐变条代表着绝对亮度的范围,所有的像素都分布在这0至255之间。位于左侧的渐变条代表了变化的方向,对于线段上的某一个点来说,向上移动就是加亮,往下移动就是减暗。加亮的极限是255,减暗的极限是0。

步骤5 利用对比度调整处理第二张图像。选择"亮度→对比度"命令,调整图像色调范围,如图4.16和图4.17所示。

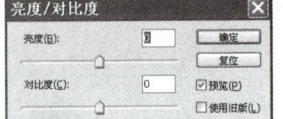

图4.16 "亮度/对比度"对话框

图4.17 图片调整前后的效果

【小技巧】

"对比度"命令是调整图像色调范围最简单的方法,能一次性对整个图像做亮度和对比度的调整,而不考虑原图像中不同色调区的亮度和对比度差异,所以它的调节简单却并不准确。对于各色调区亮度对比度差异相对不大的图像,能够起到一定的作用。

步骤6 利用色相饱和度处理第三张图像。选择"色相→饱和度"命令,弹出对话框,如图4.18所示。在"编辑"列表选择要进行调整的颜色"洋红",向右拖曳下方色谱中的滑块使得"洋红"对应颜色调整为"黄色",可以适当调整饱和度和明度,将图片中的粉红玫瑰调整为黄玫瑰。完成后的效果如图4.18所示。

【小技巧】

在对话框右下角的"着色"选项,它的作用是将画面改为同一种颜色的效果并保留原先的像素明暗度,也就是说,是一种"单色代替彩色"的操作。

【小知识】

"色相→饱和度"命令单独调整图像中一种颜色成分的色相、饱和度和亮度。所谓色相,简单地说就是颜色,即红、橙、黄、绿、青、蓝、紫。调整色相就是将一种颜色调整为另一种颜色。所谓饱和度,简单地说就是一种颜色的鲜艳程度,调至最低的时候图像就变为灰度图像了。所谓明度就是亮度,如果将明度调至最低会得到黑色,调至最高会得到白色。

图 4.18　调整"色相/饱和度"粉红玫瑰变黄玫瑰

任务 3　图像的修复

1. 任务目标

① 掌握修复画笔工具的使用。
② 掌握污点修复画笔工具的使用。
③ 掌握修补工具的使用。
④ 掌握红眼工具的使用。

2. 任务要求

图像中往往因为自身或自然条件等原因而产生一些瑕疵。下面有 4 张图像,利用修复工具校正图像,使图像效果得到美化。

3. 任务步骤

步骤 1　在 Photoshop 中打开 4 张图像,查看可以利用的修复工具,如图 4.19 所示。

步骤 2　选择修复画笔工具(见图 4.19)修复第一张图像。在选项工具栏中设置画笔选项、源、对齐等参数,如图 4.20 所示。

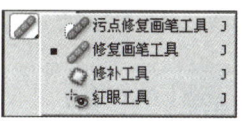

图 4.19　修复画笔工具

步骤 3　设置取样点,将指针置于第一幅打开的图像中,然后按住 Alt 键并单击鼠标。

步骤 4　在图像中拖曳鼠标,每次释放鼠标时,样本像素都会与原有像素混合,检查状态栏可以看到混合过程的状态,如图 4.20 所示。

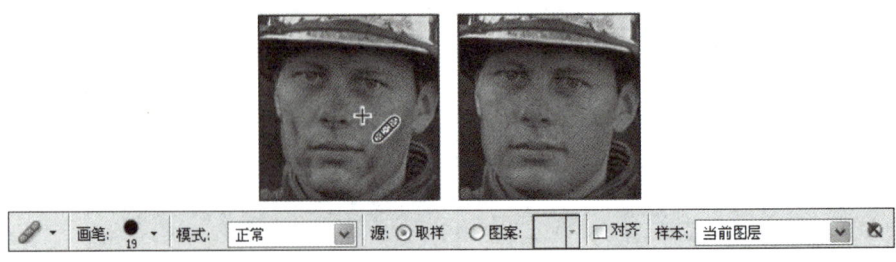

图 4.20 "修复画笔"选项工具栏及效果图

【小知识】

修复画笔工具用来校正图像的瑕疵,使它们消失在周围的图像中。它不仅能够使用图像或图案中的样本像素进行绘画,还可以将样本像素的纹理、光照、透明度和阴影与所修复的像素相匹配,使修复后的图像不露痕迹。

步骤 5 选择污点修复画笔工具修复第二张图像。在选项工具栏设置画笔的直径及硬度等选项,在图像中单击鼠标即可,如图 4.21 所示。

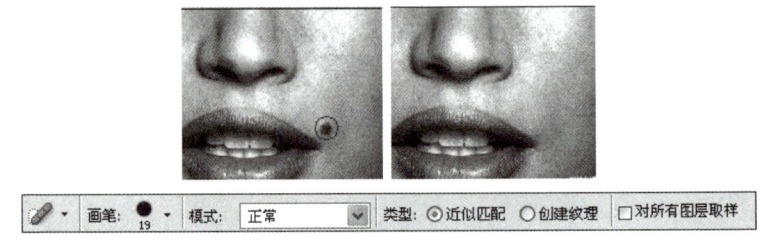

图 4.21 "污点修复画笔"选项工具栏及效果图

【小知识】

污点修复画笔工具可以快速移去照片中的污点和其他不理想部分。污点修复画笔的工作方式与修复画笔类似,它使用图像或图案中的样本像素进行绘画,并将样本像素的纹理、光照、透明度和阴影与所修复的像素相匹配。与修复画笔不同,污点修复画笔不要求指定样本点,而是自动从所修饰区域的周围取样。

步骤 6 选择修补工具修复第三张图像。在图像中绘制需要修复的区域,用鼠标拖曳选定区域到周围的样本区域后放开,选定区域的像素将自动以样本区域的像素进行填充,从而完成修复,如图 4.22 所示。

【小知识】

通过使用修补工具,可以用其他区域或图案中的像素来修复选中的区域。像修复画笔工具一样,修补工具会将样本像素的纹理、光照和阴影与源像素进行匹配。可以使用修补工具来仿制图像的隔离区域。修补工具可处理 8 位 / 通道或 16 位 / 通道的图像。

图 4.22 "修补工具"选项工具栏及效果图

步骤 7 选择红眼工具修复第四张图像。设置选项工具栏的画笔选项后,在图像中单击鼠标即可完成修复,如图 4.23 所示。

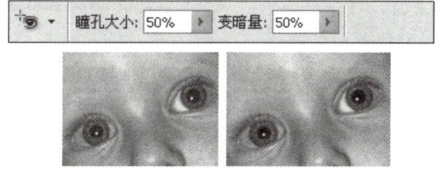

图 4.23 "红眼工具"选项工具栏及效果图

【小知识】

红眼工具用来移去用闪光灯拍摄的人物片中的红眼,或动物照片中的白、绿色反光。

任务 4　图像的拼接合成

1. 任务目标

① 掌握如何使用魔棒工具选取部分图像。
② 掌握如何使用套索工具选取部分图像。
③ 掌握把不同图像放在不同图层的拼接合成。

2. 任务要求

使用 3 张图像,背景、手、人物,合成一个完整的作品,如图 4.24 ~ 图 4.27 所示。

图 4.24　背景

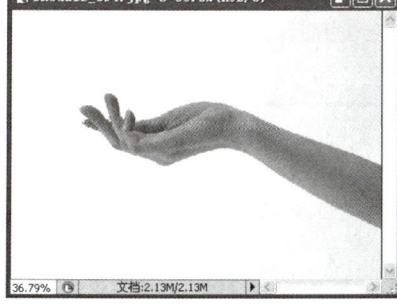
图 4.25　手

图 4.26　人物

图 4.27 完整作品

3．任务步骤

步骤 1　在 Photoshop 中打开 3 幅图像，背景、手、人物。利用工具箱中的"魔棒工具"选取"手"图像中的白色区域，使用"选择→反向"命令，进行反选操作，选中画面中的手形部分，得到的选区如图 4.28 所示。

【小提示】

如果工具箱中没有"魔棒工具"，可以找到"快速选择工具"然后按住鼠标左键，并在弹出的菜单中选取魔棒工具，如图 4.29 所示。工具箱中的很多按钮都有类似的功能。

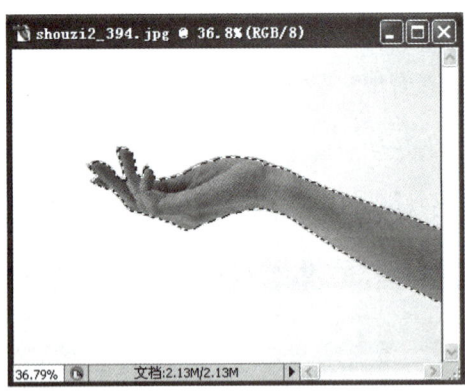

图 4.28　用魔棒选取　　　　　

图 4.29　魔棒工具菜单

【小技巧】

魔棒工具：可轻易得到基于相近颜色的选区。尤其是当图像的前景色（或对象的颜色）和背景色差异很大的时候，魔棒选择的准确率会很高。魔棒可以选择颜色一致的区域，而不必对其

轮廓进行跟踪。魔棒工具选项中最重要的一项是容差。容差的范围从 0 到 255，当容差值被设为 0 时，选区只能是和取样颜色完全相同的颜色区域，随着容差值的递增，选择的色彩范围也越来越大。如果勾选了工具选项中的"连续"复选框，那么魔棒在选择时只选择相邻区域；如果想要在全部可见图层中取样选择，就要选择工具选项中的相应复选框，否则取样仅在当前图层内。魔棒工具的参数在如图 4.30 所示的状态栏中设置。

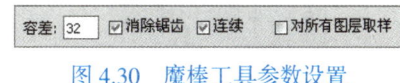

图 4.30　魔棒工具参数设置

反选操作：反选的意思就是取补集，即选取图像中当前被选定部分之外的所有部分。

步骤 2　将手形选区进行羽化操作，右键菜单中选择"羽化"命令，羽化半径为 1。使用"编辑→复制"命令，然后转到"背景"图像中使用"编辑→粘贴"命令，生成的新图层为"图层 1"，调整手形到适当位置，如图 4.31 所示。

图 4.31　合成效果 1

【小技巧】

羽化："羽化选区"就是在选取范围的边缘，使图像的颜色逐渐变淡，从而产生一种渐变的柔和效果。选区的羽化值取值范围在 0~250，羽化值越高，羽化的边缘越大选区越模糊。下面的图 4.32 和图 4.33 是羽化和未羽化的效果对比。

图 4.32　羽化后　　　　图 4.33　羽化前

步骤 3　利用"磁性套索工具" ，将人物图像中的人选中。注意"磁性套索工具"在使用时需要鼠标沿着人物轮廓移动，在拐点处单击，在起点和终点重合时双击，如图 4.34 所示。将创建的选区进行羽化操作，羽化半径为 1，并将其复制到"背景"图像中，生成的新图层为"图层 2"，调整人物到适当位置，如图 4.35 所示。

图 4.34　用磁性套索工具选取　　　　　图 4.35　合成效果 2

【小知识】

套索工具适于在图像上建立不规则的选区范围。套索工具组包括套索 ⟲、多边形套索 ⟲、磁性套索 ⟲。

套索工具 ⟲ 的使用就像使用画笔一样，按住鼠标直接在图像上拖动，会沿着鼠标指针运动轨迹生成一条虚线，松开鼠标时自动将起点终点封闭为一个选区。套索工具 ⟲ 适用于选区无规则，且对选区不要求十分精准的情况。

多边形套索 ⟲ 在使用时，要通过单击鼠标在图像上为选区分别设置起点和其他节点，PS 自动用线段连接各节点，按 Enter 键可封闭选区。套索工具 ⟲ 适用于建立边缘为直线的选区。

磁性套索 ⟲ 可以根据选区颜色对比自动查找边缘。使用时首先单击鼠标建立选区起点，然后松开按键在选区边缘移动鼠标，PS 会计算鼠标所在颜色像素值自动建立节点并绘制选区。当边缘颜色对比不大无法自动准确生成节点时，可以依次在边缘上单击鼠标手动添加节点，直到与起点重合时双击鼠标完成选区。磁性套索 ⟲ 适用于选区与背景反差较大的情况。在使用磁性套索工具 ⟲ 时，要注意正确地设置工具选项栏的参数值，如图 4.36 所示。

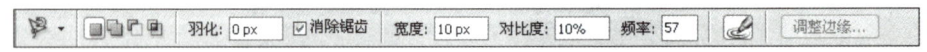

图 4.36　"套索工具"的选项工具栏

宽度：默认值为 10 像素，取值范围 1~256。用于设置进行边缘检测的宽度。数值越小，检测越精确。

对比度：默认值为 10%，取值范围 1%~100%。用于设置边缘检测的灵敏性。数值越小，检测越精确。如果图像间的颜色对比度较强，就应设置较高数值。

频率：默认值为 57，取值范围 0~100。用来设置创建节点的速率。数值越大，节点就越多。当边缘较复杂时，可采用较大的频率值。

【小提示】

如果工具箱中没有"磁性套索工具",则找到"套索工具"然后按住鼠标左键,并在弹出的菜单中选择"魔棒工具",如图4.37所示。磁性套索工具在选择那些边缘形状不规则、颜色比较复杂的图像时,是一个很好的工具。

图4.37 套索工具菜单

步骤4 使用"编辑→自由变换"命令,或按Ctrl+T键,出现变形框,将图形适当放大并旋转,如图4.38所示。

图4.38 自由变换

步骤5 选择"文件→存储为"命令写入新文件名,选择文件格式为JPEG。

【小知识】

通过"编辑"菜单的"变换"命令可以实现图像的缩放、旋转、扭曲和变形等操作。使用"移动工具"可以对选定图像进行复制和移动。

(1)移动图像

对图像的移动和复制操作既可以在同一图像文件内,也可以在不同的文件中进行。移动选区内图像的方法有两种。

使用"移动工具"移动图像:建立选区后,选择工具箱中的"移动工具",然后按住鼠标拖曳选区到新的位置后释放鼠标。

使用"编辑"菜单命令:建立选区后,使用"剪切"和"粘贴"命令,可以将图像移动到新的位置。

如果在同一文件中移动图像,移动后原选区被背景色填充;如果在不同的文件中移动选区图像时,会在另一个文件中建立新图层,原选区内容不变,如图4.39所示。

(2)复制图像

复制选区内图像的方法有两种。

使用"移动工具":建立选区后,选择工具箱中的"移动工具" ,然后按住 Alt 键的同时鼠标拖曳选区到新的位置后释放鼠标。

使用"编辑"菜单命令:建立选区后,使用"拷贝"和"粘贴"命令,可以将图像复制到新的位置。

(3)变换图像

建立选区后,使用"编辑→变换"命令,可以对选区中的图像进行缩放、旋转、斜切和扭曲等操作。选择"变换"的相应命令后,选区图像周围会出现变形框,用鼠标拖动四周的句柄,可以对图像进行相应的变换。按回车键确认选区的变换,按 Esc 键则取消变换操作,如图 4.40 所示。

图 4.39 移动选区图像

图 4.40 复制和自由变换后的效果

任务 5　使用蒙版合成图像

1. 任务目标

① 掌握魔棒工具选取部分图像的方法。
② 掌握图层的使用方法。
③ 掌握利用蒙版合成图像的方法。

2. 任务要求

① 合成婚纱照。现有两张图像,第一张是背景为砖墙的婚纱照,第二张是绿叶背景,将婚纱照合成到绿叶的背景中,使用的两张图像如图 4.41 和图 4.42 所示。

图 4.41　婚纱照　　　　　　　图 4.42　绿叶背景

② 合成黄山飞来石。应用蒙版技术将图 4.43 的云彩、图 4.44 的瀑布元素融入图 4.45 的黄山飞来石中,合成后的图像如图 4.46 所示。

图 4.43　云彩图像　　　　　　　图 4.44　瀑布图像

图 4.45　黄山飞来石图像　　　　　　　图 4.46　合成后的图像

3. 任务步骤

（1）合成婚纱照

步骤 1 选择"文件→打开"命令，打开婚纱照素材及背景素材。

步骤 2 应用"移动工具" 将婚纱照图像移动到背景图像上。

步骤 3 选择"快速魔棒工具" 将婚纱照以外的选区选中，并按 Delete 键将其删除。如图 4.47 所示，透过婚纱看到的仍然是原来的砖墙背景。

步骤 4 单击图层面板上的"添加图层蒙版"按钮 ，为图像添加蒙版，如图 4.48 所示。

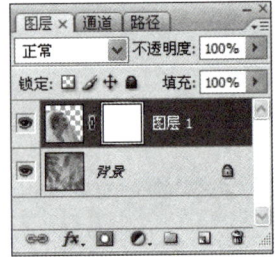

图 4.47 将"婚纱照"移入到新背景中　　　图 4.48 "图层"面板

步骤 5 将前景色设置为灰色（#CCCCCC），选择"画笔工具" ，设置画笔工具的主直径为 50px，不透明度为 50%，用画笔涂抹婚纱，透过婚纱隐约看到后面的背景。涂抹后的图层面板如图 4.49 所示。合成后的图像效果如图 4.50 所示。

图 4.49 添加蒙版后的"图层"面板　　　图 4.50 合成后的效果图

【小知识】

蒙版可以遮挡图像中的一部分,使其不显示,用户可以任意地对蒙版进行修改和删除,而不破坏图像,对图像具有保护和隐藏的功能。

蒙版是将不同的灰度色值转化为不同的透明度,并作用到它所在的图层中,使图层不同部位透明度产生相应的变化。它的模式为灰度,范围为 100%~0%,黑色为完全透明,白色为完全不透明。灰色则是介于 100%~0%,被操作图层中的这块区域以半透明方式显示,透明程度由灰度大小决定,灰度值越大透明程度越高。

【小技巧】

蒙版通常分为图层蒙版、矢量蒙版、剪贴蒙版、快速蒙版。图层蒙版的优点是显示或隐藏图像时,进行的是无破坏性操作,所有的操作均在图层蒙版中完成,不会影响图层中的像素。图层蒙版的操作往往通过其快捷菜单来执行对图层蒙版的停用、删除、应用、添加图层蒙版到选区等操作。结合执行"图层→图层蒙版"级联菜单中的命令,显示、隐藏、取消图层蒙版的链接等操作。

(2)合成黄山飞来石

步骤 1 选择"文件→打开"命令,打开黄山飞来石、云彩及瀑布图像。

步骤 2 应用"移动工具"将云彩图像拖曳到黄山图像中,使云彩图片成为图层 1。

步骤 3 单击图层面板上的"添加图层蒙版"按钮 ,为图像添加蒙版,如图 4.51 所示。调整图层面板中的不透明度为 50%,使背景图像在当前图层中隐约可见,如图 4.52 所示。

图 4.51 添加蒙版后的"图层"面板　　　　图 4.52 云彩图像为半透明

步骤 4 将前景色设置为黑色(#000000),选择"画笔工具" ,设置画笔工具的主直径为 50px,用画笔涂抹黄山及飞来石,使云彩和黄山融为一体,再将图层面板中的不透明度改为 100%,涂抹后的图层面板如图 4.53 所示,图片如图 4.54 所示。

图 4.53 "图层"面板

图 4.54 云彩与飞来石的融合效果

步骤 5 按上述方法,应用"移动工具" 将瀑布图像拖曳到黄山图片中,使瀑布图片成为图层 2,调整图层面板中的不透明度为 50%,使背景图像在当前图层中隐约可见。按 Ctrl+T 键变换瀑布方向及大小,将瀑布放置在山的隘口中间。

步骤 6 单击图层面板上的"添加图层蒙版"按钮 ,为图像添加蒙版。

步骤 7 将前景色设置为黑色(#000000),选择"画笔工具" ,设置画笔工具的主直径为 50px,用画笔涂抹黄山隘口,使瀑布和黄山融为一体,再将图层面板中的不透明度改为 100%,应用蒙版将瀑布添加到图像中的"图层"面板,变化如图 4.55 所示,最终效果如图 4.46 所示。

图 4.55 应用蒙版将瀑布添加到图像中的"图层"面板变化

任务 6　使用滤镜制作特殊效果的图像

1. 任务目标

① 掌握图层的使用方法。
② 掌握滤镜的使用方法,生成特殊效果的图像。

2. 任务要求

① 制作雨景效果。现有一张汽车的图像,应用 Photoshop 的内置滤镜将其制作成雨景中的

汽车效果。制作效果如图 4.56 和图 4.57 所示。

图 4.56　汽车图像素材　　　　　图 4.57　添加雨景后的效果

② 制作火焰字效果。应用 Photoshop 的内置滤镜制作一个"火焰字"的效果,如图 4.58 所示。

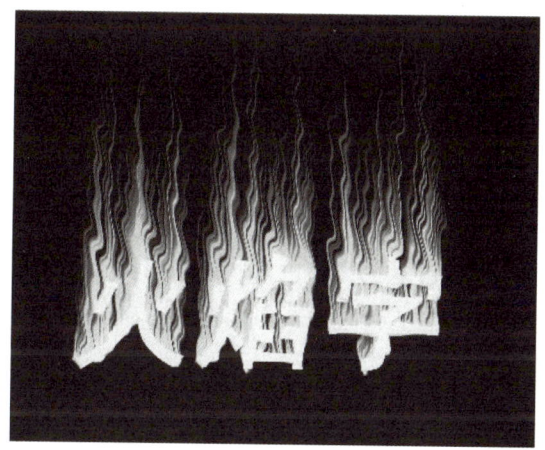

图 4.58　应用滤镜制作的"火焰字"

③ 制作老照片。应用内置滤镜将图 4.59 所示的西湖美女图像制作成老照片,制作后的效果如图 4.60 所示。

图 4.59　原图像　　　　　　　图 4.60　制作后的老照片

④ 制作海景彩虹。应用内置滤镜将图 4.61 所示的海景添加彩虹，制作后的效果如图 4.62 所示。

图 4.61　原海景图像

图 4.62　添加彩虹后的海景图

3．任务步骤

（1）制作雨景效果

步骤 1　选择"文件→打开"命令，打开汽车图像素材。

步骤 2　单击图层面板中的"创建新图层"按钮 ，新建图层 1。

步骤 3　设置前景色为黑色，背景色为白色，按 Alt+Delete 键填充图层 1 为黑色。

步骤 4　选择"滤镜→像素化→点状化"命令，打开"点状化"对话框，设置单元格大小为 3，如图 4.63 所示。

步骤 5　选择"滤镜→模糊→动感模糊"命令，打开"动感模糊"对话框，设置角度为 70 度、距离为 39 像素，如图 4.64 所示。

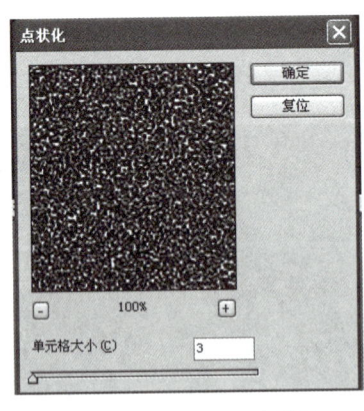

图 4.63　"点状化"对话框

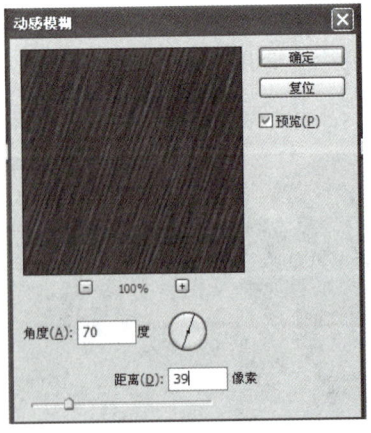

图 4.64　"动感模糊"对话框

步骤 6　在图层面板中的图层模式中选择"滤色"模式，不透明度为 50%，如图 4.65 所示。

步骤 7 按 Ctrl+T 键把图层 1 显示或隐藏起来,可以看到添加雨景前后的效果,如图 4.57 所示。

【小知识】

滤镜功能是创建特殊效果最有效的手段,它是对传统摄影技术中特效镜头的数字化模拟,它在分析图像中各个像素值的基础上,根据相应的参数设置,调用不同的运算程序来处理图像,以达到希望的图像变化效果。使用滤镜可以实现两种作用:修饰和变形。有些滤镜只对图像做细微的调整和校正,处理前后效果变化很小,甚至非专业人员很难分辨出来,常作为基本的图像润饰命令使用;有些属于破坏性滤镜,破坏性滤镜对图像的改变很明显,主要用于创建特殊的艺术效果。

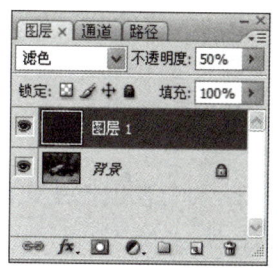

图 4.65 "图层"面板

风格化:滤镜组可以使图像产生印象派及其他风格化作品的效果。

画笔描边:滤镜组可以使图像产生涂抹的效果,也就是说该滤镜模拟使用不同的画笔和油墨来描边创造出绘画效果的图像。有些滤镜向图像添加颗粒、绘画、杂色、边缘细节或纹理,以获得点状化效果。

模糊:滤镜组可以使图像或选区的边缘产生模糊化效果,光滑边缘过于敏锐化的部分以及图片污点划痕部分;柔化选区或整个图像,通过平衡图像已定义的线条和遮蔽区域的清晰边缘旁边的像素,使图像变化显得柔和。

扭曲:滤镜组主要用于将图像进行几何扭曲,创建 3D 或其他整形效果,从而使图像富有动感和变化。

锐化:滤镜组通过增强邻近像素的对比度来消减图像的模糊,使图像更加清晰。

素描:滤镜组使图像产生一种使用硬笔工具绘画的艺术效果,相当于素描的草图,适用于创建美术或手绘效果。

纹理:滤镜组通过替换像素、增加像素的对比度,使图像纹理产生加粗、夸张的效果。纹理滤镜组主要侧重对图像进行大面积底纹的处理。

像素化:滤镜组将图像分成一定的区域,并将这些区域转变为相应的色块,再由色块构成图像,使其产生图像分块或图像平面化的效果。

渲染:滤镜组使图像产生不同的照明效果、制造云彩纹理效果、在 3D 空间中操纵对象、创建 3D 对象、折射图案和模拟的光反射。

艺术效果:滤镜组使图像产生模拟人工创作的不同绘画作品的效果,经常使用于美术或商业项目绘制绘画效果或特殊效果。

杂色:滤镜组主要用于添加或移去图像中杂色或带有随机分布的像素,移去图像中有问题的区域。

【小提示】

滤镜只能应用于当前可视图层,且可以反复使用,按 Ctrl+F 键连续应用。

如果图像中存在选区,那么滤镜效果只能在当前图层的选区内起作用。如果不存在选区,滤镜效果在整个当前图层中起作用。

有一些滤镜只能应用于 RGB 图像模式。

滤镜不能应用于位图模式、索引颜色和 48 bit RGB 模式的图像。

【小技巧】

如果在滤镜设置窗口中对自己调节的效果感觉不满意,希望恢复调节前的参数,可以按住 Alt 键,此时"取消"按钮变为"复位"按钮,单击此按钮就可以将参数重置为调节前的状态。

有一些滤镜很复杂或是要应用滤镜的图像尺寸很大,执行时需要很长时间,按 Esc 键可以结束正在生成的滤镜效果。

内置滤镜和已安装的外挂滤镜都会在"滤镜"菜单中出现。

(2)制作火焰字效果

步骤 1 执行"文件→新建"命令,建立一个大小 600×400 像素、RGB 模式,名为"火焰字 .psd"的图像文件。

步骤 2 设置背景色为黑色,按 Ctrl+Delete 键将画布填充为背景色,即黑色。

步骤 3 选择"横排文字工具"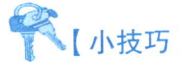,添加文字"火焰",字体颜色白色或橙色,字形为华文行楷,按 Ctrl+T 键自由变换将文字放大,如图 4.66 所示。

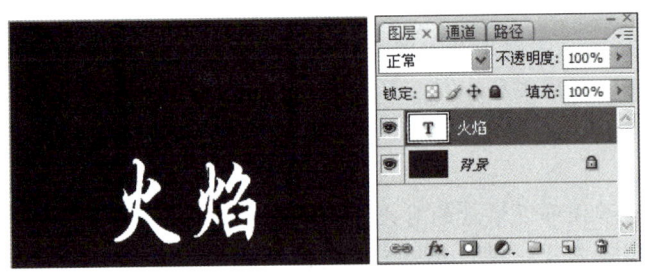

图 4.66 "火焰"图像及图层面板

步骤 4 选择"火焰"文字层快捷菜单中的"栅格化文字"命令,将文字层转换为普通图层;再选择"火焰"文字层快捷菜单中的"向下合并"命令将文字和背景层拼合在一起,如图 4.67 所示。

步骤 5 选择"图像→旋转画布→90 度(顺时针)"命令,将画布顺时针旋转 90 度,如图 4.68 所示。

图 4.67 图层面板　　　　图 4.68 旋转后的"火焰"图像

步骤 6 选择"滤镜→风格化→风"命令,打开"风"对话框,"方法"选择"风","方向"选择"从左"。按 Ctrl+F 键 3 次将"风"效果追加 3 次。

步骤 7 选择"图像→旋转画布→90度(逆时针)"命令,将画布旋转回来。

步骤 8 选择"滤镜→扭曲→波纹"命令,打开"波纹"对话框,设置"数量"为"65","大小"为"大",如图 4.69 所示。

步骤 9 选择"图像→调整→色彩平衡"命令,打开"色彩平衡"对话框,设置"色彩平衡"为"高光",设置"色阶"为"100,0,-81",如图 4.70 所示。制作后的火焰字如图 4.58 所示。

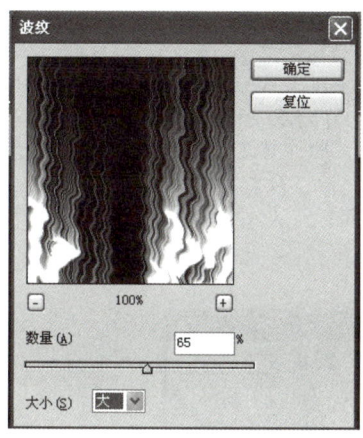
图 4.69 "波纹"对话框

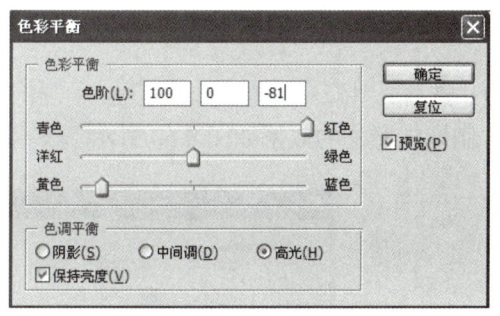
图 4.70 "色彩平衡"对话框

(3)制作老照片

步骤 1 选择"文件→打开"命令,打开"西湖美女"图像素材。

步骤 2 单击图层面板中的"创建新图层"按钮,新建图层 1。

步骤 3 设置前景色为黑色,背景色为白色,按 Alt+Delete 键填充图层 1 为黑色。

步骤 4 选择"滤镜→纹理→颗粒"命令,打开"颗粒"对话框,设置强度/对比度均为 84,"颗粒类型"为"垂直",如图 4.71 所示。

步骤 5 选择"滤镜→纹理→颗粒"命令,打开"颗粒"对话框,设置强度/对比度均为 84,"颗粒类型"为"水平",如图 4.72 所示。

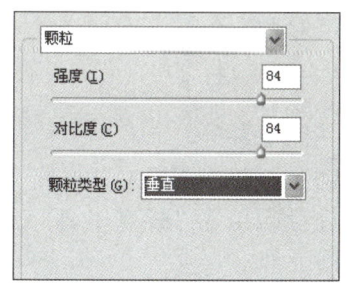
图 4.71 "颗粒"对话框 1

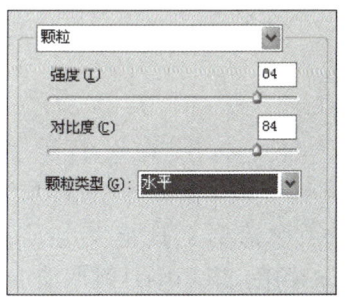
图 4.72 "颗粒"对话框 2

步骤 6 在图层面板中将图层混合模式调整为"滤色",不透明度为 80%,如图 4.73 所示。

步骤 7 选择"背景"图层,执行"图像→调整→去色"命令,将图片变为黑白色。

步骤 8 选择"图像→调整→照片滤镜"命令,打开"照片滤镜"对话框,设置浓度为 72%,如图 4.74 所示。

 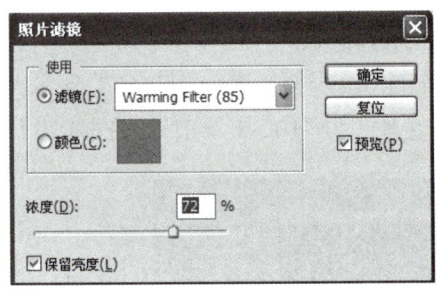

图 4.73 "图层"面板　　　　图 4.74 "照片滤镜"对话框

步骤 9 选择"图像→调整→曲线"命令,打开"曲线"对话框,设置曲线调暗一点,如图 4.75 所示。制作老照片的效果如图 4.60 所示。

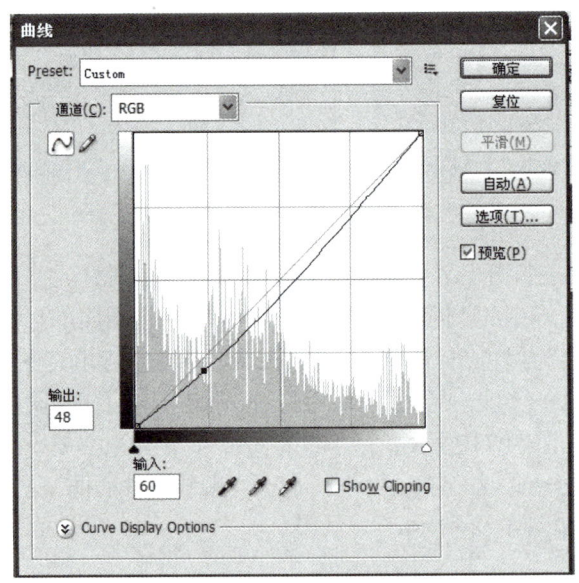

图 4.75 "曲线"对话框

（4）制作海景彩虹

步骤 1 选择"文件→打开"命令,打开"海景"图像素材。

步骤 2 单击图层面板中的"创建新图层"按钮，新建图层 1。

步骤 3 选择矩形选框工具拖曳出竖着的矩形,单击"渐变工具"按钮，选择色谱填充七彩的颜色,按 Ctrl+D 键取消选区。

步骤 4 选择"滤镜→扭曲→切变"命令,调整弧度,如图 4.76 所示;按 Ctrl+T 键旋转成彩虹。

步骤 5 选择"滤镜→模糊→高斯模糊"命令,半径设为 6 像素,如图 4.77 所示。

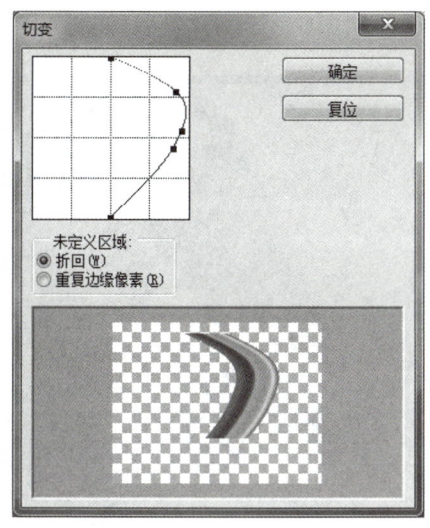
图 4.76 "切变"对话框

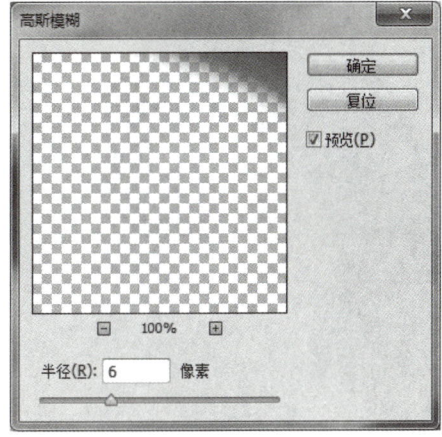
图 4.77 "高斯模糊"对话框

步骤 6 单击"橡皮擦"按钮,设置不透明度为 50%,硬度为 0%,对彩虹擦除,使效果真实。
步骤 7 图层不透明度调整为 50%。

任务 7　使用 Alpha 通道编辑图像

1．任务目标

① 掌握 Alpha 通道的使用方法。
② 掌握利用 Alpha 通道编辑图像的方法。
③ 掌握通道抠取图像的方法。

2．任务要求

① 应用 Alpha 通道存储图像(如图 4.78 所示)中气球的选区,并将已存储的气球选区载入到新的背景中,效果如图 4.79 所示。

图 4.78　气球原图像

图 4.79　将气球原图添加到新背景的效果

② 应用通道抠取人物头发（如图 4.80 所示），将人物添加到透明背景中，如图 4.81 所示。

图 4.80　人物头发原图像

图 4.81　将人物头发原图添加到透明背景的效果

3. 任务步骤

【小知识】

通道是 Photoshop 中非常重要的功能之一，用于存放图像的颜色和选区信息，并且可以对这些信息进行修改及重新保存。通道分为 3 种类型，保存图像颜色基本信息的颜色通道、保存选区的 Alpha 通道以及用于打印输出其他颜色的专色通道。

颜色通道：颜色通道保存了图像颜色的基本信息，不同的颜色模式通道的数目也不同。一般由复合通道和其包含的基本颜色通道组成。每一个颜色通道对应图像的一种颜色信息。RGB 模式下图像主要由红（R）、绿（G）、蓝（B）颜色通道以及合并这 3 个通道的 RGB 复合通道组成；CMYK 模式下图像主要由青色（C）、洋红（M）、黄色（Y）和黑色（K）颜色通道以及合并这 4 个通道的 CMYK 复合通道组成；灰色模式下图像只有一个灰色颜色通道；Lab 模式下图像由 a、b、明度颜色通道以及合并这 3 个通道的 Lab 复合通道组成。

Alpha 通道：Alpha 通道是在颜色通道中新创建的通道，主要用于创建、删除以及编辑图像的选区，而不会对图像的颜色产生影响。默认状态下新建的 Alpha 通道为黑色。Alpha 通道的原理和图层蒙版的原理相同，即黑色表示被遮罩的区域，白色表示显示的区域，灰色表示透明区域。

专色通道：由于在印刷中存在技术的限制，使通过印刷得到的图像效果比显示在屏幕的图像视觉效果差。为了弥补这个缺陷，产生了专色技术。专色是一种特殊的预混油墨，用于替代或补充印刷色（CMYK）油墨，以产生更好的印刷效果。如果要印刷带有专色的图像，则需要创建存储定义专色印刷区域的专色通道。

（1）为气球换新背景

应用 Alpha 通道为图像换新背景。

步骤1 将选区存储为 Alpha 通道,选择"文件→打开"命令,打开气球图像的素材。
步骤2 选择"磁性套索工具" ,沿气球边缘选择气球选区。
步骤3 单击通道面板上的"将选区存储为通道"按钮 ,如图 4.82 所示。将选区保存为 Alpha1 通道,建立 Alpha1 通道后的通道面板如图 4.83 所示。

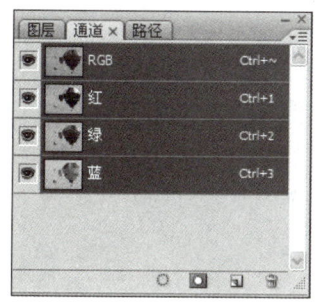
图 4.82　通道面板 1

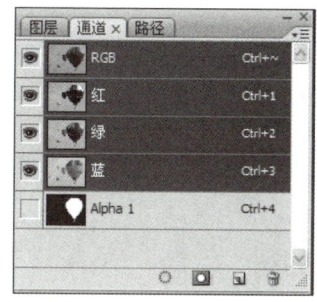
图 4.83　通道面板 2

步骤4 选择"文件→存储"命令保存气球图像,Alpha1 通道也随之被保存。
步骤5 在新图像中载入 Alpha1 通道存储的选区,选择"文件→打开"命令,打开气球图像的素材,如图 4.78 所示。
步骤6 选择通道面板,单击 Alpha1 通道(见图 4.84),隐藏其他通道,隐藏其他通道后的图像如图 4.85 所示。
步骤7 单击"将通道作为选区载入"按钮 ,载入 Alpha1 通道的选区,如图 4.86 所示。

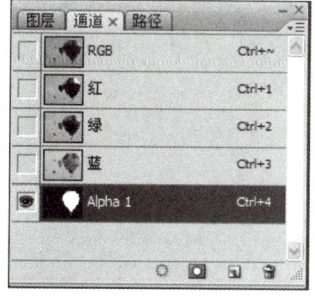
图 4.84　通道面板 3

图 4.85　隐藏其他通道后的图像

图 4.86 载入 Alpha1 通道选区

步骤 8 单击 RGB 通道,显示所有颜色通道,再单击 Alpha1 通道前面的"指示通道可视性"按钮,隐藏 Alpha1 通道,如图 4.87 所示。

步骤 9 选择"文件→打开"命令,打开云朵图像的素材,使用"移动工具"按钮,将气球移动到云朵图像中,按 Ctrl+T 键调整气球的大小,如图 4.88 所示。

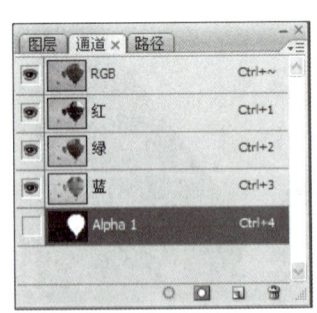

图 4.87 隐藏 Alpha1 通道的通道面板   图 4.88 添加到新背景中的气球

（2）为人物头发换新背景

应用通道抠取人物头发，将人物添加到透明背景中。

步骤 1　选择"文件→打开"命令，打开人物图像的素材，打开通道面板，会看到 RGB 和红绿蓝几个通道，在红绿蓝 3 个通道里面找出一个人物和背景图像对比度最大的一个。在不同的通道下观察人物头发的细节，这里选择绿色，右击鼠标，复制通道。然后选择绿色通道副本，如图 4.89 所示。

步骤 2　选择"图像→调整→色阶"命令，在打开的"色阶"对话框中，调整色阶，提高人物和背景对比度，如图 4.90 所示。

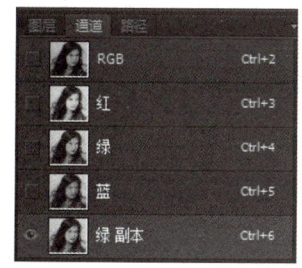

图 4.89　复制绿色通道并选择绿副本

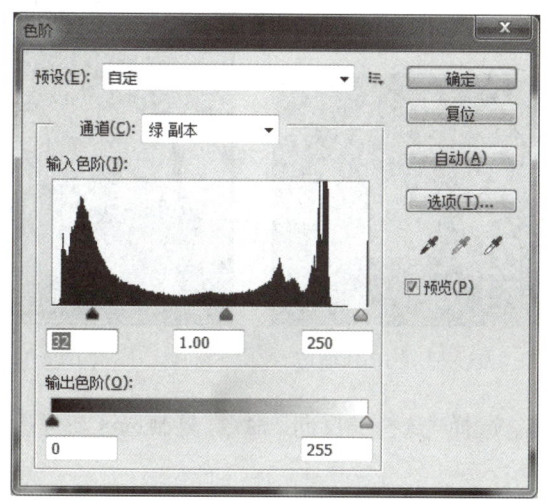

图 4.90　"色阶"对话框

步骤 3　选择"图像→调整→曲线"命令，在打开的"曲线"对话框中，调整曲线，进行明暗度调节，如图 4.91 所示，提高人物和背景对比度。

步骤 4　用黑色画笔，把人物中高光部分涂抹，把人物换成全黑色，如图 4.92 所示。

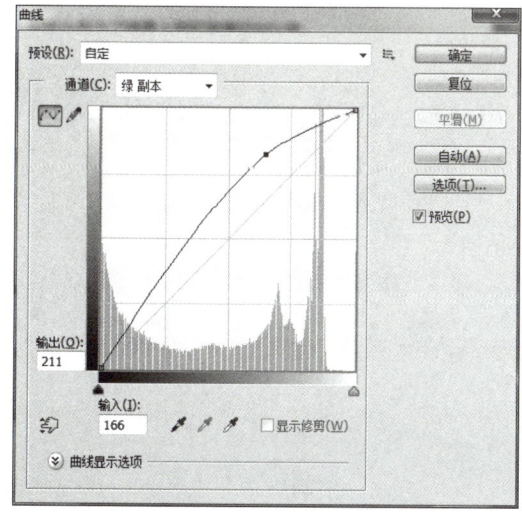

图 4.91　"曲线"对话框

图 4.92　将人物涂成黑色

步骤 5 返回到图层部分,即选择通道中的 RGB 通道,如图 4.93 所示,选区就是背景的选区了,如图 4.94 所示。

图 4.93　选择 RGB 通道　　　　图 4.94　将背景作为选区

步骤 6 选择"选择→反向"命令,复制选区新建透明图层里,实现抠取人物。

模块 5 数字音频和视频的处理和设计

任务 1 使用给定的照片和背景音乐制作视频短片

1. 任务目标

① 学会使用视频编辑器"会声会影"的影片向导创建项目。
② 学会根据不同的图片选择不同视频滤镜效果。
③ 掌握利用"摇动和缩放"制作出各种镜头移动效果。
④ 学会使用"转场效果"来实现不同场景间的自然过渡。

2. 任务要求

使用会声会影制作一段配有音乐的视频短片,首先使用向导做素材的导入和基本设置,然后在编辑器中逐步细化每个场景的转场效果和滤镜效果,生成完整的作品如图 5.1 所示。

图 5.1 作品封面

3. 任务步骤

步骤 1 打开会声会影如图 5.2 所示,选择影片向导。
步骤 2 准备素材。
① 选择"插入图像"命令,在弹出的对话框中,找到会声会影素材文件夹,选中所有图片文件,单击"打开"按钮,如图 5.3 所示。
② 单击"排序"按钮 ,选择按名称排序。最后单击"下一步"按钮。

图 5.2　会声会影向导

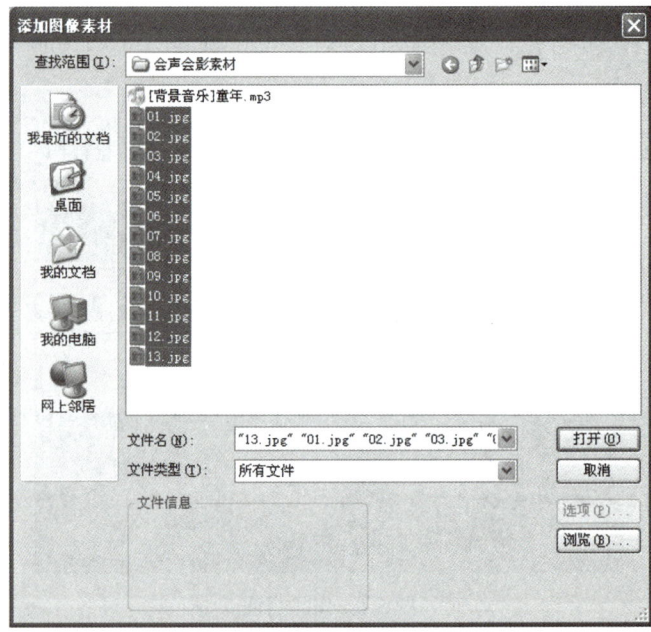

图 5.3　打开素材文件

步骤 3　模板和背景音乐。

① 选择主题模板为"家庭影片",如图 5.4 所示。

② 将标题 Story Theater 修改为"校园四季"。

③ 单击"加载背景音乐"按钮，在弹出的对话框中删除原背景音乐,并添加音频文件"童年 .mp3",结果如图 5.5 所示。之后单击"下一步"按钮。

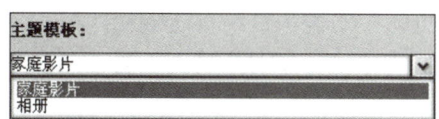
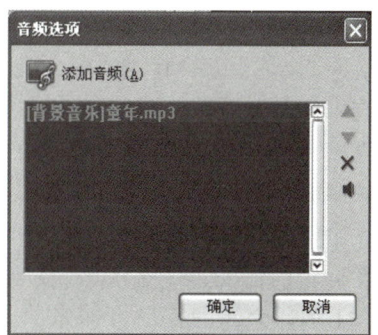

图 5.4　选择模板　　　　　　　图 5.5　添加背景音乐

步骤 4　滤镜效果。

① 选择"在「会声会影编辑器」中编辑"命令,进入会声会影编辑器。

② 选择下拉菜单中的"视频滤镜"命令,找到"肖像画"滤镜拖动到标号 2 图片上,选择如图 5.6 所示边框样式。

③ 接着选择"水流"滤镜拖动到标号 6 图片上。

④ 选择"镜头闪光"滤镜拖动到标号 8 图片上。

⑤ 选择"雨点"滤镜拖动到标号 9 图片上。

⑥ 选择"锐化"滤镜拖动到标号 12 图片上。

⑦ 选择"发散光晕"滤镜拖动到标号 13 图片上。

⑧ 选择"光线"滤镜拖动到标号 14 图片上,并指定如图 5.7 所示"光线"滤镜。

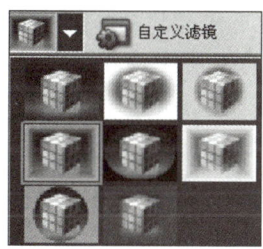
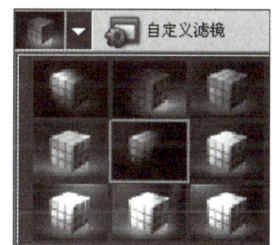

图 5.6　"肖像画"滤镜　　　　　　　图 5.7　"光线"滤镜

【小知识】

视频是由连续记录外界的多个瞬间画面组成,帧是影片中的一个瞬间画面,是视频片段的最小度量单位。进行操作或标记为特殊处理的画面,称为"关键帧"。

【小知识】

视频滤镜是利用数字技术处理图像,以获得类似电影或电视节目中出现的特殊效果。视频滤镜可以将特殊的效果添加到视频中,用以改变素材的样式或外观。添加视频滤镜后,滤镜效果会应用到素材的每一帧上。调整滤镜属性,可以控制起始帧到结束帧之间的滤镜强度、效果和速度。这个例子中的下雨、太阳光晕等效果都是借助视频滤镜做出来的。

步骤 5 设置镜头效果。

① 选择"图像"选项卡，选中标号 3 图片，接着选择如图 5.8 所示的"摇动和缩放"单选按钮。

② 选中标号 4 图片，选择"摇动和缩放"单选按钮中的镜头水平向右移动效果。

③ 选中标号 5 图片，选择"摇动和缩放"单选按钮中的镜头逐渐向后拉效果。

④ 选中标号 7 图片，选择"摇动和缩放"单选按钮中的镜头逐渐向下拉效果。

⑤ 选中标号 10 图片，选择"摇动和缩放"单选按钮中的镜头逐渐推进效果。

步骤 6 选择"效果"选项卡，找到转场类型为"遮罩 E"，分别拖动到标号 4、5 图片之间和标号 10、11 图片之间，如图 5.9 所示。

图 5.8 摇动和缩放

图 5.9 转场遮罩

【小知识】

转场效果：把一个片子的每一个镜头按照一定的顺序和手法连接起来，成为一个具有条理性和逻辑性的整体，这种构成的方法和技巧叫做镜头组接。在影像中段落的划分和转换，是为了使表现内容的条理性更强，层次的发展更清晰。而为了使观众的视觉具有连续性，需要利用造型因素和转场效果，使人在视觉上感到段落与段落间的过渡自然、顺畅。本例中上面两组图片之间的转换使用了带光晕翻转的转场效果，以达到突出季节之间转换的目的。在转换镜头时也可以使用前面用到的视频滤镜，前面对标号 6 图片使用"水流"滤镜，就是为了表达夏天到秋天的自然过渡。

步骤 7 保存并生成视频。

① 使用"文件→保存"命令，保存项目文件，文件名为"校园四季 .VSP"，项目文件可以用来再次修改影片。

【小知识】

项目：一部完整的影片作品由各种类别的"素材"组成，素材的类别包括视频、图像、音频、转场效果与标题文字等，而由素材组合而成的影片作品在会声会影中称为项目。项目的作用是把编辑者对影片进行的各种编辑——记录下来。

② 最后选择"分享"选项卡，单击"创建视频文件"按钮，选择如图 5.10 所示的菜单，经过渲染过程，生成视频文件"校园四季 .mpg"。

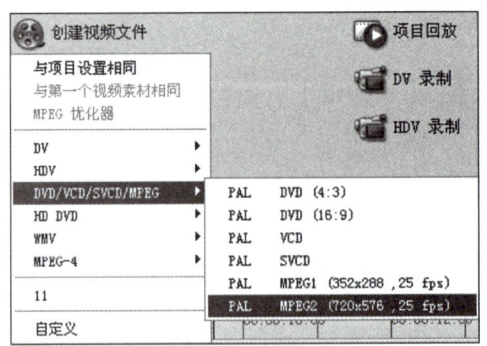

图 5.10 文件保存菜单

【小知识】

渲染：渲染是将源信息合成单个文件的过程。

【小知识】

视频文件格式：为了适应储存视频的需要，设定了不同的视频文件格式来把视频和音频放在一个文件中，以方便同时回放。不同的视频文件格式生成的文件大小不一样，视频的播放质量也有区别。

【小知识】

世界上主要使用的电视广播制式有PAL、NTSC、SECAM三种，中国大部分地区使用PAL制式，日本、韩国及东南亚地区与美国等欧美国家使用NTSC制式，俄罗斯则使用SECAM制式。中国内市场上买到的正式进口的DV产品都是PAL制式。

（1）NTSC制式

NTSC制式是1952年由美国国家电视标准委员会指定的彩色电视广播标准，它采用正交平衡调幅的技术方式，故也称为正交平衡调幅制。美国、加拿大等大部分西半球国家以及中国的台湾、日本、韩国、菲律宾等均采用这种制式。

（2）PAL制式

PAL制式是德国在1962年指定的彩色电视广播标准，它采用逐行倒相正交平衡调幅的技术方法，解决了NTSC制式由于相位敏感造成色彩失真的缺点。德国、英国等一些西欧国家，新加坡、中国、澳大利亚、新西兰等国家采用这种制式。PAL制式中根据不同的参数细节，又可以进一步划分为G、I、D等制式，其中PAL-D制是我国大陆采用的制式。

（3）SECAM制式

SECAM是法文的缩写，意为顺序传送彩色信号与存储恢复彩色信号制，是由法国在1956年提出，1966年制定的一种新的彩色电视制式。该种制式也解决了NTSC制式相位失真的缺点，不过SECAM制式采用时间分隔法来传送两个色差信号。使用SECAM制的国家主要集中在法国、东欧和中东一带。

不同的视频制式中，每秒采集的帧数也不一样。一般情况下，PAL制式每秒钟采集25帧图像，NTSC制式每秒钟采集29.97帧图像。

任务2　利用覆叠原理制作影片

1. 任务目标

① 了解覆叠原理。
② 掌握利用覆叠原理制作画中画效果的影片。
③ 掌握利用覆叠原理制作影片对白。
④ 掌握给影片添加标题。

2. 任务要求

利用覆叠原理,利用图片和视频素材,使用会声会影制作两个小影片,如图5.11所示。

图 5.11 制作完成的视频截图

3. 任务步骤

🔖【小知识】

会声会影提供了3种视图模式,分别为故事板视图、时间轴视图和音频视图。分别单击时间轴上方的3个按钮▣▣▣,可以在这3种视图模式之间切换。

(1)故事板视图

单击"故事板视图"按钮▣,切换到故事板视图。故事板视图是将素材添加到影片中最快捷的方式。

在故事板视图中,用户要通过拖动素材来移动素材的位置。故事板中的缩略图代表影片中的一个事件,事件可以是视频素材,也可以是转场或静态图像。缩略图按项目中事件发生的时间顺序依次出现,但对素材本身并不详细说明,只是在缩略图下方显示当前素材的区间。

(2)时间轴视图

单击"时间轴视图"按钮▣,切换到时间轴视图。时间轴视图可以准确地显示出事件发生的时间和位置,还可以粗略浏览不同媒体素材的内容。在时间轴视图中,故事板被水平分割成视频轨、覆叠轨、标题轨、声音轨以及音乐轨5个不同的轨道。

与故事板视图编辑模式相比,时间轴视图编辑模式相对复杂一些,它的功能也要强大很多,在故事板视图模式下,用户无法对标题字幕、音频等素材进行编辑操作,只有在时间轴视图模式下,才能完成这一系统的剪辑工作。在时间轴视图模式下,用户可以以精确到"帧"的单位对素材进行剪辑,因此,在视频编辑过程中,它是最常用的视图编辑模式。

(3)音频视图

单击"音频视图"按钮▣,切换到音频视图。音频视图是通过混音面板来实时地调整项目中音频的音量,也可以调整音频轨中特定点的音量。

🔖【小知识】

覆叠原理:覆叠原理就是把一个素材叠加到另一个素材中,从而达到画面叠加的效果。

（1）视频 1 制作步骤

步骤 1　打开会声会影，在视频轨中右击鼠标，在弹出的菜单中选择"插入图像"命令，将图像文件 2.10–DV.jpg 插入到视频轨道中。

在覆叠轨中右击鼠标，在弹出的菜单中选择"插入视频"命令，将视频文件 2.10–丁.mp4 插入到覆叠轨道中，如图 5.12 所示。

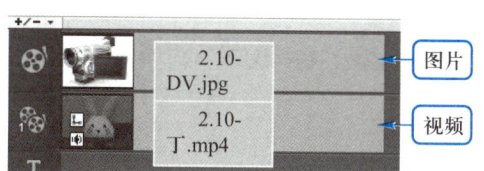

图 5.12　在视频轨中插入图像、在覆叠轨中插入视频

步骤 2　调整视频轨中图像的播放长度与视频相同，如图 5.13 所示。

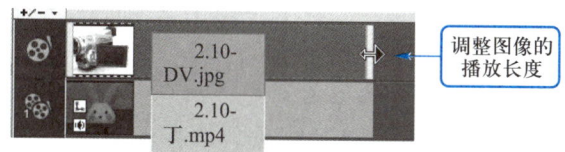

图 5.13　调整图像的播放长度

步骤 3　选中覆叠轨中的视频，在预览窗口中调整视频的大小、位置和形状，使其与图像上 DV 机的屏幕大小相同。其中，黄色句柄用于调整图像的大小，绿色句柄用于调整图像的形状，如图 5.14 所示。

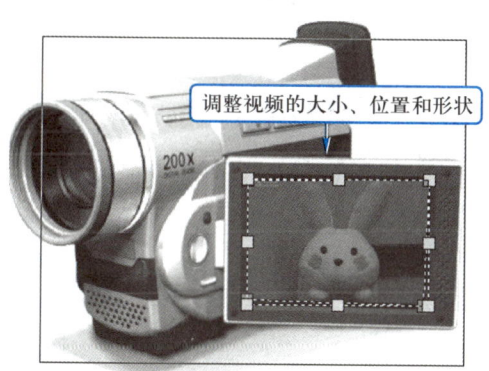

图 5.14　调整视频的大小、位置和形状

步骤 4　使用"文件→保存"命令，保存项目文件，文件名为"DV 影片 .VSP"，项目文件可以用来再次修改影片。最后选择"分享"选项卡，单击"创建视频文件"按钮，生成视频文件"DV 影片 .mpg"。

（2）视频 2 制作步骤

步骤 1　打开会声会影，在视频轨中插入视频文件 2.11– 爬山记 .mpg，在覆叠轨中插入对白图像文件 2.11.png，并把它拖曳到大约 25 秒处位置，如图 5.15 所示。

图 5.15　插入视频和图像

步骤 2　在覆叠轨中选中对白图像，在"编辑"选项卡中调整图像的方向，在预览窗口中调整图像的位置和大小，如图 5.16 所示。

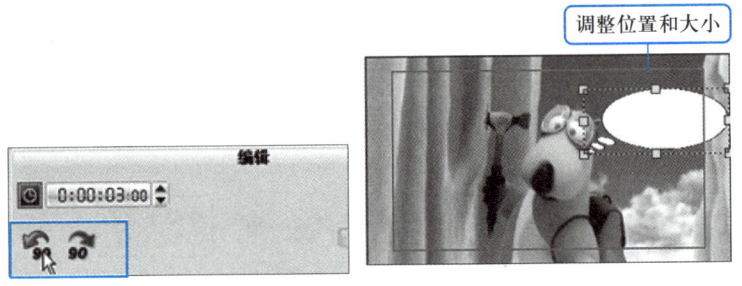

图 5.16　调整图像的方向、位置和大小

步骤 3　单击标题轨（T 轨），此时预览窗口中出现"双击这里可以添加标题"字样，如图 5.17 所示。在预览窗口中待输入文字位置处双击鼠标，输入文字"啊，惨了！"，并调整标题的长度与覆叠轨中图像相同，如图 5.18 所示。

图 5.17　双击预览窗口输入文字

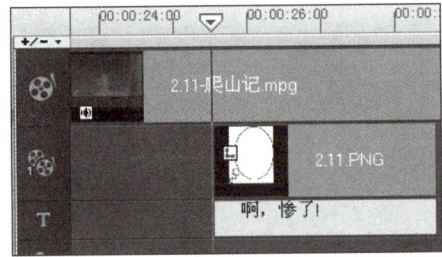

图 5.18　调整标题的长度

步骤 4　在预览窗口中选择标题，调整其位置，如图 5.19 所示。并在"编辑"选项卡中设置字体，字体为楷体，48 号字，蓝色字体，如图 5.20 所示。

步骤 5　使用"文件→保存"命令，保存项目文件，文件名为"对白.VSP"。最后选择"分享"选项卡，单击"创建视频文件"按钮，生成视频文件"对白.mpg"。

图 5.19　调整标题位置

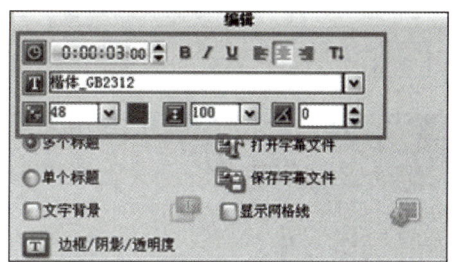
图 5.20　设置标题字体

任务 3　利用修剪滤镜和动画制作拼图

1．任务目标

① 掌握修剪滤镜的使用。
② 掌握关键帧参数的设置。
③ 掌握动画效果的处理方法。

2．任务要求

现有一张图片，如图 5.21 所示。设计图片的展示方式是拼图效果，即原图被分割成上下左右 4 个部分，沿对角线方向向中心拼接成图。

图 5.21　花朵图像

3．任务步骤

步骤 1　打开会声会影编辑器，切换到时间轴视图方式。设定覆叠轨 1~4，如图 5.22 所示。

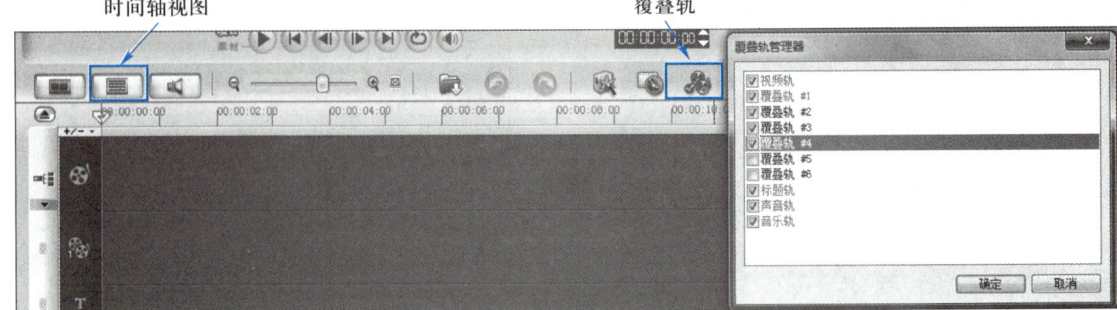

图 5.22　时间轴视图和覆叠轨设置

步骤 2　将花朵图片插入到覆叠轨 1 中，拖动右侧黄色线框，延长播放时间到适当时长。右击浏览区域中的图像，选择设置图像播放大小为"调整到屏幕大小"，如图 5.23 所示。

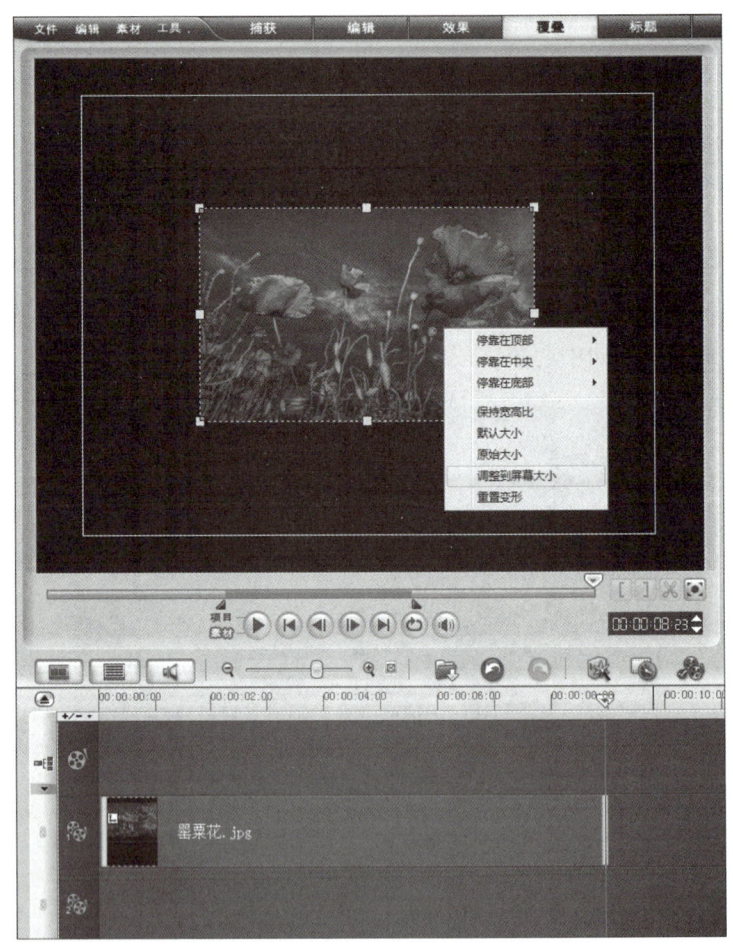

图 5.23　覆叠轨 1 图像调整到屏幕大小

步骤 3　将"画廊"切换到"视频滤镜"，选择"属性"选项卡，在花朵图像上添加修剪滤镜，如图 5.24 所示。

图 5.24 覆叠轨 1 图像添加修剪滤镜

步骤 4 单击"自定义滤镜"命令,在"修剪"对话框中,设置第一关键帧的参数,设定修剪区域的宽度和高度的比例为 50%,将修剪区域的选择虚线框移动到左上区域,取消选中"填充色"复选框,如图 5.25 所示。将第一帧的参数设置复制粘贴到右面的所有帧,如图 5.26 所示,查看第一帧和最后一帧的预览画面应该是相同的,单击"确定"按钮,返回编辑界面。

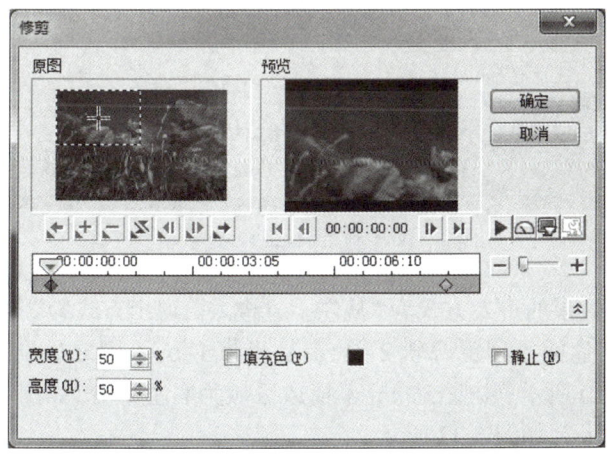

图 5.25 第一帧的修剪滤镜参数设置

图 5.26　第一帧的参数设置复制粘贴到右边

步骤 5　单击"显示网格线"命令,设置网格大小为 50%,如图 5.27 所示。拖动浏览区域的花朵图像的柄,将播放区域调整为左上部分,使调整修剪出的左上部分图像在屏幕的左上部分播放,如图 5.28 所示。

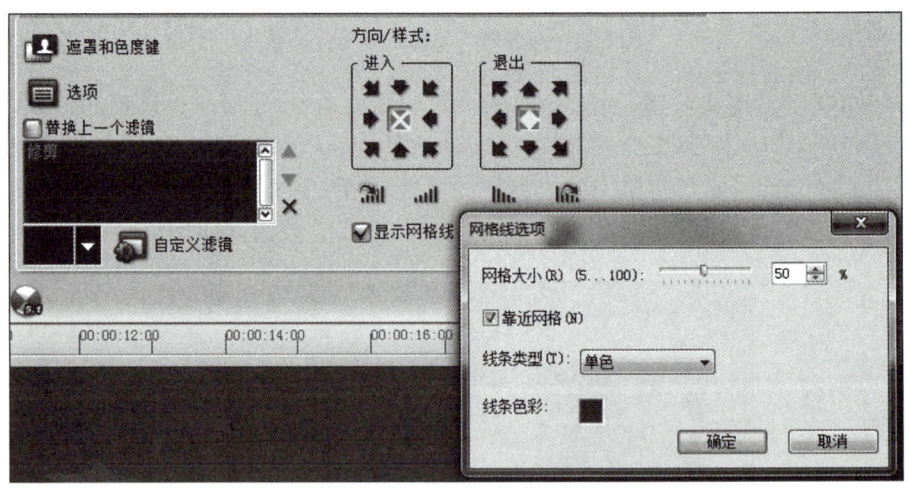

图 5.27　网格线选项

步骤 6　设置动画效果的进入方式为"从左上方进入",退出方式为"静止",如图 5.29 所示。

步骤 7　将花朵图片插入到覆叠轨 2 中,重复步骤 1~6,不同之处在于,步骤 4 中的修剪区域为右上部分,如图 5.30 所示;步骤 5 的屏幕播放区域为右上部分,如图 5.31 所示;步骤 6 的动画方式为"从右上方进入",如图 5.32 所示。

任务3 利用修剪滤镜和动画制作拼图

图 5.28 调整修剪出的左上部分图像在屏幕的左上部分播放

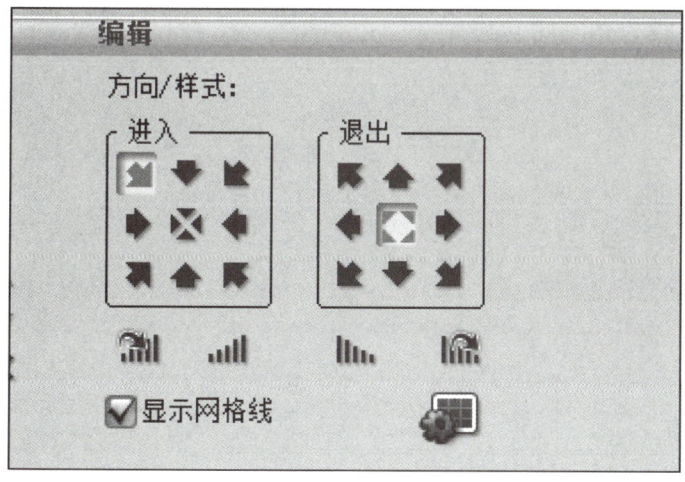

图 5.29 设置左上部分的进入和退出的动画方式

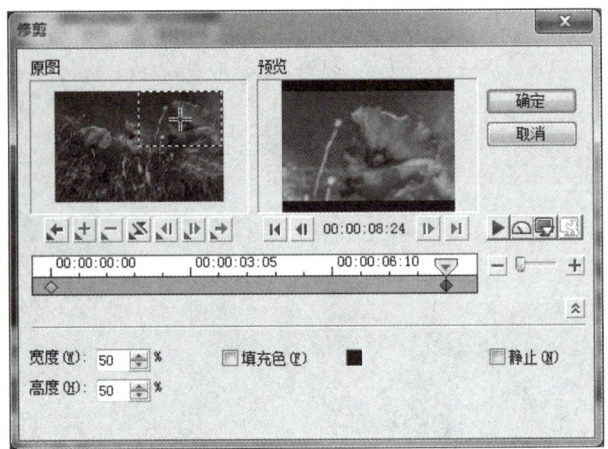

图 5.30 修剪出的右上部分图像

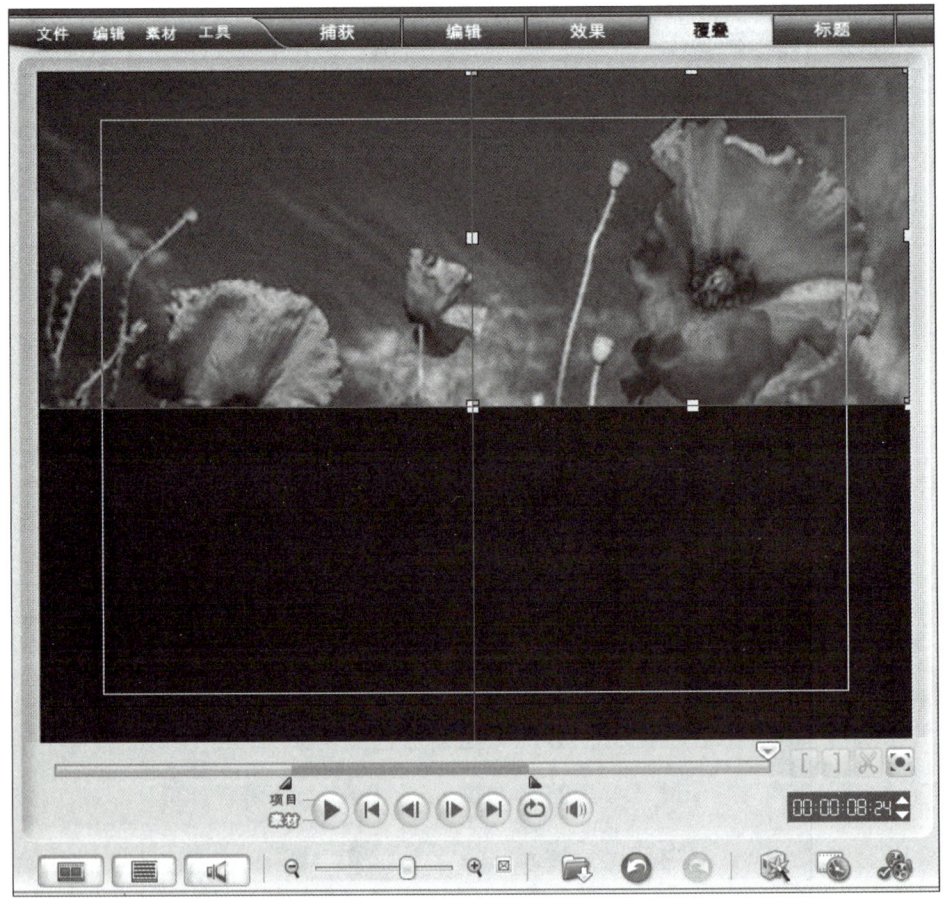

图 5.31 调整修剪出的右上部分图像在屏幕的右上部分播放

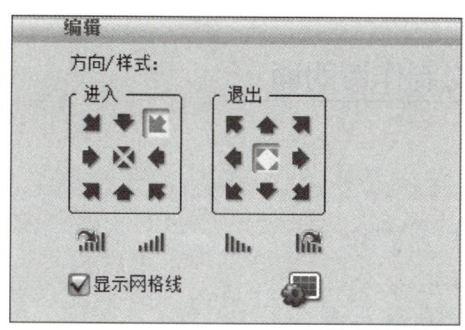

图 5.32　设置右上部分的进入和退出的动画方式

步骤 8　将花朵图片插入到覆叠轨 3 中,重复步骤 1~6,不同之处在于,步骤 4 中的修剪区域为左下部分;步骤 5 的屏幕播放区域为左下部分;步骤 6 的动画方式为"从左下方进入"。

步骤 9　将花朵图片插入到覆叠轨 4 中,重复步骤 1~6,不同之处在于,步骤 4 中的修剪区域为右下部分;步骤 5 的屏幕播放区域为右下部分;步骤 6 的动画方式为"从右下方进入"。

步骤 10　将项目进行播放,效果如图 5.33 所示。保存项目文件。

图 5.33　花朵拼图的播放效果

任务 4　利用音频素材制作诗朗诵

1. 任务目标

① 掌握对音频文件的使用和剪辑。
② 掌握字幕的编辑和使用。
③ 掌握音频和字幕的配合方法。

2. 任务要求

利用《春日》诗朗诵的音频素材，结合背景视频素材，设计和编辑字幕，完成有画面有字幕的诗朗诵作品。

3. 任务步骤

步骤 1　准备朗诵《春日》的 mp3 文件、背景视频文件，编辑《春日》诗词的文本文件。

步骤 2　将背景视频和声音文件分别放入各自的轨道。选择"视频"选项卡，设置背景视频的静音效果，如图 5.34 所示。

图 5.34　插入声音素材和背景素材

【小技巧】

项目中可能会包含多个声音，可以进行调整，以适应整个项目的要求。在时间轴视图中单击某个轨中的素材，如果该素材中含有音频，此时选项面板中将会显示音量控制选项，单击音量控制选项右侧的三角按钮，在弹出的窗口中可以拖动滑块以百分比的形式调整视频和音频素材的音量；也可以直接在文本框中输入一个数值，调整素材的音量，如图5.35所示。

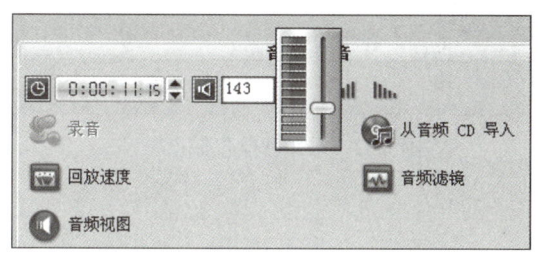

图5.35　调整音频素材的音量

步骤3　进入标题轨，将文本文件中的诗词分句粘贴到恰当的位置，对照声音的起停，同步每句字幕的起始位置和时长，如图5.36所示。

图5.36　配合朗诵声音的字幕

【小技巧】

可以先播放朗诵音频素材，在时间轴上单击鼠标，标记每一诗句的起始位置和结束位置，标志是黄色的三角符号，拖动黄色三角符号出离时间轴，可以删除该标记。然后再将诗词的各个句子粘贴到每一句声音对应的起始点，并拖长到每一句声音对应的结束。

步骤4　利用"智能包"命令，保存项目文件，如图5.37所示。

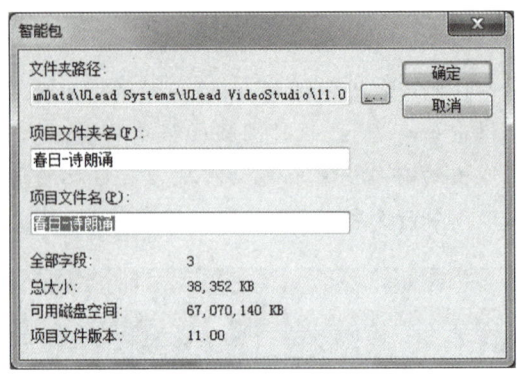

图 5.37　采用智能包保存项目

【小知识】

智能包可以将素材和项目一起保存在同一个文件夹中。如果要备份或传输文件以在便携式计算机或其他计算机上分享或编辑文件,则对视频项目打包会非常有用。另外,也可以使用"智能包"功能中包含的 WinZip 的文件压缩技术,将项目打包为压缩文件夹或准备上传到在线存储位置。

任务 5　利用音乐素材和歌词字幕制作 MV

1．任务目标

① 掌握对音乐素材的使用和剪辑。
② 掌握歌词字幕文件的使用和格式转换的方法。
③ 掌握音乐和歌词字幕的配合方法。

2．任务要求

利用《我和我的祖国》音乐素材和歌词字幕文件,结合背景视频素材,设计和编辑字幕,完成有画面有字幕的 MV 作品。

3．任务步骤

步骤 1　准备歌曲《我和我的祖国》的 mp3 文件、歌词字幕文件和背景视频文件。
步骤 2　将歌词字幕文件的 LRC 格式转换为 UTF 格式,如图 5.38 所示。

【小技巧】

在网络上搜索并下载一首歌曲和相对应的字幕文件,下载的字幕文件是 LRC 格式的,此格式文件的特点是歌词与歌曲是相对应的,比会声会影所支持的 UTF 字幕更为流行。

下载并安装"LRC 歌词文件转换器"工具。利用此工具,把下载的 LRC 格式的字幕文件转换为 UTF 格式。

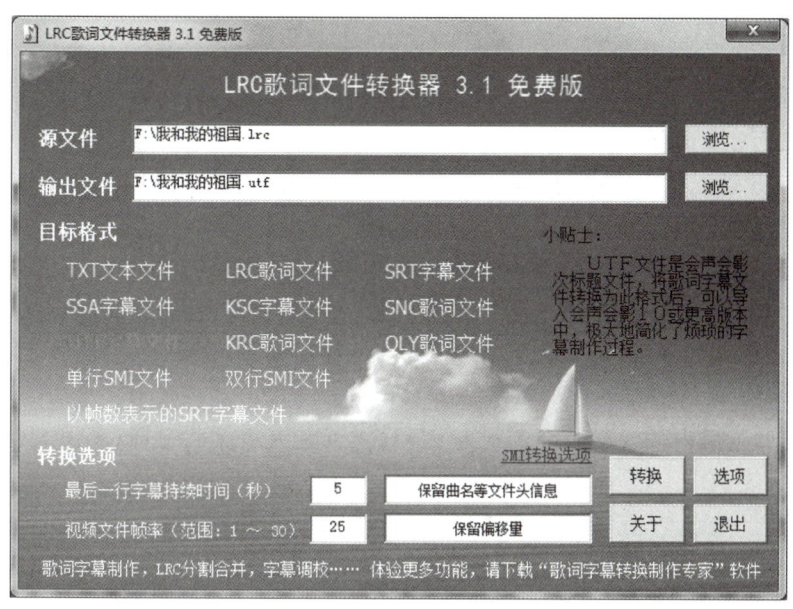

图 5.38　歌词转换器转换 LRC 格式为 UFT 格式

步骤 3　用记事本将 UTF 格式的歌词字幕文件打开,修改添加学生个人信息。

步骤 4　将背景视频和音乐文件分别放入各自的轨道。选择"视频"选项卡,设置背景视频的静音效果。

步骤 5　选择标题轨,打开 UTF 格式的字幕文件,选择第一句歌词,按住 Shift 键选择最后一句歌词,全部整体进行前后的移动,保证将第一句歌词的起始位置与音乐文件的歌曲内容相对应,以达到全部歌词和歌曲内容的对应,如图 5.39 所示。

图 5.39　字幕与歌曲的对应调整结果

【小提示】

将歌词全部选中后进行整体移动,可以准确地将歌词位置对应于歌曲内容的位置,不可以逐句地移动,以避免对应出错。

步骤 6 对背景视频素材进行剪辑,删除部分画面,使得背景视频素材与歌曲的播放长度相对应。

【小技巧】

素材的修整及分割方法:利用预览窗口下方的"开始标记"按钮、"结束标记"按钮、"分割视频"按钮等,对音频素材进行修整。其中,"开始标记"按钮和"结束标记"按钮成对使用,功能是选取范围内的素材;"分割视频"按钮功能是将素材剪断,如图 5.40 所示。

图 5.40　音频修整和分割按钮

步骤 7 利用"智能包"命令,保存项目文件。

任务 6　音频文件和伴奏音乐的制作

1. 任务目标

①掌握录音生成音频文件的方法。
②掌握分割音频生成音频文件的方法。
③掌握如何使用均衡器消除音频文件中的噪声。
④学会声音文件的多轨合成。

2. 任务要求

①自备演讲稿件,录制旁白。
②将 MV "*as long as you love me*" 中的音频分割出来,制作成音频文件。
③将歌曲《当我想你的时候》中的伴奏音乐提取出来,制作成音频文件。

3. 任务步骤

步骤 1 将话筒与声卡连接好,进入录制调音台,进行声卡的属性设置,如图 5.41 所示。

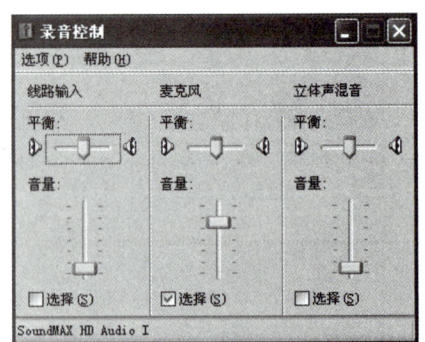

图 5.41　录音控制

【小知识】

可以录入多种音源包括话筒、录音机、CD 播放机等。如果只是单独录制麦克风的声音,则选择麦克风(mic);如果是单纯录制外界音源(如来自音响、VCD、DVD、摄像机、录音机)的声音,则选择线路输入(line in);如果要同时录制麦克风、线路输入和计算机里播放着的声音,就要选择立体声混音。注意:不用的音源不要选,可以减少录制中的噪声。

步骤 2 在时间轴视图中双击声音轨,并在时间标尺上将三角指针移动到要添加声音的位置,即声音出现的起始帧位置。

步骤 3 单击选项面板中的"录音"按钮 ,如图 5.42 所示,弹出"调整音量"对话框,如图 5.43 所示。该对话框是用来测试音量的,试着对麦克风说话,对话框中的指示格会变亮,指示格上的刻度表明音量的大小,可以根据所选择的录音音源调整话筒的音量。

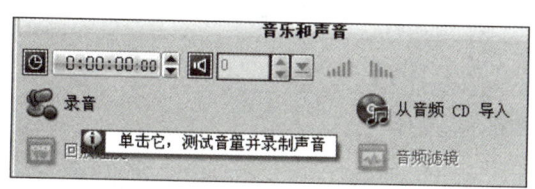

图 5.42 "音乐和声音"选项卡

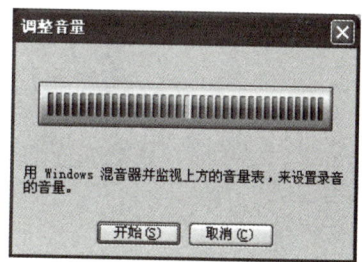

图 5.43 "调整音量"对话框

步骤 4 调整完毕后,单击"开始"按钮开始录制声音,这时"录音"按钮  变为了"停止"按钮 。

【小技巧】

如果是要录制有视频画面的旁白,则可以在预览窗口中查看当前的视频,以确保录制的声音与视频同步。

【小技巧】

开始录音以后,会出现"新建波形"对话框,选择适当的采样率、录音声道和采样精度,参数一般可选择 44 100 Hz、Stereo、16 位等,相当于 CD 的音质。开始录音后可以看到波形在不断延伸,注意观察波形的幅度,保持波形的最高峰不要超过上下两条白线,但是波形幅度也不要过小,以波峰的峰值接触到上下两条白线为宜。如果波形偏小或偏大可以检查音源选择是否正确、录音电平是否设置得太低。

步骤 5 如果需要停止录制,单击选项面板中"停止"按钮 ,则录制的声音文件会自动添加到声音轨中。

步骤 6 选择主界面中"分享"选项卡中的"创建声音文件"命令,保存音频文件,如图 5.44 所示。

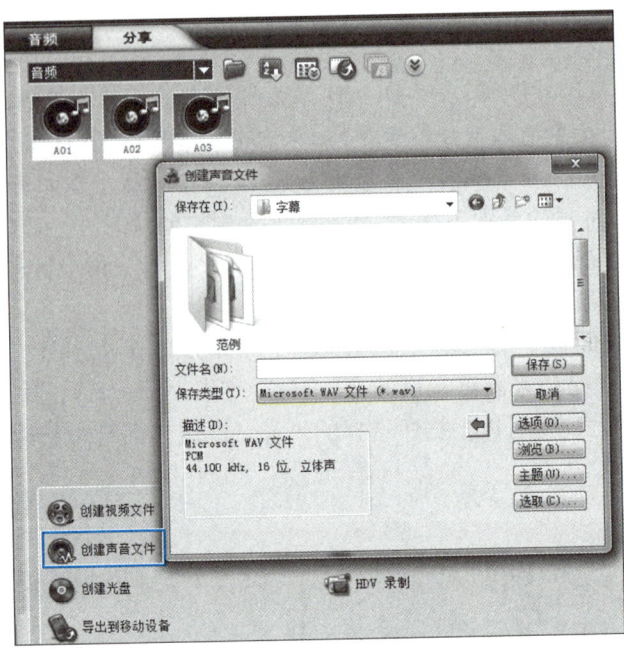

图 5.44　创建声音文件

步骤 7　在视频轨中插入要分离音频的 MV "*as long as you love me*" 视频素材。

步骤 8　在选项面板中"视频"选项卡上单击"分割音频"按钮 ，如图 5.45 所示。分离出的音频会自动添加到音乐轨中，如图 5.46 所示。

图 5.45　"视频"选项卡

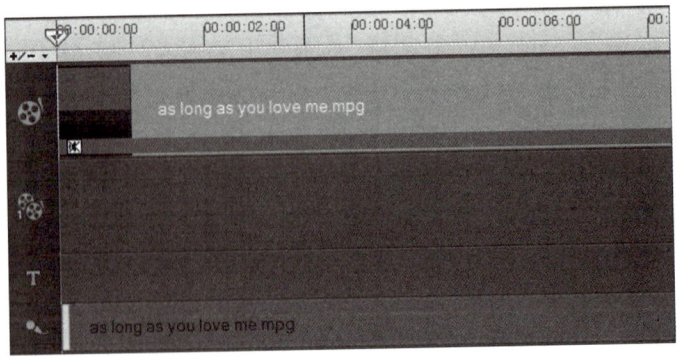

图 5.46　分离出的音频自动添加到音乐轨中

步骤9　选择主界面中"分享"选项卡中的"创建声音文件"命令,保存音频文件。

步骤10　将歌曲《当我想你的时候》插入到音乐轨道中,在"视图切换"按钮中,选择最右侧的"音频视图"按钮 ▣▣▣。在"环绕混音"选项卡中,单击"即时回放"按钮 ▶,播放音乐素材,可以在混合器中看到音量起伏的变换,如图5.47所示。

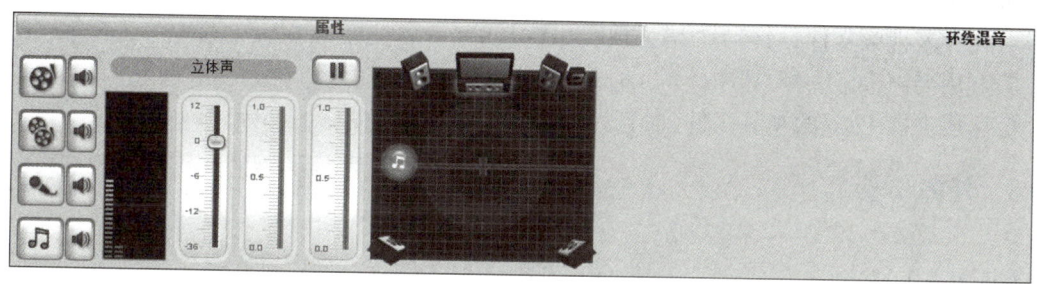

图 5.47　混合器的音量调整

步骤11　拖动音频混合器中的滑块,可以实时调整当前所选择的音轨的左右声道的音量。随着滑块移动到左侧时,伴奏声音还保留,而人声在减少,直至消失。因此,左声道是伴奏音乐。

步骤12　选择"属性"选项卡,勾选"复制声道"复选框,选中"左"单选按钮,如图5.48所示。此时播放声音就只有左声道的伴奏音乐。

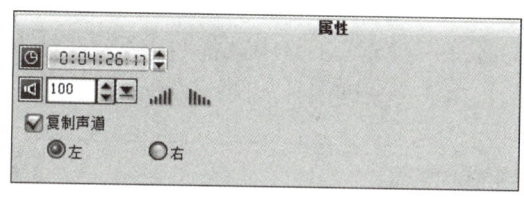

图 5.48　复制左声道

步骤13　选择主界面中"分享"选项卡中的"创建声音文件"命令,保存伴奏音乐的音频文件。

任务7　快剪辑和去掉 Logo

1. 任务目标

① 掌握利用快剪辑录制视频的方法。
② 掌握利用快剪辑导出视频文件的方法。
③ 掌握格式工厂的使用方法。
④ 掌握会声会影覆叠轨的使用。
⑤ 掌握会声会影修剪滤镜的使用。
⑥ 掌握会声会影关键帧的增加和参数设置。
⑦ 掌握会声会影视频文件的生成方法。

2. 任务要求

① 使用 360 浏览器。
② 进入 360 影视,搜索"乌克兰街头概念版增强现实红绿灯幕墙"视频。
③ 录制"乌克兰街头概念版增强现实红绿灯幕墙"的视频。
④ 保存该视频文件,命名为"增强现实.mp4"。
⑤ 利用会声会影去掉"秒拍"的 Logo。
⑥ 生成去掉 Logo 的视频文件,命名为"增强现实.mpg"。

3. 任务步骤

> 【小知识】
>
> "快剪辑"是由 360 公司推出的一款免费剪辑软件,功能齐全、操作简捷,可以在线边看边剪,通过编辑画面特效、字母特效、声音特效等功能快速制作创意视频。

> 【小知识】
>
> 使用"快剪辑"录制视频,必须是使用 360 浏览器播放网络视频才可以,其他浏览器不支持"快剪辑"。

步骤 1　打开 360 浏览器,在"搜索"工具中选择"视频",在搜索文本框中输入关键词"乌克兰 增强现实 红绿灯"(简化为 3 个关键词),如图 5.49 所示。

图 5.49　360 搜索工具

步骤 2　选择凤凰网的视频,将鼠标移至视频画面的区域,出现快剪辑的工具栏,如图 5.50 所示。

步骤 3　单击"边播边录"按钮,弹出"视频录制"窗口,如图 5.51 所示,可以选择超清、高清和标清等录制选项,单击红色录制按钮开始录制视频,单击红色结束录制按钮结束视频的录制,如图 5.52 所示。

步骤 4　进入"编辑视频片段"窗口,在此可以选择基础设置、动画、特效字幕、贴图等,如图 5.53 所示,选择"基础设置"选项,单击"完成"按钮。

步骤 5　进入快剪辑向导——1 剪辑视频,如图 5.54 所示,单击右下角的"编辑声音"命令。

步骤 6　进入快剪辑向导——2 编辑声音,如图 5.55 所示,单击右下角的"保存导出"命令。

步骤 7　进入快剪辑向导——3 保存导出,如图 5.56 所示,设置保存路径、mp4 的文件格式、无片头等,单击右下角的"开始导出"命令。

图 5.50　快剪辑工具栏

图 5.51　录制视频

图 5.52 结束录制视频

图 5.53 "编辑视频片段"窗口

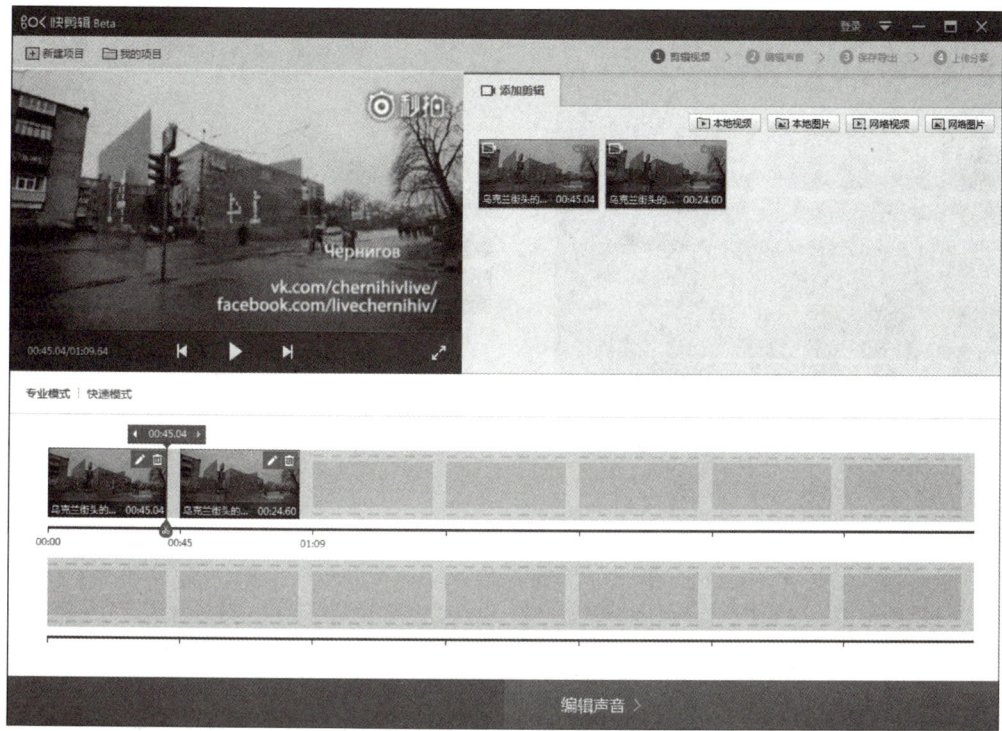

图 5.54 快剪辑向导——1 剪辑视频

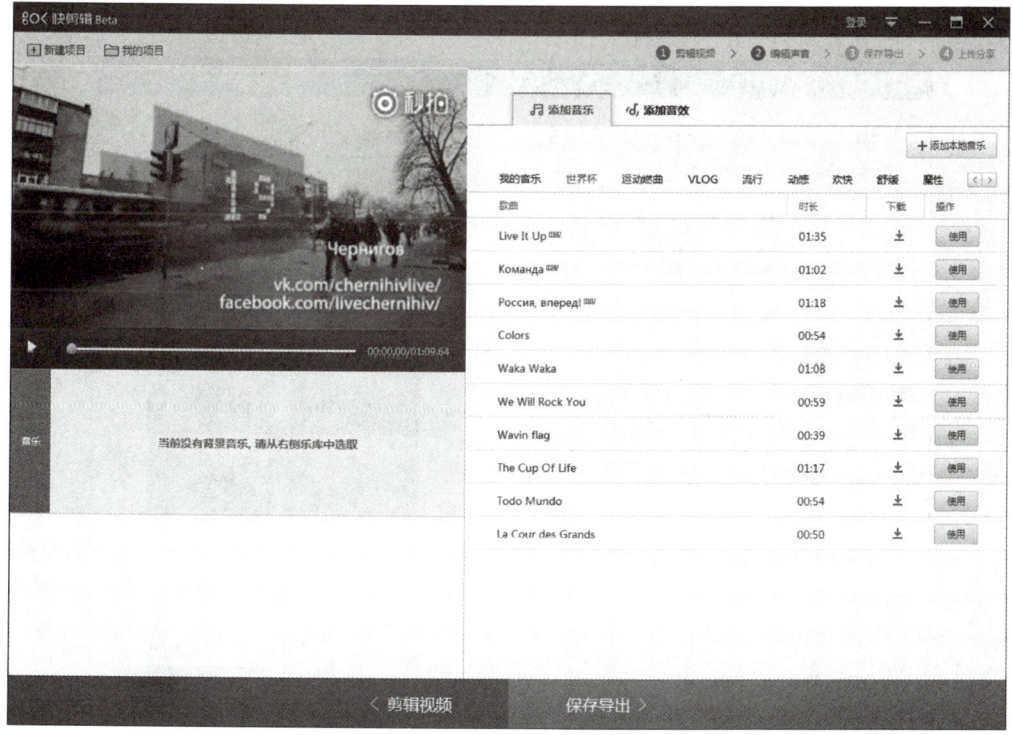

图 5.55 快剪辑向导——2 编辑声音

图 5.56 快剪辑向导——3 保存导出

步骤 8 填写视频信息，如图 5.57 所示，单击"下一步"按钮。

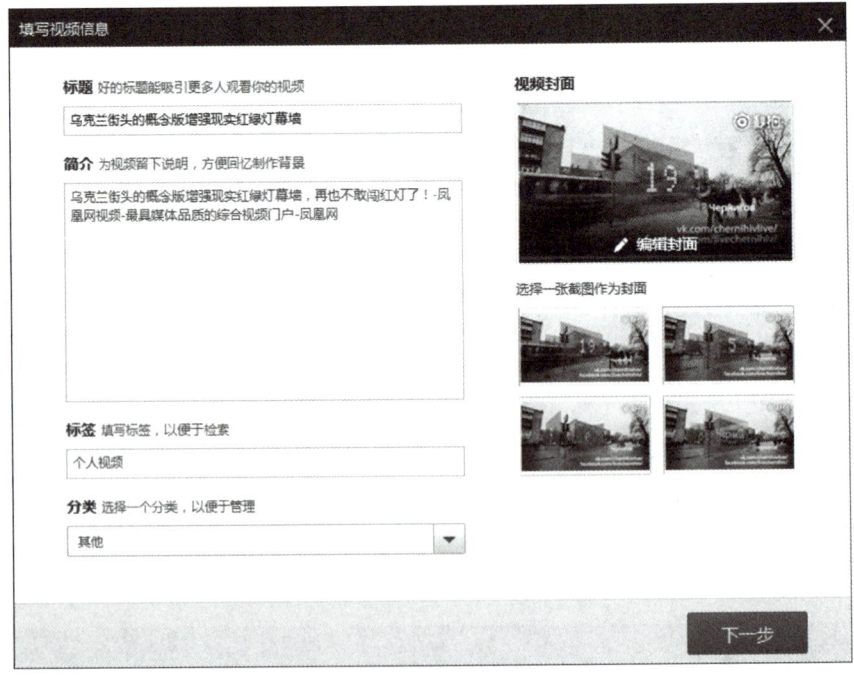

图 5.57 填写视频信息

步骤 9 生成视频文件，如图 5.58 所示。导出视频文件成功后，退出快剪辑工具，在目标位置找到生成的视频文件，重命名为"增强现实.mp4"（注意：上传分享视频根据情况选择使用）。

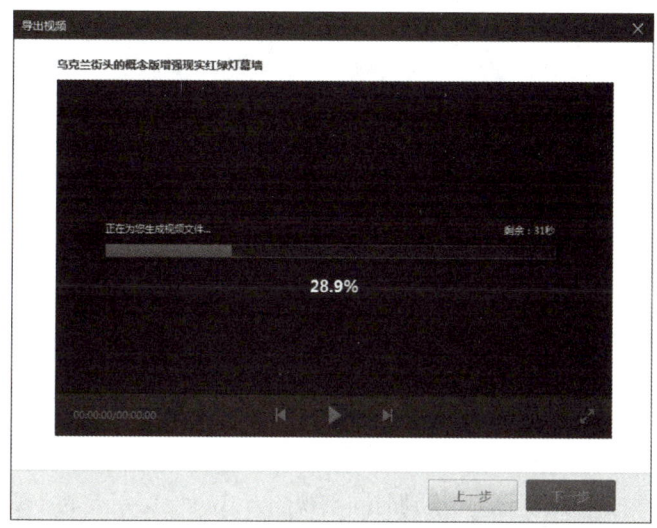

图 5.58 生成视频文件

步骤 10 为了会声会影能够支持视频，打开格式工厂工具，切换到"视频"选项卡，将"增强现实.mp4"拖曳到窗口右侧的工作区域，弹出转换选项窗口，将转换目标格式选为 AVI，单击"确定"按钮，如图 5.59 所示。

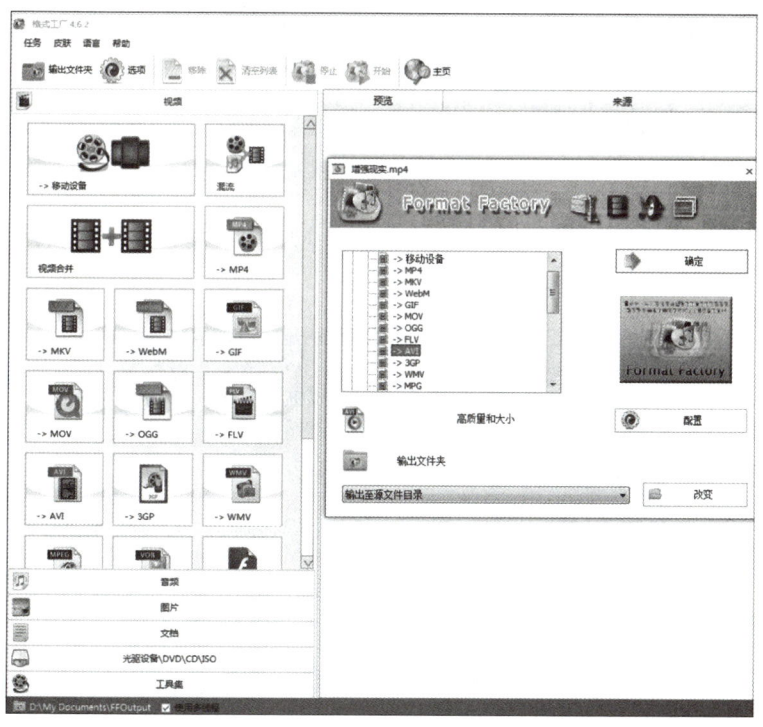

图 5.59 转换视频文件格式的选项设置

步骤 11 在工具栏中单击"开始"按钮,开始格式转换,如图 5.60 所示。

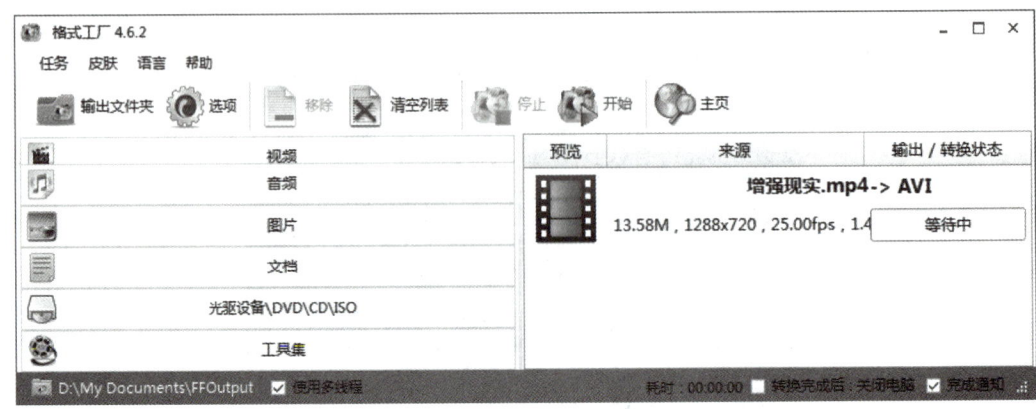

图 5.60　转换视频文件的格式

步骤 12 在工具栏中单击"输出文件夹"按钮,找到转换后的目标文件。

步骤 13 打开会声会影编辑器,切换到时间轴视图方式。设定覆叠轨 1~2 等,如图 5.61 所示。

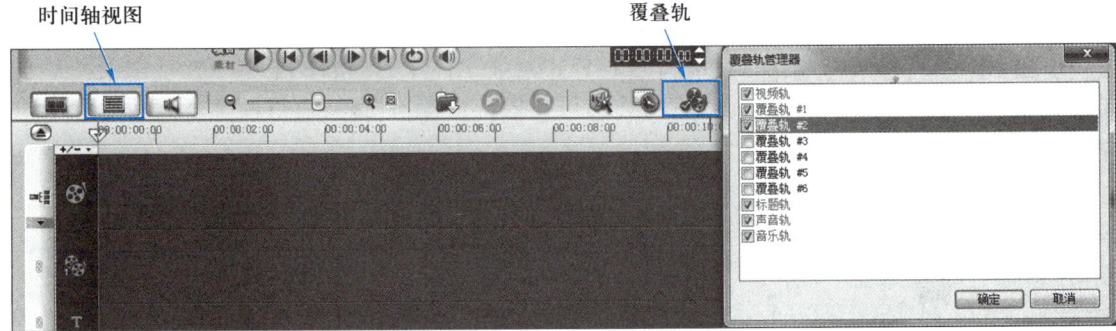

图 5.61　时间轴视图和覆叠轨设置

步骤 14 将"增强现实 .avi"文件插入到覆叠轨 1 中,右击浏览区域中的视频,选择设置视频播放大小为"调整到屏幕大小",如图 5.62 所示。

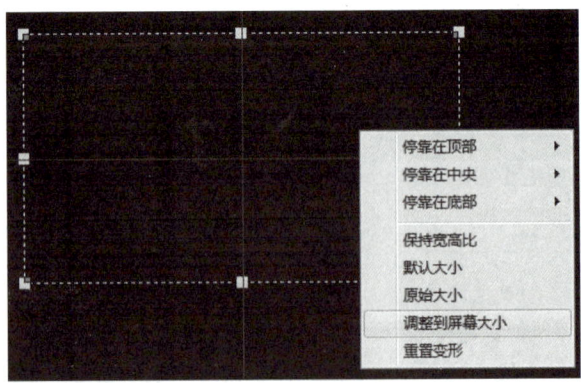

图 5.62　覆叠轨 1 图像调整到屏幕大小

步骤 15　将"增强现实.avi"文件插入到覆叠轨 2 中,右击浏览区域中的视频,选择设置视频播放大小为"调整到屏幕大小",如图 5.62 所示。

步骤 16　单击播放工具区的"项目"命令,使素材一起播放,向后调整播放滑块的位置,出现具体画面,注意观察 Logo 的位置,如图 5.63 所示。

图 5.63　项目播放

步骤 17　选择覆叠轨 2,将"画廊"切换到"视频滤镜",选择"属性"选项卡,在视频上添加修剪滤镜,如图 5.64 所示。

步骤 18　单击"自定义滤镜"命令,在"修剪"对话框中,拖动播放滑块,出现具体画面,单击"+"按钮,增加关键帧,即关键帧 2。设置关键帧 2 的参数,根据 Logo 的长宽,设定修剪区域的宽度和高度的比例分别为 30% 和 20%,将修剪区域的选择虚线框移动到右上接近 Logo 的区域,取消选中"填充色"复选框,如图 5.65 所示。

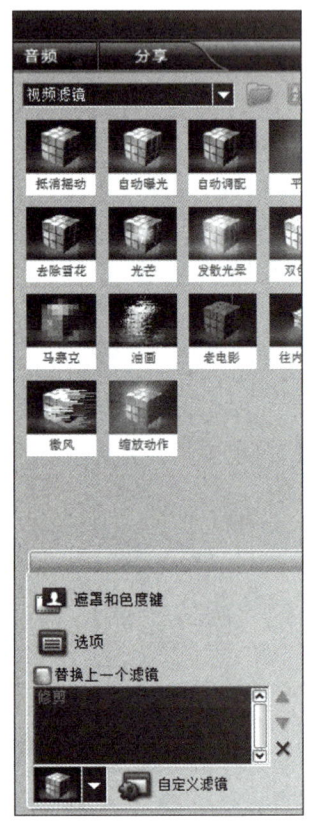

图 5.64　覆叠轨 2 图像添加修剪滤镜

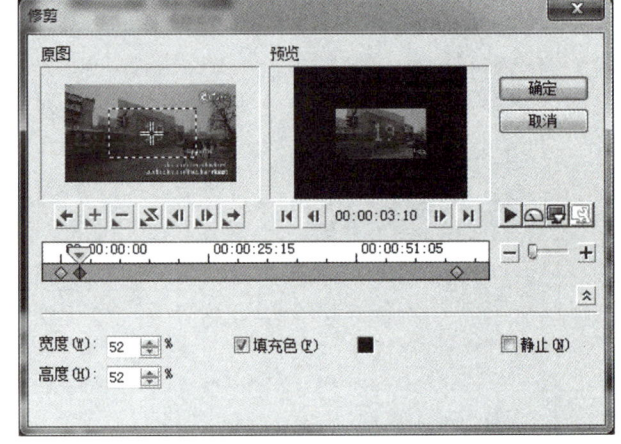

图 5.65　增加关键帧 2 并设置的修剪滤镜参数设置

步骤 19　在"修剪"对话框中,拖动播放滑块,在具体画面播放完毕之前,单击"+"按钮,增加关键帧,即关键帧 3。将关键帧 2 的参数设置复制粘贴到右面的关键帧 3,如图 5.66 所示,单击"确定"按钮,返回编辑界面。

步骤 20　选择覆叠轨 2,右击浏览区域的视频,选择"默认大小"选项,拖动浏览区域的柄,将播放区域调整约为 Logo 的大小,移动该播放区域框至 Logo 处,遮盖 Logo,继续调整其大小、宽高和位置,使其遮盖效果较为满意,如图 5.67 所示。

步骤 21　播放项目,查看效果,根据需要进行适当的剪辑。选择"分享"选项卡,选择"创建视频文件"命令,如图 5.68 所示。选择下拉列表中的"自定义",弹出"创建视频文件"对话框,在对话框中,选择保存位置,文件名文本框输入"增强现实",文件类型选择"MPEG 文件",单击"保存"按钮,如图 5.69 所示。

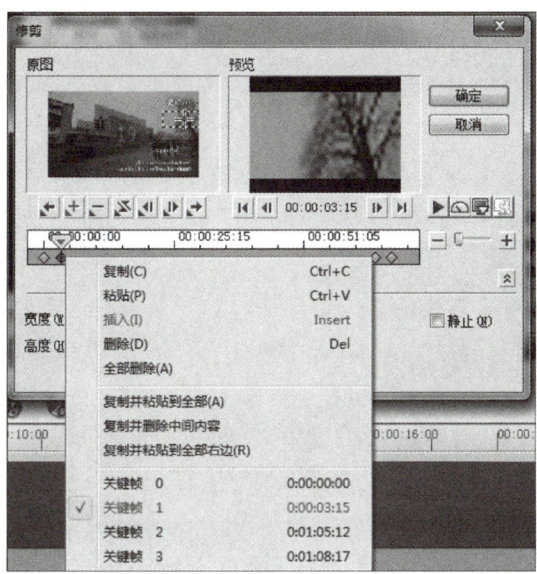

图 5.66　关键帧 2 的参数设置复制粘贴到关键帧 3

图 5.67　遮盖 Logo

图 5.68　创建视频文件

图 5.69　保存文件

任务 8　利用动画素材制作视频

1. 任务目标

① 掌握会声会影覆叠轨的使用方法。
② 掌握会声会影修剪滤镜的使用。
③ 掌握会声会影关键帧的使用。
④ 掌握会声会影色度键抠像的方法。
⑤ 掌握会声会影素材复制粘贴的方法。
⑥ 掌握会声会影时间码的使用方法。
⑦ 掌握会声会影视频文件的生成方法。

2. 任务要求

利用人物行走的动画素材,与蓝天白云的背景视频合成,生成视频文件,命名为"晨练.mpg"。

3. 任务步骤

步骤1　将背景视频文件插入到视频轨,将行走的动画视频文件插入到覆叠轨1,时间轴上可以延迟于背景的播放。选中覆叠轨1的动画视频素材,适当扩大覆叠轨1的动画视频的播放大小,将播放位置区域框移动到右下方,如图5.70所示。

图 5.70　插入背景视频文件和动画素材

【小提示】

视频轨不能调整播放大小,只有视频的覆叠轨道,才可以调整播放的位置和大小。

步骤 2 在"画廊"下拉列表中选择"视频滤镜",在覆叠轨 1 的动画素材上添加修剪滤镜,单击"属性"选项卡中的"自定义滤镜"命令,如图 5.71 所示。

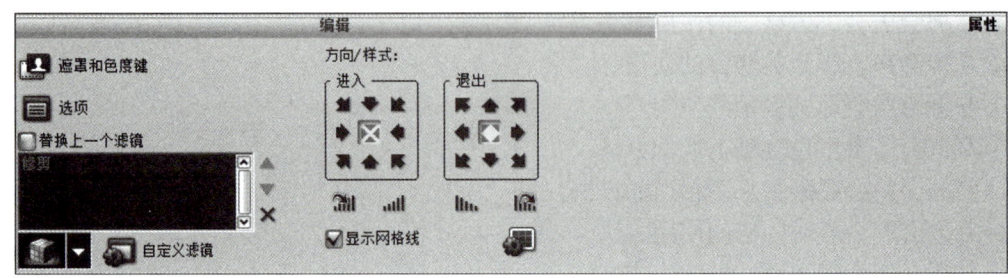

图 5.71 添加"修剪"滤镜

步骤 3 在"修剪"对话框中,根据动画中人物的大小,将第一帧的动画素材进行修剪,宽度设置为 40%,高度设置为 50%,并取消选中"填充色"复选框,在预览窗口中查看效果,如图 5.72 所示。

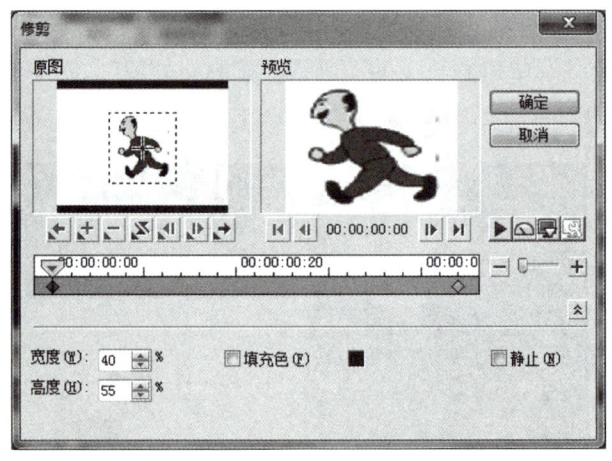

图 5.72 自定义"修剪"滤镜

步骤 4 在"修剪"对话框中,选中第一关键帧,右击鼠标,在快捷菜单中选择"复制并粘贴到全部右边"命令,即复制并粘贴第一关键帧的参数到最后一帧,查看最后一帧的预览效果,如图 5.73 所示,单击"确定"按钮。

步骤 5 选中覆叠轨 1 的动画视频素材,单击"属性"选项卡中的"遮罩和色度键"命令,如图 5.71 所示。勾选"应用覆叠选项"复选框,在"类型"下拉列表中选择"色度键",使用"吸管"工具在动画素材的白色区域单击,使得"相似度"的颜色为白色,如图 5.74 所示。观察播放窗口,可以看到白色背景被消除,即完成了抠像的处理。

图 5.73　复制并粘贴"修剪"滤镜的参数

图 5.74　使用"色度键"抠像

步骤 6　选中覆叠轨 1 的动画视频素材,右击鼠标,在快捷菜单中选择"复制"命令,复制该素材,如图 5.75 所示。

步骤 7　在"画廊"下拉列表中选择"视频",在素材区的空白处,右击鼠标,在快捷菜单中选择"粘贴"命令,复制动画素材到素材区中,如图 5.76 所示。

步骤 8　将素材区中的动画素材拖曳到覆叠轨 1 中,根据需要,多次使用该素材,例如 10 次,以便和背景视频的长度相适应。

🔔【小提示】

也可以适当减短背景视频的素材长度。方法是选中视频轨中背景视频素材,在时间码 的分钟部分输入"01",即背景视频播放长度为 1 分钟,如图 5.77 所示。然后利用 ✂ 工具将视频剪断。在视频轨中,选中后部分的视频,右击鼠标,选择"删除"命令,如图 5.78 所示。

图 5.75 复制动画素材

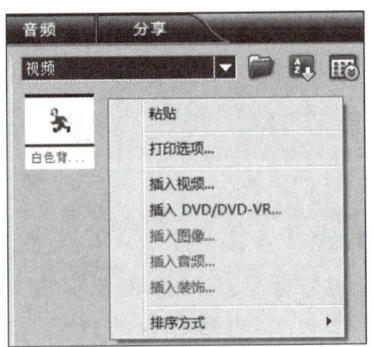

图 5.76 粘贴动画素材

图 5.77 时间码和剪切工具

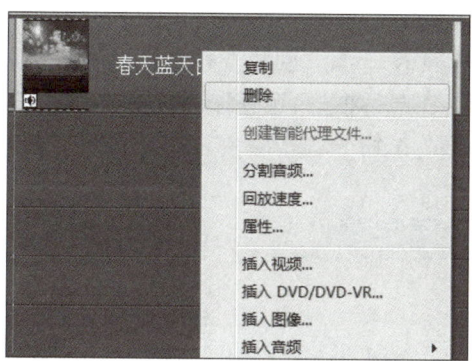

图 5.78 删除部分视频

步骤 9 选中覆叠轨中的第 5~7 次的动画素材,向左平移其播放位置到屏幕中央,如图 5.79 所示。选中覆叠轨中的第 8~10 次的动画素材,向左平移其播放位置到屏幕左侧位置。

图 5.79 平移第 5 次素材到屏幕播放位置

【小提示】

可以根据设计想法,调整各个素材的具体播放位置,使其从一个初始位置走到另一个终点位置。

步骤10 在"播放"按钮区中,选择到"项目"。播放项目,查看效果,根据需要进行适当的剪辑。保存项目文件,命名为"晨练.vsp"。

步骤11 选择"分享"选项卡,选择"创建视频文件"命令。选择下拉列表中的"自定义",弹出"创建视频文件"对话框,在对话框中,选择保存位置,文件名文本框输入"晨练",文件类型选择"MPEG 文件",单击"保存"按钮。

任务9　制作片头和片尾字幕

1. 任务目标

① 掌握会声会影标题轨的使用方法。
② 掌握会声会影字幕动画的使用。
③ 掌握会声会影给短片制作片头和片尾字幕的方法。

2. 任务要求

给项目文件制作片头字幕和片尾字幕,要求有动画效果。

3. 任务步骤

步骤1 打开"童趣.vsp"项目文件,选中标题轨 T,双击屏幕,出现标题框,如图 5.80 所示。

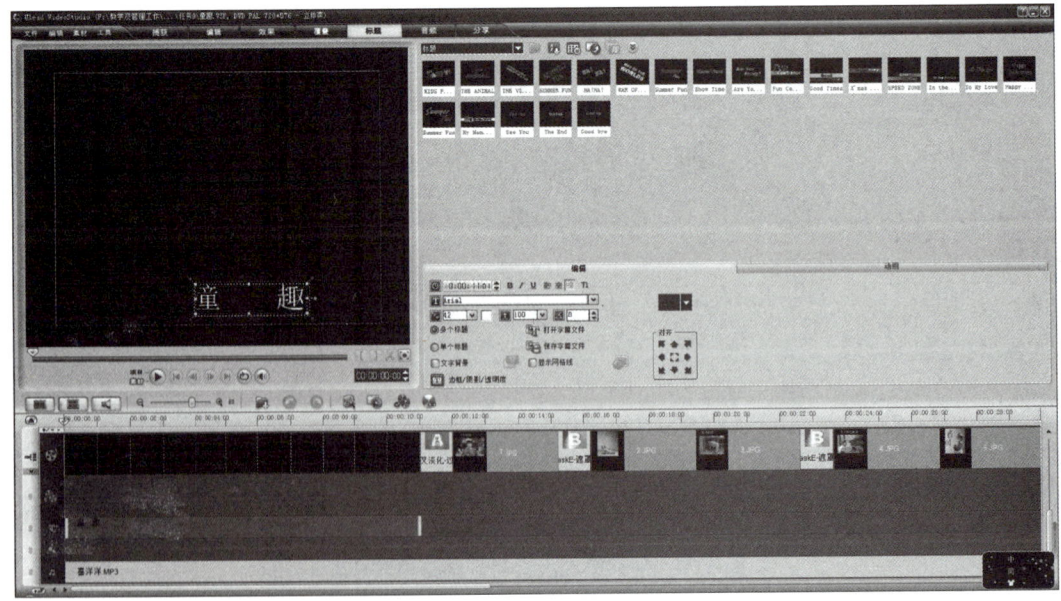

图 5.80　标题轨中的标题

步骤2 选中标题框,选择"编辑"选项卡,打开标题样式预设的下拉列表,如图5.81所示,选择一种适当的标题样式。

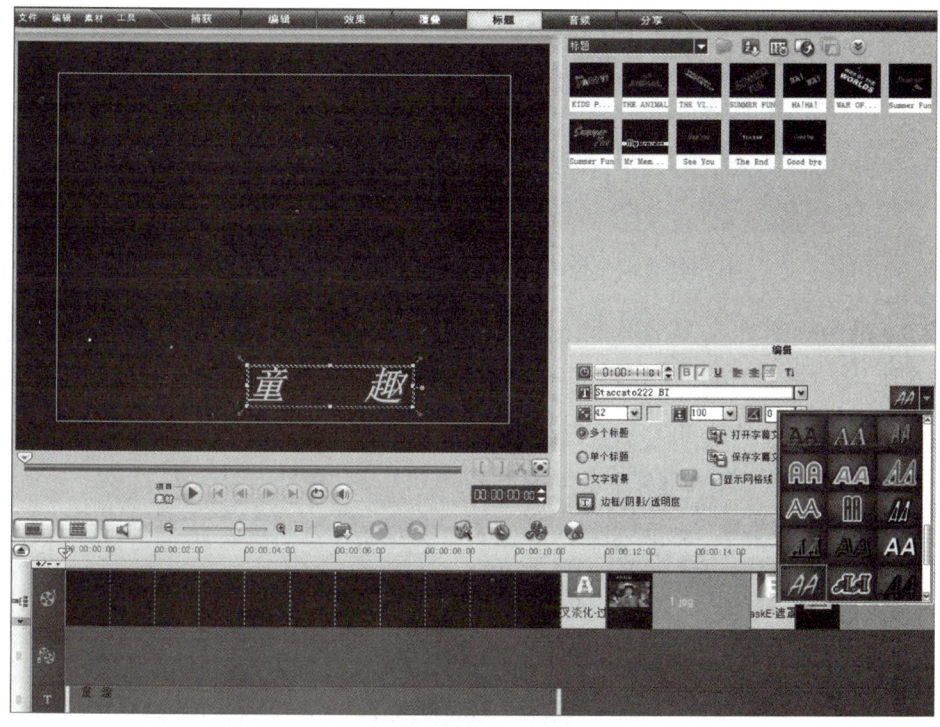

图5.81 设置片头标题的样式

步骤3 选择"动画"选项卡,勾选"应用动画"复选框,在"类型"下拉列表中选择"摇摆",在各种效果中选择适当的一种,如图5.82所示。

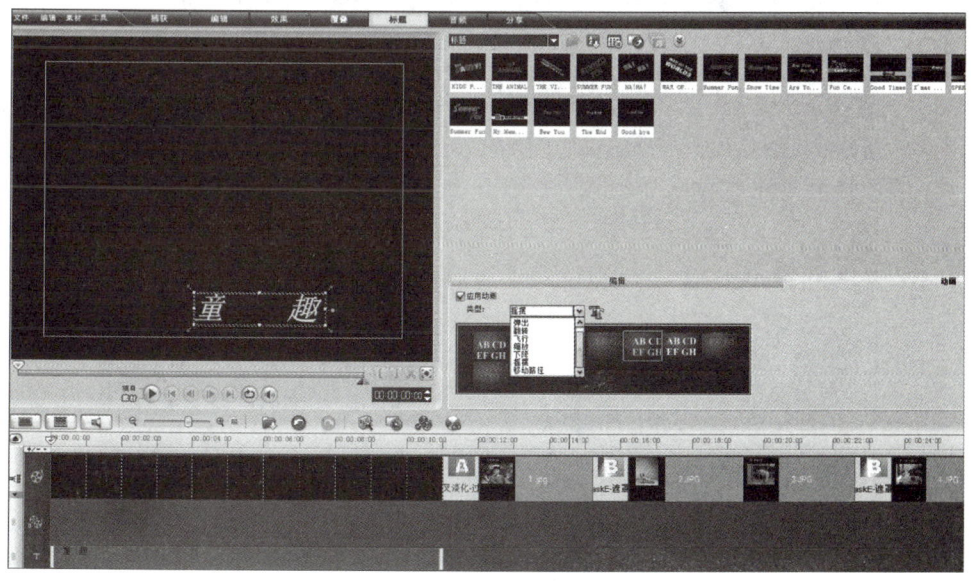

图5.82 设置片头标题动画

步骤 4 拖动素材编辑区下方的滚动条，移到片尾位置。选中标题轨 T，将标题内容拖动到与图片不重叠的地方，如图 5.83 所示。

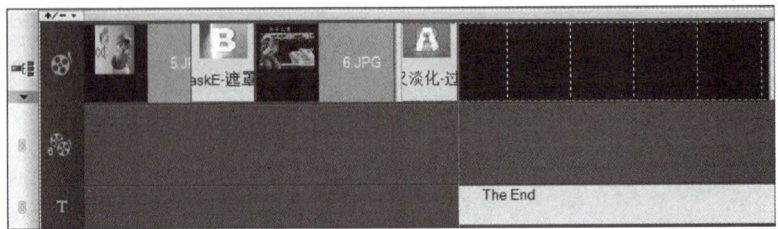

图 5.83 移动标题内容到适当的时间位置

步骤 5 选中标题轨 T，双击屏幕，出现标题框。打开"童年.txt"文件，将其中的诗词复制粘贴到标题框中，替换原来的"The End"。移动标题框到屏幕下方的位置，如图 5.84 所示。

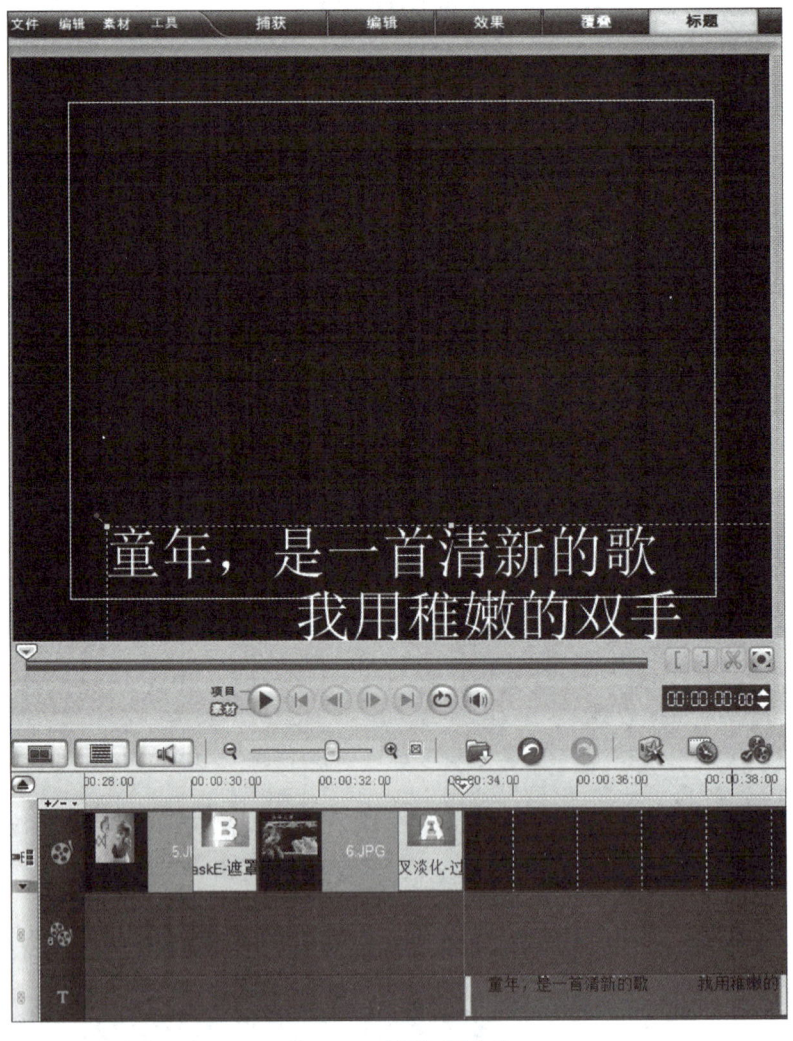

图 5.84 片尾标题内容

步骤6 选中标题框,选择"编辑"选项卡,设置字号为30,颜色为浅绿色,对齐方式为左对齐,如图5.85所示。

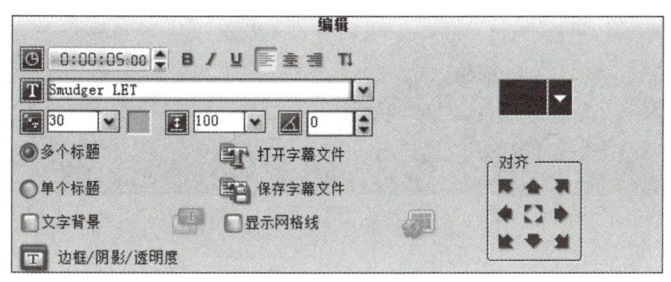

图5.85 片尾标题格式化

步骤7 选中标题框,选择"动画"选项卡,勾选"应用动画"复选框,在"类型"下拉列表中选择"飞行",在各种效果中选择第一种,效果是从底部飞入,如图5.86所示。

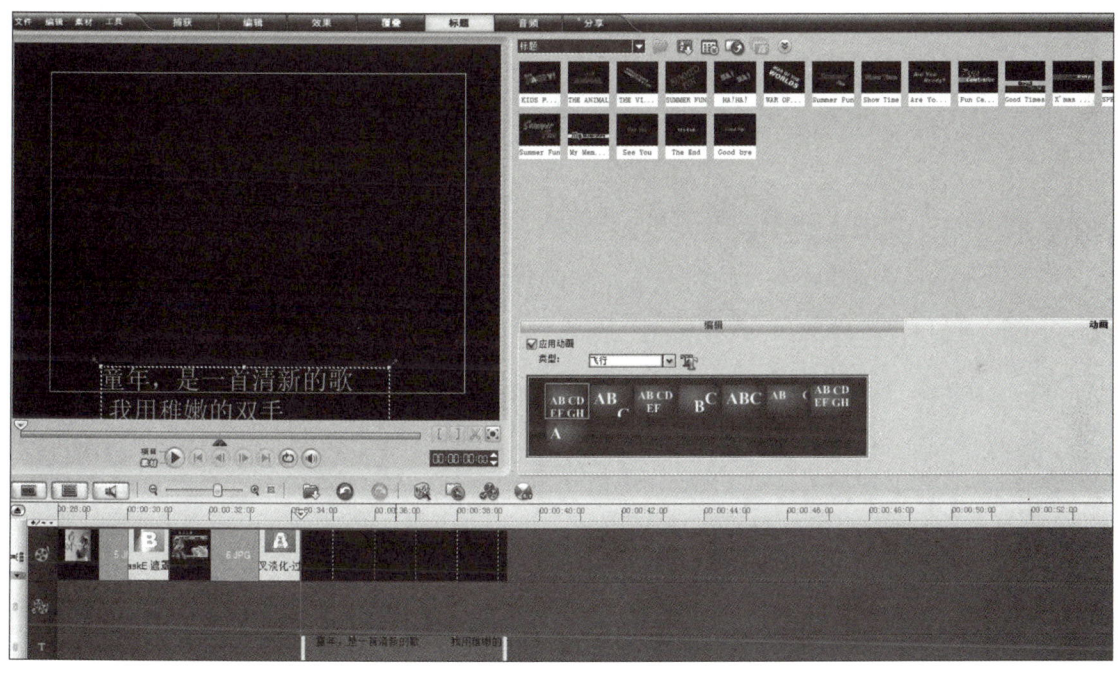

图5.86 设置片尾标题动画

步骤8 在"播放"按钮区中,选择到"项目"。播放项目,查看效果,根据需要进行适当的剪辑。

【小提示】

为了延长诗词的播放时间,放缓播放的速度,可以将标题文字后面的黄色块向后拖动,或者在时间码中设置播放的时间,例如6秒,将播放滑块在时间轴上定位,将标题文字后面的黄色块向后拖动到滑块所在位置,如图5.87所示。

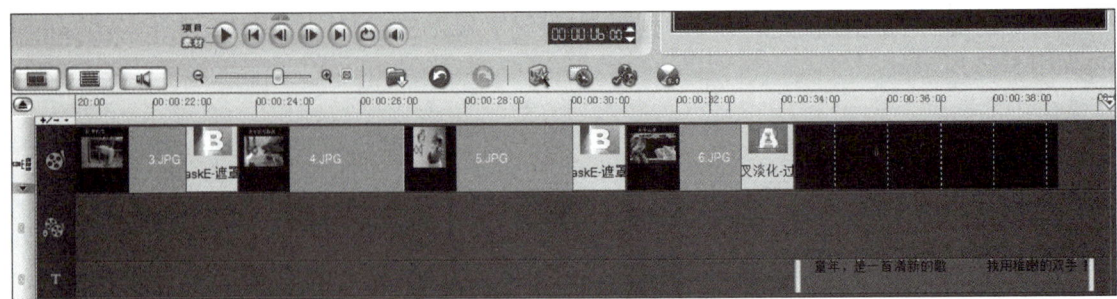

图 5.87　设置片尾标题播放时间

步骤 9　保存项目文件。

模块 6 数字动画的设计

任务 1 使用 Flash 绘制苹果

1. 任务目标

① 练习 Flash 的形状绘图工具和形状线条的简单调整。
② 熟练掌握 Flash 放射状填充颜色的方法。
③ 掌握铅笔工具的使用和线条的选择。

2. 任务要求

制作 Flash 动画的基础是绘图,在能够熟练绘制图形和图像的基础上,进一步才能制作动态效果,本任务要求完成如图 6.1 所示的苹果绘制。

3. 任务步骤

步骤 1 使用椭圆工具(椭圆工具的选取方法如图 6.2 所示,先按住矩形工具,然后在弹出的菜单中选取椭圆工具),设置笔触颜色为黑色 ✏️■,填充颜色为透明 🎨▨,画一个椭圆形,如图 6.3 所示。使用选择工具调整椭圆的形状,如图 6.4 所示。

图 6.1 苹果完成图

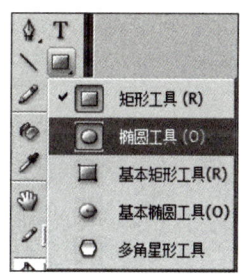

图 6.2 椭圆选取方法

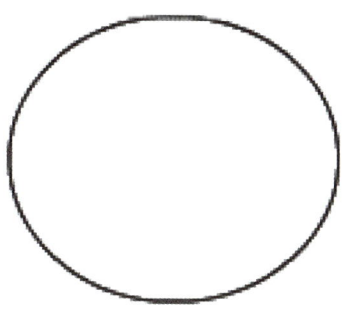

图 6.3 画一个椭圆

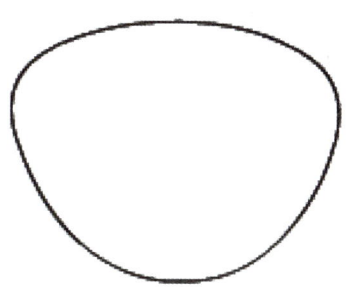

图 6.4 调整椭圆形状

【小知识】

任何复杂的图形都是由简单的图形合成的。运用 Flash 工具栏中的绘图工具可以创建、修改动画中的各种矢量图形。一个矢量图形包含路径、笔触和填充 3 个要素。路径负责描述一个矢量图形的形状和位置,与颜色无关;笔触确定图形轮廓的颜色和样式;填充确定图形被路径包围的部分的颜色和样式。

步骤 2 使用部分选取工具选中最上面的顶点,按住鼠标向下拖曳,形成凹形,如图 6.5 所示。使用线条工具绘制顶端上面的直线,如图 6.6 所示。

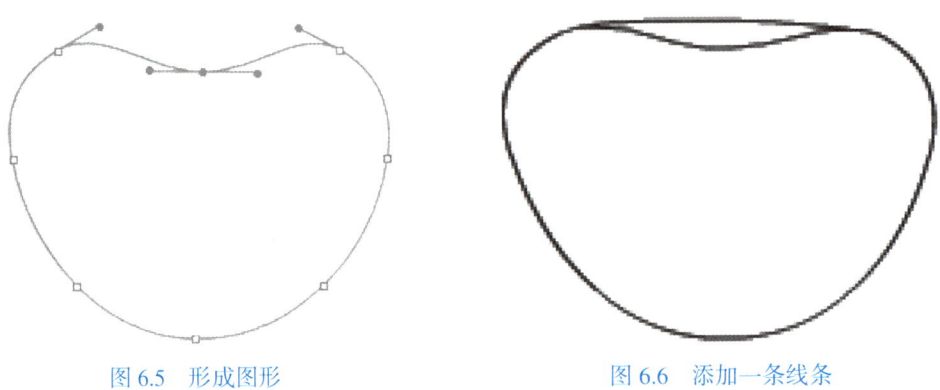

图 6.5 形成图形　　　　图 6.6 添加一条线条

步骤 3 使用颜料桶工具,分别在两个区域填充深红和浅红,如图 6.7 所示。填充好颜色后,选中黑色的轮廓线并删除;增加新图层,填充颜色设为黑色,在新图层中用刷子工具绘制苹果把儿。注意调整刷子的大小,如图 6.8 所示。

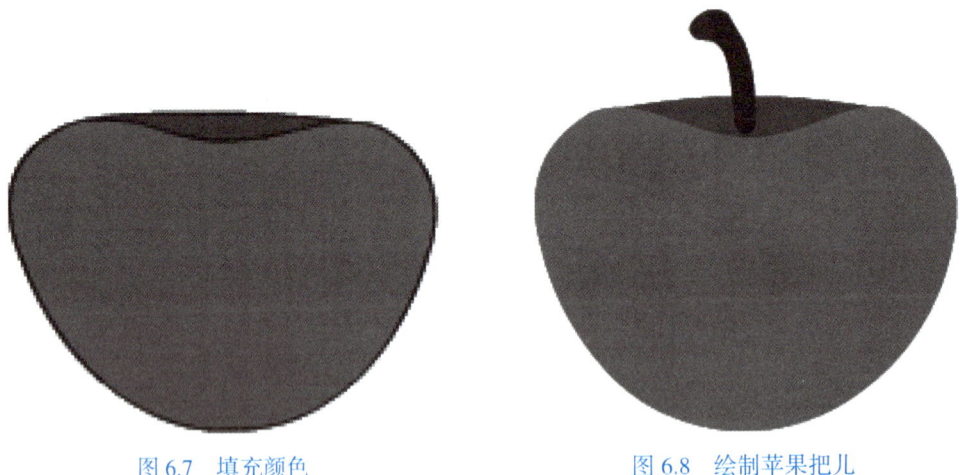

图 6.7 填充颜色　　　　图 6.8 绘制苹果把儿

步骤 4 调整颜色面板类型为放射性颜色填充,左右两端颜色均设为白色,左端 Alpha 值 100%,右端 Alpha 值 0,如图 6.9 所示。新建图层,在新图层中画一个椭圆,用来表示苹果上的光泽,如图 6.10 所示。

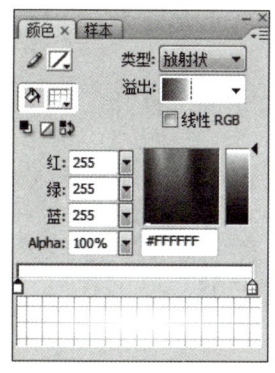

图6.9 调整颜色

图6.10 绘制苹果上的光泽

任务2　创建特殊效果的文本

1. 任务目标

① 掌握 Flash 的创建文本工具的使用。
② 熟练文本分离的方法。
③ 掌握为文本添加特殊效果的方法。

2. 任务要求

① 制作文本,并完成文本的分离。
② 制作文本,并完成为文本添加特殊效果。

3. 任务步骤

步骤1　选择"文本工具" T,将鼠标移动到舞台上,鼠标呈 状,单击鼠标,产生文字输入框,输入框的右上角为圆形图标表示当前为默认输入状态,即输入框随着文字输入自动延长,若需要换行,按 Enter 键。

【小技巧】

在舞台上,按住鼠标拖动,产生为固定宽度输入框,即输入框的宽度不会随着文字的输入改变,当文字达到输入框宽度时,自动换行。

【小知识】

在 Flash 中要为输入的文本设置特殊效果,必须分离文本,经过两次分离操作后,可以将文本转换为图形,然后对其进行设置和修改。

步骤2　选择文本工具,在属性面板中设置字体为"黑体"、40磅、蓝色,在舞台上输入文字"圣诞快乐"。

步骤 3　选中文本，选择"修改/分离"命令或按 Ctrl+B 键分离文本，此时每个文字外都有一个蓝色的方框，变为独立的对象，如图 6.11 所示。

步骤 4　分离文本后的文字可以单独编辑。选择"快"字的位置，拖动将其移动到指定位置，如图 6.12 所示。

图 6.11　第一次分离后文本 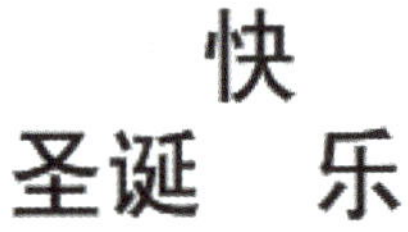　　　　　　图 6.12　移动分离后文字

步骤 5　第一次分离文本后，再次选择"修改/分离"命令，将选定的字符转换为形状。字符转换为形状后，文本变成由线条和填充色组成的矢量图形对象，如图 6.13 所示。此时不能再改变文本的内容、字体和大小，但可以使用选择工具改变文字的形状，如图 6.14 所示。

图 6.13　两次分离后文本 　　　　　　图 6.14　修改后文本

步骤 6　选择文本工具，在属性面板中设置文本类型为"静态文本"，"黑体"，80 磅，红色，在舞台上输入"动画制作"文本。

步骤 7　选中文本后，单击"滤镜"面板中的"添加滤镜"按钮 ，弹出"滤镜"菜单，如图 6.15 所示。

步骤 8　选择投影、模糊、发光、斜角、渐变发光、渐变斜角、调整颜色等滤镜效果，如图 6.16 所示。

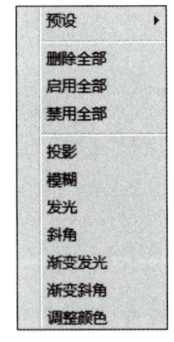

图 6.15　"滤镜"菜单 　　　　　　图 6.16　各种滤镜效果

任务 3　补间动画的制作

1. 任务目标

① 掌握 Flash 的运动补间动画的制作。

② 掌握 Flash 的形状补间动画的制作。
③ 掌握 Flash 的形状变形提示的使用。

2．任务要求

① 制作球滚动的动画。
② 制作形状变形及其颜色变化的动画。
③ 利用形状变形提示制作字母变形的动画。

3．任务步骤

【小知识】

帧都是创建动画的基础，也是构成动画最基本的元素。
（1）普通帧
普通帧用方块▫表示，是指在关键帧之间，由系统自动生成的帧，在关键帧之间起过渡作用。用户不能直接对普通帧上的对象进行编辑。
（2）关键帧
关键帧用黑色实心圆点▪表示，关键帧中有具体内容，在播放动画过程中，表现关键性动作或关键性内容的帧。
（3）空白关键帧
空白关键帧用空心圆。表示，空白关键帧中没有任何内容，主要用于结束前一个关键帧的内容或用于分隔两段动画。

步骤 1　在舞台上使用椭圆工具绘制一个圆，如图 6.17 所示。
步骤 2　选中舞台中的圆，按 Ctrl+B 键组合圆。
步骤 3　右击时间轴第 25 帧，插入关键帧，时间轴如图 6.18 所示。
步骤 4　在第 25 帧，选择圆，将其移动到舞台最右侧，如图 6.19 所示。
步骤 5　选择第 1 帧和第 24 帧中任意一帧，右击鼠标，在弹出的快捷菜单中选择"创建补间动画"命令。也可以在补间动画属性面板中选择"补间动画"命令。按 Enter 键完成动画测试。

【小知识】

补间动画是在两个关键帧之间通过自动计算生成中间的各帧，从而使画面从前一个关键帧平滑过渡到下一个关键帧。
运动补间动画是在两个关键帧之间对象的位置移动，或旋转、倾斜、放大、缩小等变化。运动补间动画的对象是一个整体的不可分割的图形。

步骤 6　在属性面板中设置参数，如图 6.20 所示。单击在"缓动"选项右边的"编辑"按钮，打开"自定义缓入/缓出"对话框，如图 6.21 所示。

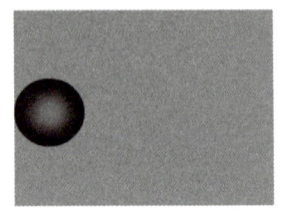
图 6.17　绘制第一帧

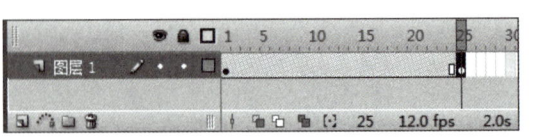
图 6.18　插入关键帧

图 6.19　确定关键帧

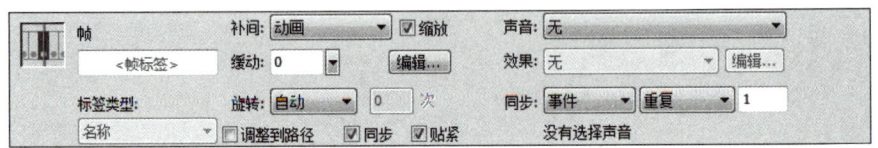
图 6.20　动画属性面板

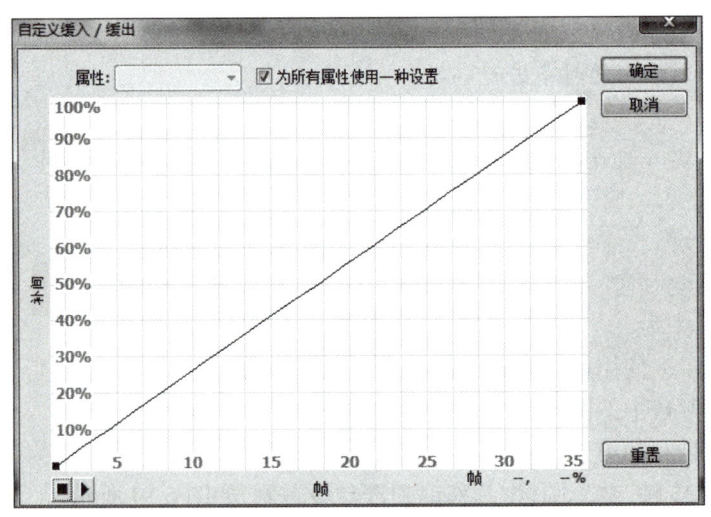
图 6.21　"自定义缓入/缓出"对话框

【小技巧】

缓动：控制动画运动的速度变化。在 –100~–1 间取值，动画运动速度从慢到快，加速补间；在 1~100 间取值，动画运动速度从快到慢，减慢补间；0 默认值，匀速运动。

步骤 7　在属性面板中设置其他参数，制作丰富的动画效果。

【小技巧】

缩放：选择该复选框，可以将对象的大小变化的动画效果产生出来。

旋转：设置对象在运动过程是否旋转及如何旋转。有 4 个选项："无"（默认设置）禁止旋转；"自动"在需要最小动作的方向上旋转一次；选择"顺时针"或"逆时针"，并在右侧输入框中输入数字，可以按顺时针或逆时针旋转相应的次数。

调整到路径：此项功能主要用于引导路径动画，选择该复选框，可以将补间对象的基线调整到运动路径。

同步：选择该复选框，使图形元件实例动画与主时间轴同步。

贴紧：选择该复选框，可以根据使用运动路径注册点将补间动画元素附加到运动路径上。

【小知识】

形状补间动画中的对象只能是矢量图形，元件、组合、位图和文字无法应用形状补间。若对元件、组合、位图和文字进行形状补间，可连续两次按 Ctrl+B 键，将其分离，再应用形状补间。

创建形状补间的原理：在一个关键帧创建对象，在另一个关键帧修改或创建新对象，然后通过自动计算两个关键帧之间的中间帧，连续播放产生了补间动画效果。

步骤 8 选择开始帧（第 1 帧），在舞台中绘制一个矩形图形，作为形状补间动画第 1 个关键帧，如图 6.22 所示。

步骤 9 在同一图层中，在开始帧之后的任意位置插入空白关键帧（第 20 帧），作为形状补间的结束帧，在该帧创建五角星图形，如图 6.23 所示。

步骤 10 选择开始帧并右击鼠标，在弹出的快捷菜单中选择"创建补间形状"命令，或在属性面板中设置"补间形状"，如图 6.24 所示。

步骤 11 设置完成，按 Enter 键测试动画，可以看到一个矩形逐渐变化为五角星形。

步骤 12 形状补间动画不仅可以制作形状变形动画，还可以制作补间形状的位置、大小、颜色的变化。选择第 30 帧，插入关键帧，将五角星形的填充颜色更改为红色。

步骤 13 创建第 20 帧到第 30 帧的形状补间动画，按 Enter 测试动画，可以看到五角星形从浅黄色逐渐过渡为红色。

      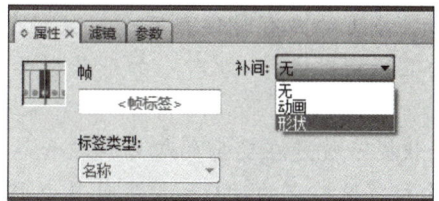

图 6.22　确定第一帧　　图 6.23　确定关键帧　　图 6.24　设置补间形状

步骤 14 在"属性"面板进行参数设置，以增加动画的效果，如图 6.25 所示。

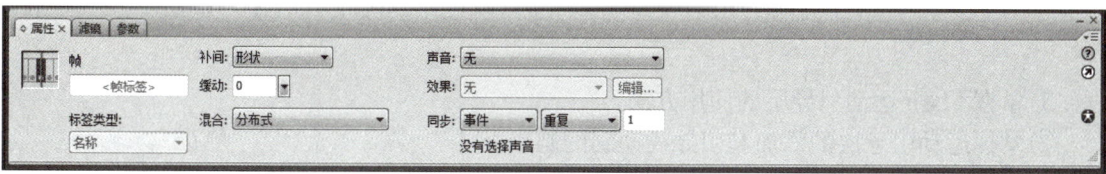

图 6.25　属性面板

【小技巧】

缓动：控制变形的速度变化。

混合：包含分布式和角形。分布式可以使创建动画的中间形状过渡得更加平滑和不规则；角形，创建动画的中间形状保留原来图形的角和直线特征，若图形没有尖角，则这两种方式的动画效果没有区别。

步骤 15 在舞台上，选择第 1 帧，输入文本"T"，80 号字，黑体，蓝色。
步骤 16 选择文本，按 Ctrl+B 组合键，分离文本。
步骤 17 选择第 30 帧，插入关键帧，删除字母 T，添加字母字 Y，分离文本。
步骤 18 右击第 1 帧，在弹出的快捷菜单中，选择"创建补间形状动画"命令。
步骤 19 选择第 1 帧，单击"修改→形状→添加形状提示"命令，该帧的形状上增加一个带字母的红色圆圈，相应地在结束帧形状上也会出现一个红色提示圆圈，如图 6.26 所示。
步骤 20 单击提示圆圈，移动形状提示到要标记的相对应的位置，移动后起始帧上的提示圆圈变为黄色，结束帧上的提示圆圈变为绿色，如图 6.27 所示。
步骤 21 添加多个形状提示，移动到适当的位置，如图 6.28 所示。
步骤 22 按 Enter 键，测试动画变形效果，此时字母转换过程按照添加的变形提示点进行变化。

      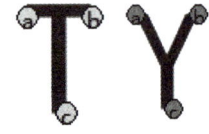

图 6.26　添加形状提示后状态　　图 6.27　调整形状提示后状态　　图 6.28　添加多个形状提示

【小技巧】

形状补间动画有时候并不一定按预想的过程进行变化，尤其前后图形差异较大时，变形过程会显得杂乱无章，此时添加形状提示功能会强制变形过程，达到精确控制复杂多变的形状变化。

形状提示就是在变形的起始形状和结束形状上，分别标识一些相对应的变形关键点，这样 Flash 会根据这些点的对应关系来计算变形的过渡值，从而有效地控制变形过程。

任务 4　运动引导层动画的设计

1. 任务目标

① 掌握 Flash 运动引导层的使用方法。
② 掌握运动引导层的添加和引导线动画的制作。

2. 任务要求

利用运动引导层制作一个小球弹跳的动画。

3. 任务步骤

【小知识】

在 Flash 中有两种引导层：普通引导层和运动引导层。在时间轴面板中，普通引导层用✎标志，运动引导层用标志。在引导层中，可以绘制各种图形，引入元件等，但在发布的 Flash 的作品中，引导层的内容不会显示出来。

普通引导层主要为其他图层提供辅助绘图和定位的帮助。普通引导层不能直接创建，只能在普通层的基础上转换而成。运动引导层可以设置运动的路径，然后使用补间动画功能使与其关联的被引导层中对象沿着路径运动。

【小技巧】

补间动画的运动轨迹都是直线的，比较简单，利用设置关键帧可以完成。当运动轨迹是弧线或不规则时，可以依靠运动引导层来实现复杂的路径效果。

步骤 1 单击时间轴面板左下角的"添加运动引导层"按钮，创建运动引导层，图层 1 转换为被引导层，如图 6.29 所示。

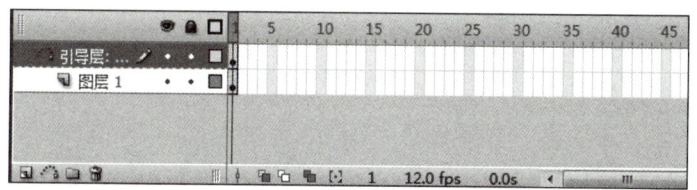

图 6.29 创建运动引导层

步骤 2 选择运动引导层，使用工具栏中的铅笔工具，在舞台中绘制一条波浪线，注意整个线条连续不要断开，如图 6.30 所示。

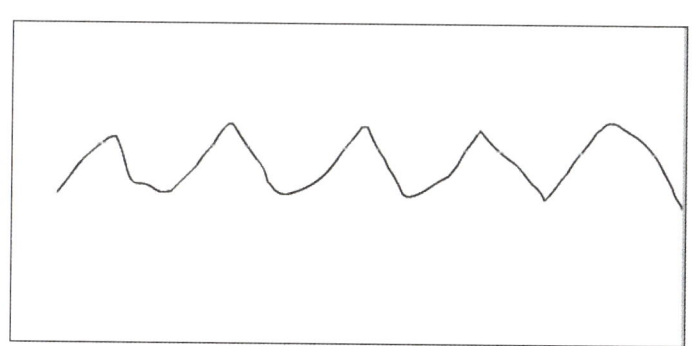

图 6.30 绘制波浪线

步骤 3 单击时间轴面板中的第 40 帧，按 F5 键插入帧。

步骤 4 单击时间轴面板中图层 1 的第 1 帧，选择工具栏中的椭圆工具，单击"绘制对象"按钮◯，在舞台右侧绘制一个小球。此处必须是完整的对象，如图像、组合等，不能是分离的矢量图,如图 6.31 所示。

步骤 5 使用工具栏中的选择工具,单击"紧贴至对象"按钮 ,移动小球的中心与运动引导层的曲线左端点对齐,如图 6.32 所示。

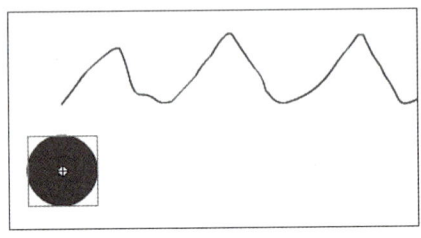
图 6.31 确定第一帧

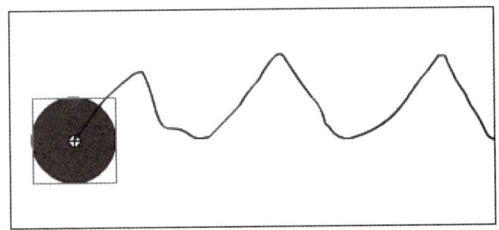
图 6.32 移动对象

步骤 6 单击时间轴面板中图层 1 的第 40 帧,按 F6 键插入关键帧,移动小球中心与运动引导层的曲线右端点对齐。

步骤 7 单击图层 1 的第 1 帧,创建补间动画。

步骤 8 按 Enter 键,测试动画,可以看到小球沿着曲线运动。

任务 5 利用遮罩制作动画

1. 任务目标

① 掌握 Flash 遮罩层的使用方法。
② 掌握利用遮罩层制作动画的方法。

2. 任务要求

制作球状光晕掠过文本字幕的效果。

3. 任务步骤

【小知识】

遮罩是 Flash 中的一个很重要的动画工具,通过它可以获得很多特殊的动画效果。

在图层面板中遮罩层位于被遮罩层上方,遮罩效果显示的是遮罩层  与被遮罩层 相交的部分,不相交的部分不显示。在遮罩中的任何填充区域都是完全透明的;而任何非填充区域都是不透明的。显示出来的颜色是被遮罩层的颜色,与遮罩层的颜色无关。显示的形式由在遮罩层上放置的实例决定。

【小技巧】

获得遮罩效果一般要有两个图层,遮罩层和被遮罩层。只有遮罩层和被遮罩层在锁定状态下,才能显示遮罩效果,解除锁定后的图层看不到遮罩效果。

步骤1 选择舞台背景色为黄色,单击时间轴面板图层1第1帧,输入文本"Flash 动画制作",黑体,55 磅,蓝色,如图 6.33 所示。

步骤2 选择第 30 帧,插入关键帧。

步骤3 单击"插入图层"按钮,新建图层 2,在该图层上绘制一个小球对象,如图 6.34 所示。

图 6.33 确定第一帧

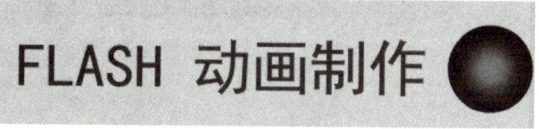

图 6.34 绘制小球对象

步骤4 在图层 2 的第 30 帧,插入关键帧。选择第 30 帧,将小球移动到文字右侧,如图 6.35 所示,创建补间动画。

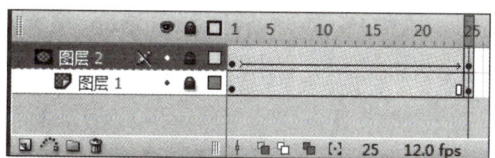

图 6.35 创建补间动画

步骤5 选择图层 2,右击鼠标,在弹出的快捷菜单中选择"遮罩层"命令。此时图层 2 转换为遮罩层,图层 1 转换为被遮罩层,图层 1 和图层 2 被锁定,如图 6.36 所示。

图 6.36 锁定图层

步骤6 按 Enter 键,测试遮罩动画效果。

任务 6　制作树落苹果的动画

1. 任务目标

① 学习 Flash 的简单场景制作。

② 熟练掌握 Flash 逐帧动画和移动动画的制作方法。
③ 掌握引导层的添加和引导线动画的制作。

2．任务要求

利用影片剪辑和场景等动画基本元素，制作苹果从树上掉落的动画。

3．任务步骤

步骤 1　场景的制作。

新建一个 Flash 文件，设置背景颜色为天蓝色，使用矩形工具在下面绘制一个长方形，调整上边缘使其具有一定向上的弧度，如图 6.37 所示。

图 6.37　在背景上绘制矩形并调整边的形状

【小提示】

背景颜色及画布大小，在 Flash 窗口下方的属性栏中调整。

步骤 2　苹果树的制作。

新建一个 Flash 元件命名为苹果树，在元件中分别用两个图层来绘制苹果树的树冠和枝丫。用铅笔工具的平滑线条描绘出树冠的轮廓，然后用绿色填充，填充后删除轮廓线，如图 6.38 所示。注意整个轮廓应该是一个闭合的空间。用矩形工具画出树的主干，接着用刷子工具画出树的枝丫，如图 6.39 所示。

图 6.38　绘制树冠　　　　　　　　　图 6.39　绘制枝丫

【小提示】

刷子工具可以选择不同的刷子形状,使得画出的树干更自然。不同颜色的闭合对象最好不要放在同一个图层中,否则会相互影响,覆盖的部分会被抹掉。

步骤 3 将任务 1 中绘制的苹果,作为元件导入到当前动画文件库。在苹果树元件中,新建一个图层。在新图层中插入若干个苹果元件,适当调整每个苹果的大小和角度,让树上挂满苹果,如图 6.40 所示。

步骤 4 回到主场景,新建一个图层放入做好的苹果树元件,并适当调整大小和位置,作为整个动画的静态背景,如图 6.41 所示。分别在背景和苹果树图层的第 40 帧插入帧。

图 6.40 添加苹果

图 6.41 调整苹果树的比例

【小提示】

背景的组成元素,大部分的静态对象可以放在同一图层中,这样便于管理。

步骤 5 新建一个图层命名为"掉落的苹果",单独挂一个苹果元件在树冠左上角的位置,调整这个苹果元件的中心到苹果把的位置。在这一层的第 3、5、7、9 帧分别插入关键帧,用任意变形工具稍稍旋转第 3、7 帧的苹果,使得前 10 帧的苹果看上去像是在左右晃动,如图 6.42 所示。

图 6.42 调整关键帧

【小技巧】

插入新的关键帧时,会在关键帧复制一个与前一帧完全相同的对象元件,所以在第一个关键帧调整好对象的中心,则后面关键帧中的对象中心与前面一致。苹果晃动可以看成是一种幅度很小的钟摆运动,运动的圆心应该在苹果的把上。

步骤 6 接着在掉落的苹果图层第 11 帧和第 20 帧插入关键帧,改变第 20 帧苹果的位置为苹果掉在地上的位置。回到第 11 帧,制作动作动画,如图 6.43 所示。

图 6.43　制作动画

【小知识】

Flash 中的动画分为两种,对象是元件的动画叫做"动作动画";而对象是封闭区间的动画叫做"形状动画"。

步骤 7 在最上面添加运动引导层,命名为"苹果运动引导线"。在该层的第 22 帧插入关键帧,第 40 帧插入帧,画出苹果落地之后的滚动路线的引导线,注意引导线的起始点在落地苹果的中心。保持 1 到 21 帧为空白帧,如图 6.44 所示。

图 6.44　绘制引导线

回到掉落的苹果图层,在第 22 帧插入关键帧调整苹果元件的中心到苹果的中心位置,然后在第 40 帧插入关键帧,调整第 40 帧的苹果位置到元件中心与引导线末端一致。回到第 22 帧,制作动作动画并设置逆时针旋转一次,如图 6.45 所示。完成后各图层状态,如图 6.46 所示。

图 6.45　制作苹果在地上的运动效果

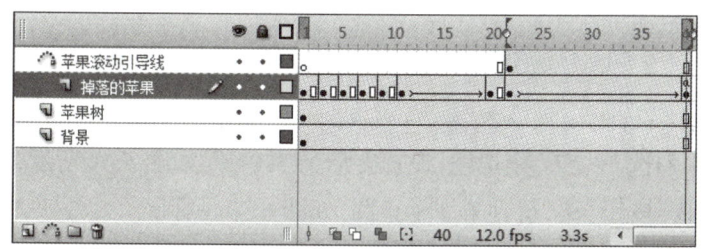

图 6.46　完成后的图层状态

步骤 8　保存文件名为"apple-drop.fla",使用 Ctrl+Enter 键生成动画文件并查看效果。

【小提示】

如果源文件是逐帧动画,时间轴上没有影片剪辑,按 Enter 键可以将动画逐帧播放,否则按 Ctrl+Enter 键才可以播放动画。

【小提示】

Fla 文件是 Flash 动画的源文件,保存动画的制作信息方便后续修改。生成的动画文件扩展名为 swf,只能用于动画的播放和演示。

任务 7　甲壳虫运动会

1. 任务目标

① 熟练掌握 Flash 逐帧动画和移动动画的制作方法。

② 掌握图形的添加。

2．任务要求

制作甲壳虫沿着轨道运动的动画。

3．任务步骤

步骤 1　新建文件，单击属性栏的"文档属性"按钮，设置舞台尺寸宽 550 像素 × 高 400 像素，如图 6.47 所示。

步骤 2　选择椭圆工具 椭圆工具(O)，在画布中间绘制一个正圆，无填充色，如图 6.48 所示。

图 6.47　属性设置

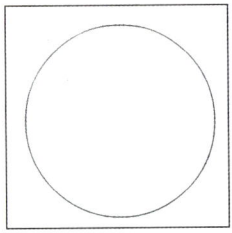

图 6.48　绘制一个椭圆

步骤 3　选择任意变形工具 任意变形工具(Q)，选定画布中间的正圆形，选择"窗口→变形"命令，在变形面板中勾选"约束"复选框，设置变形为"70%"，如图 6.49 所示，单击该面板右下角的"复制并应用变形"按钮 ，得到第 2 个正圆，如图 6.50 所示。

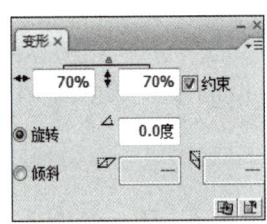

图 6.49　变形 70%

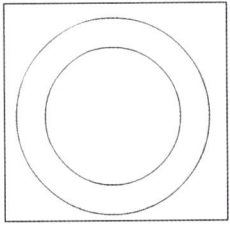

图 6.50　第 2 个正圆

步骤 4　使用相同的办法，设置变形为"40%"，如图 6.51 所示，单击"复制并应用变形"按钮，得到第 3 个正圆，如图 6.52 所示。

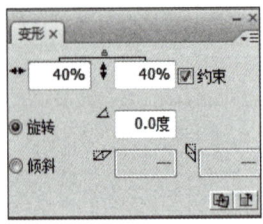

图 6.51　变形 40%

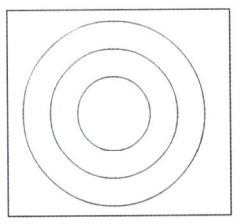

图 6.52　第 3 个正圆

步骤 5 选择直线工具(颜色要同圆形不一样,如红色),把 3 个同心圆从中间分成左右两半,图 6.53 所示。

步骤 6 选择工具中的选择工具 ,按 Shift 键选择左侧 3 个半圆向左移动,再选择右侧 3 个半圆向右移动,删除中间的红色直线,效果如图 6.54 所示。

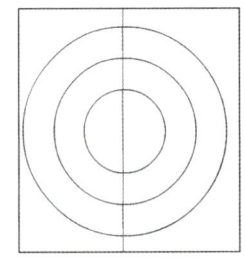

图 6.53 直线将 3 个圆中间分割

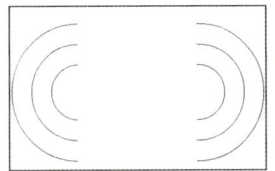

图 6.54 分开后的效果

步骤 7 选择直线工具添加直线,并设置笔触高度为 3,如图 6.55 所示。选择填充颜色为"红色",单击"颜料桶工具"按钮,填充颜色,效果如图 6.56 所示。

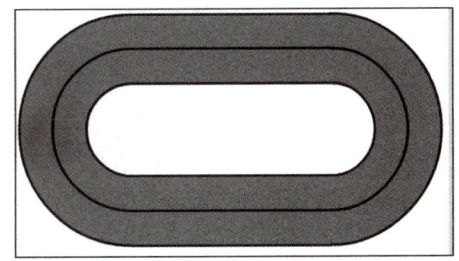

图 6.55 设置笔触高度

图 6.56 填充颜色后的效果

步骤 8 绘制直线,选择文本工具,颜色为"蓝色",字体高度为 35,输入文字"START",更改文字的属性,如图 6.57 所示,设置后效果如图 6.58 所示。

图 6.57 文本属性设置

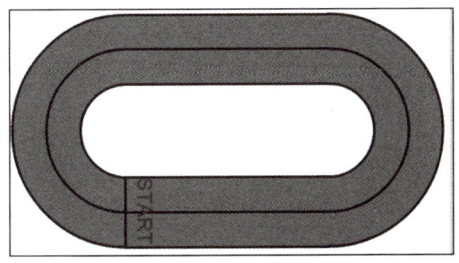

图 6.58 文本设置后的效果

步骤 9　双击图层 1，更名为"跑道"。新建一个图层 2，双击图层 2，更名为甲壳虫，如图 6.59 所示。选择该图层，选择"文件→导入→导入到舞台"命令，将文件夹下的甲虫 .jpg 文件导入到舞台中，利用任意变形工具，调整甲壳虫的大小和位置，如图 6.60 所示。

图 6.59　新建图层

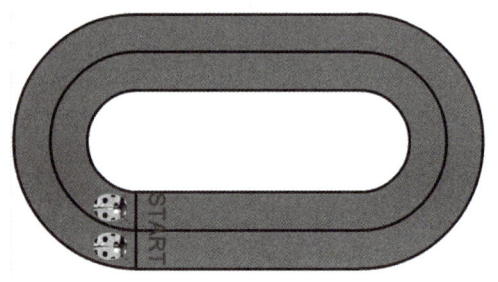

图 6.60　添加甲壳虫后效果

步骤 10　选择跑道图层，在第 60 帧选择"插入帧"。

步骤 11　选择甲壳虫图层，选择第 1 帧，插入关键帧，选择任意变形工具，将甲壳虫的中心点拖动到左侧半圆的圆心位置，如图 6.61 所示。

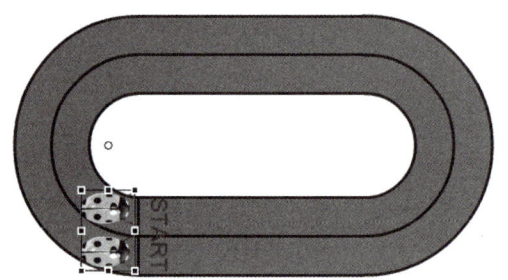

图 6.61　添加甲壳虫后效果

步骤 12　选择甲壳虫图层，在第 15、30、45、60 帧插入关键帧，如图 6.62 所示。

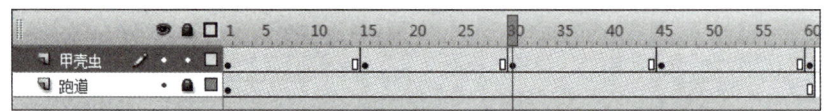

图 6.62　设置关键帧

步骤 13　选择第 15 帧，将甲壳虫水平移动到水平跑道的尽头，并设置补间动画，如图 6.63 所示。

步骤 14　选择甲壳虫图层的第 30 帧，使用任意变形工具进行旋转，定位到图 6.64 所示位置。

步骤 15　选择第 15 帧，在下面的属性面板中选择动画，设置逆时针旋转 0 次，如图 6.65 所示。

步骤 16　选择甲壳虫图层第 45 帧，并移动甲壳虫到水平跑道的尽头，设置补间动画，如图 6.66 所示。

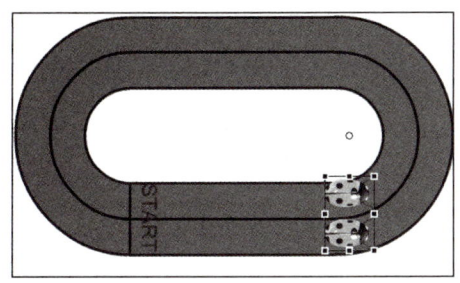 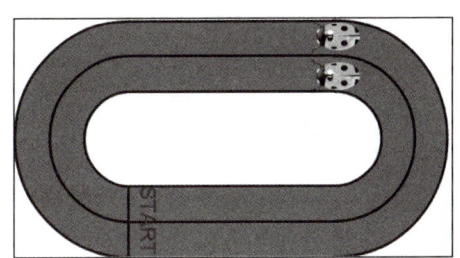

图 6.63　第 15 帧状态　　　　　　　　　　　图 6.64　第 30 帧状态

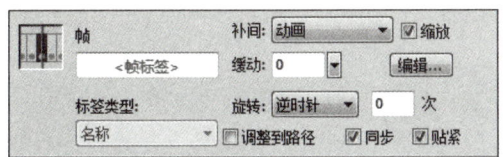 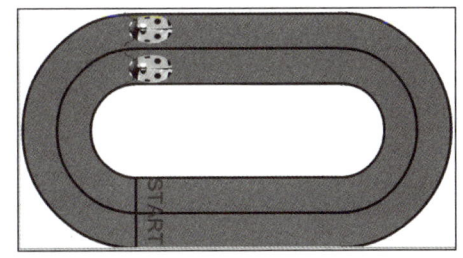

图 6.65　第 15 帧属性设置　　　　　　　　　图 6.66　第 45 帧状态

步骤 17　选择甲壳虫图层第 60 帧,使用任意变形工具进行旋转,返回到起点位置,并设置补间动画。

步骤 18　选择文字工具,输入文字"甲壳虫运动会",选择第 60 帧,插入帧。

步骤 19　选择文本图层,在属性面板中选择"滤镜",添加"投影"和"发光"滤镜效果,如图 6.67 所示。设置后效果如图 6.68 所示。

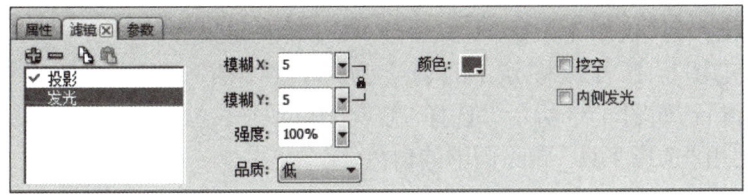

图 6.67　添加文本的滤镜效果

图 6.68　设置文本滤镜后的效果

步骤 20　运行动画,保存文件。

任务 8　　鱼儿水中游

1. 任务目标

① 熟练掌握 Flash 逐帧动画和移动动画的制作方法。
② 掌握引导层的添加和引导线动画的制作。
③ 掌握元件的使用。

2. 任务要求

制作小鱼在水里来回游动的动画,如图 6.69 所示。

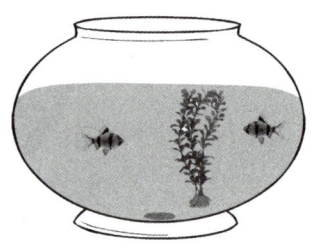

图 6.69　动画制作

3. 任务步骤

步骤 1　单击属性栏的"文档属性"按钮,设置舞台尺寸宽 800 像素 × 高 600 像素,如图 6.70 所示。选择"文件→导入→导入到舞台"命令(Ctrl+R),将图片"鱼缸 .jpg"导入到舞台。使用"任意变形工具",如图 6.71 所示,调整鱼缸的大小,让鱼缸比舞台小一圈,如图 6.72 所示。选择"修改→位图→转换位图为矢量图"命令,将图片转换为矢量图。

步骤 2　锁定图层 1,修改图层 1 的名字为"鱼缸",插入图层 2,使用 Ctrl+R 键将图片"鱼 .jpg"导入到舞台,如图 6.73 所示。选择"修改→位图→转换位图为矢量图"命令,将图片转换为矢量图,并使用"选择工具"删除周围的白色。

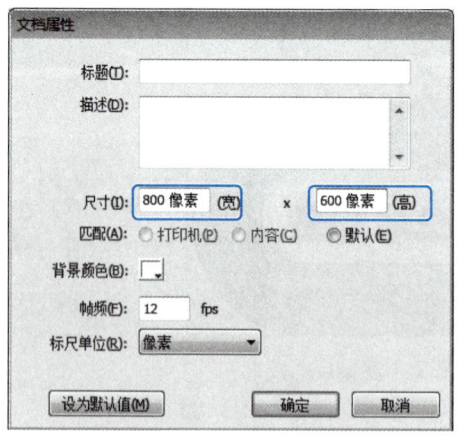

图 6.70　设置舞台尺寸

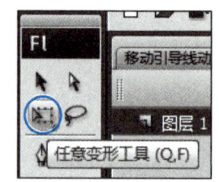

图 6.71　任意变形工具

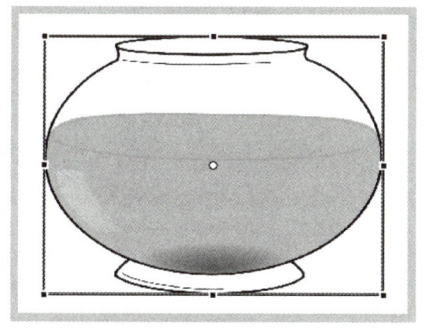

图 6.72　设置舞台和图片的大小

图 6.73　各个图层

步骤 3　使用 Ctrl+A 键全选,选择"修改→变形→缩放和旋转"命令,将鱼缩小为 10%,如图 6.74 所示。效果如图 6.75 所示。

图 6.74　缩小图像

图 6.75　效果图 1

步骤 4　选择"修改→转换为元件"命令,将鱼转换为图形元件,命名为"鱼",如图 6.76 所示。同时在库中会看到一个"鱼"元件,如图 6.77 所示。

步骤 5　使用"选择工具"调整元件的位置,修改图层 2 的名字为"鱼 1",如图 6.78 所示。

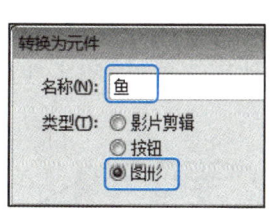

图 6.76　转换为元件

图 6.77　库

图 6.78　元件图层

步骤 6　锁定"鱼 1"图层。插入新图层 3,图层重命名为"水草",使用 Ctrl+R 键将图片"水草.jpg"导入到舞台。使用与处理鱼图片相同的方式进行处理,并调整大小和位置,如图 6.79 所示。效果如图 6.80 所示。

步骤 7　锁定"水草"图层。插入新图层,图层重命名为"鱼 2",如图 6.81 所示。从库中把图形元件"鱼"拖入到舞台。选择"修改→变形→水平翻转"命令,并调整位置,效果如图 6.82 所示。

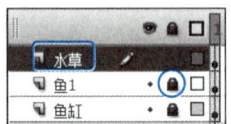

图 6.79　各个图层

图 6.80　效果图 2

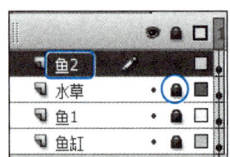

图 6.81　各个图层

图 6.82　效果图 3

步骤 8　锁定"鱼 2"图层，单击"添加运动引导层"按钮，在"鱼 2"上面添加一个"引导层"。分别选定"鱼缸"和"水草"图层的第 60 帧，按 F5 键插入帧，如图 6.83 所示。

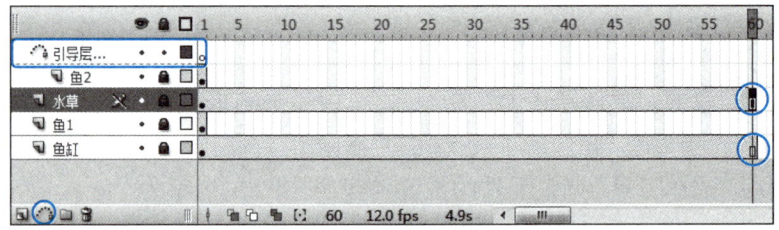

图 6.83　添加运动引导层

步骤 9　锁定"引导层"，解锁"鱼 1"图层，选定"鱼 1"图层的第 30 帧，按 F6 键插入关键帧，如图 6.84 所示。把这一帧的鱼移动到鱼缸的右端，如图 6.85 所示。选定"鱼 1"的第 1 帧，修改下方的帧属性，将"补间"设置为"动画"，如图 6.86 所示。

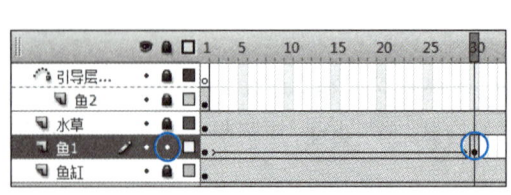

图 6.84　插入关键帧图

图 6.85　关键帧上元件的位置

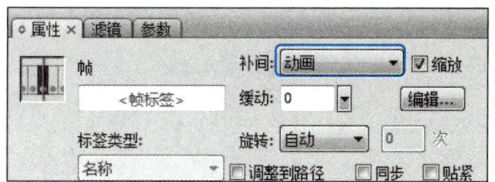

图 6.86　设置补间为"动画"

步骤 10　选中"鱼 1"图层的第 31 帧,按 F6 键插入关键帧。选择"修改→变形→水平翻转"命令,将鱼翻转过来,变成头朝左。选定第 60 帧,按 F6 键插入关键帧,把这一帧的鱼移动到鱼缸的左端,如图 6.87 所示。选定第 31 帧,修改下方的帧属性,将"补间"设置为"动画"。

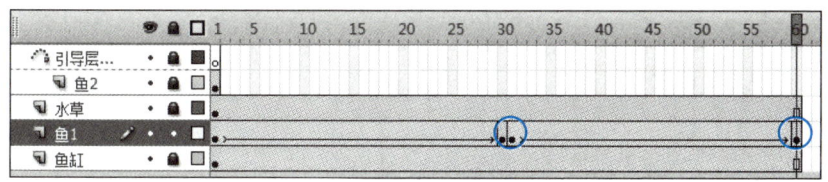

图 6.87　设置关键帧

步骤 11　选中"鱼 1"图层第 1 帧,单击"帧属性"面板的"编辑"按钮,如图 6.88 所示。调整"自定义缓入/缓出"对话框的曲线,如图 6.89 所示。选中第 31 帧,单击"帧属性"面板的"编辑"按钮,调整"自定义缓入/缓出"对话框的曲线,如图 6.90 所示。完成"鱼 1"来回游动的动画。

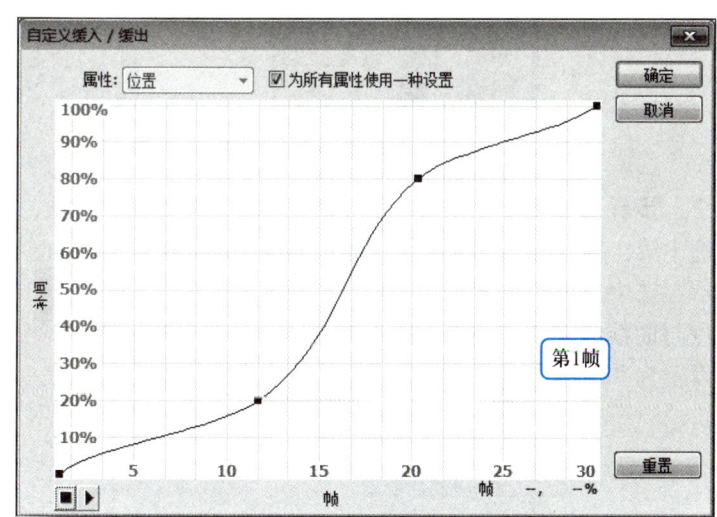

图 6.88　帧属性面板的"编辑"按钮　　　　图 6.89　第 1 帧缓入/缓出的曲线

步骤 12　锁定"鱼 1"图层,解锁"引导层"。选中"引导层"的第 1 帧,选择"铅笔工具",如图 6.91 所示,设置铅笔模式为平滑,在鱼缸中画出一条曲线,如图 6.92 所示。

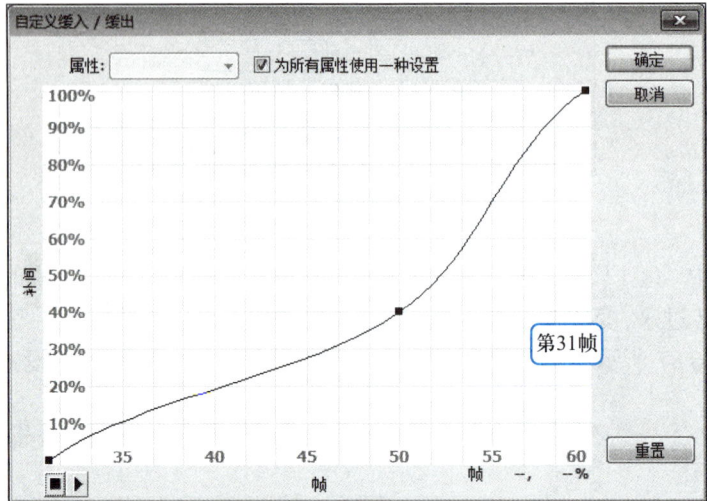

图 6.90 第 31 帧缓入 / 缓出的曲线

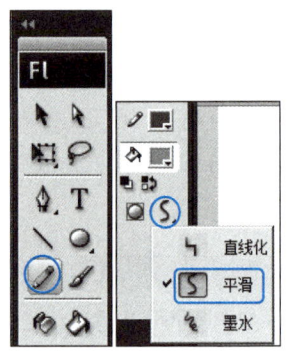

图 6.91 铅笔工具

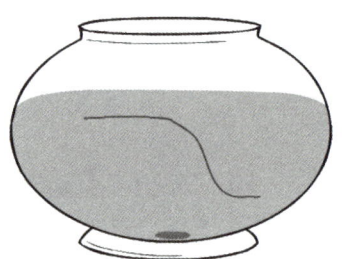

图 6.92 绘制曲线

步骤 13 锁定"引导层",选中"引导层"的第 25 帧,按 F5 键插入帧。解锁"鱼 2"图层,选中第 1 帧,如图 6.93 所示,调整"鱼 2"的位置,使其中心点与曲线的右端点重合,如图 6.94 所示。选中"鱼 2"的第 25 帧,按 F6 键插入关键帧,如图 6.93 所示,调整"鱼 2"的位置,使其中心点与曲线的左端点重合,如图 6.95 所示。选定"鱼 2"的第 1 帧,修改下方的帧属性,将"补间"设置为"动画",如图 6.96 所示。

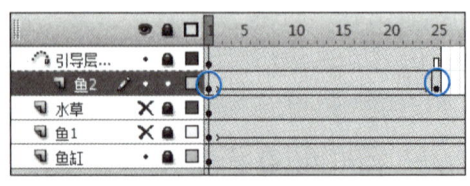

图 6.93 插入关键帧

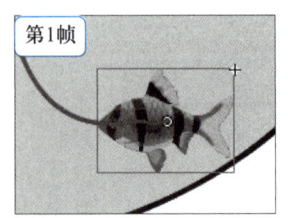

图 6.94 第 1 帧"鱼 2"的位置

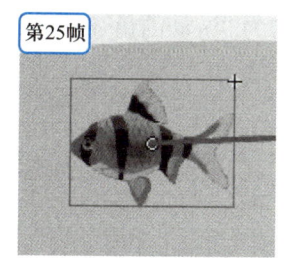

图 6.95　第 25 帧"鱼 2"的位置　　　　图 6.96　设置补间为"动画"

步骤 14　锁定"鱼 2"图层,解锁"引导层"。选中"引导层"的第 26 帧,按 F7 键插入空白关键帧,如图 6.97 所示。使用"直线工具",在鱼缸中画出一条斜线,使两个端点与刚才曲线的两个端点重合,如图 6.98 所示。使用"选择工具",如图 6.99 所示,将直线调整成曲线。

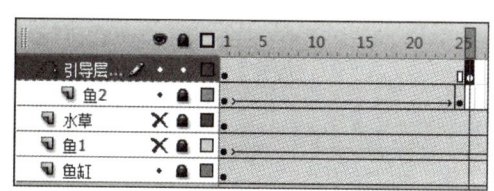

图 6.97　插入空白关键帧　　　　图 6.98　绘制曲线　　图 6.99　选择工具

步骤 15　锁定"引导层",选中"引导层"的第 60 帧,按 F5 键插入帧,如图 6.100 所示。解锁"鱼 2"图层,选中第 26 帧,按 F6 键插入关键帧,如图 6.100 所示,水平翻转,调整"鱼 2"的位置使中心点与曲线的左端点重合,如图 6.101 所示。选中"鱼 2"的第 60 帧,按 F6 键插入关键帧,如图 6.100 所示,调整"鱼 2"的位置使中心点与曲线的右端点重合,如图 6.102 所示。选定"鱼 2"的第 1 帧,修改下方的帧属性,将"补间"设置为"动画",如图 6.103 所示。

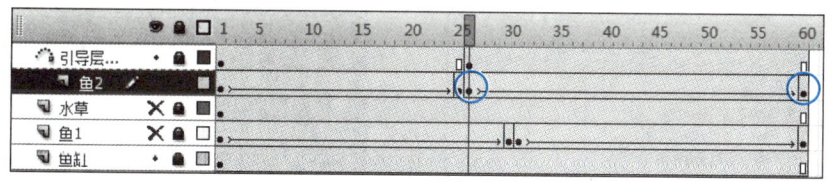

图 6.100　插入关键帧

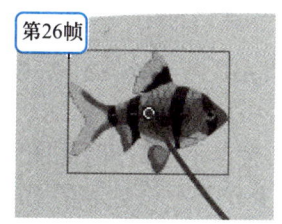
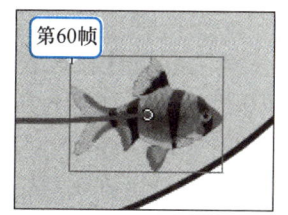

图 6.101　第 26 帧"鱼 2"的位置　　图 6.102　第 60 帧"鱼 2"的位置　　图 6.103　设置补间为"动画"

步骤 16 选择"文件→保存"命令,保存文件,命名为"游动的鱼 .fla",如图 6.104 所示。

图 6.104　保存文件

步骤 17 选择"控制→测试影片"命令(Ctrl+Enter),生成动画播放的 swf 文件。

任务 9　新年贺卡

1．任务目标

① 熟练掌握 Flash 逐帧动画和移动动画的制作方法。
② 掌握文本工具的使用。
③ 掌握文本的分离和文本特效的使用。

2．任务要求

制作新年贺卡的动画。

3．任务步骤

步骤 1 选择"文件→新建"命令,选择 ActionScript 2.0 选项,如图 6.105 所示。单击"确定"按钮。

步骤 2 在下方的属性栏中设置背景颜色,设置背景颜色为 #CC0000,如图 6.106 所示。

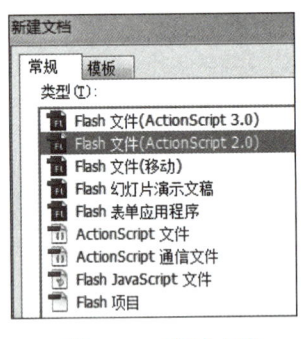

图 6.105　新建文档

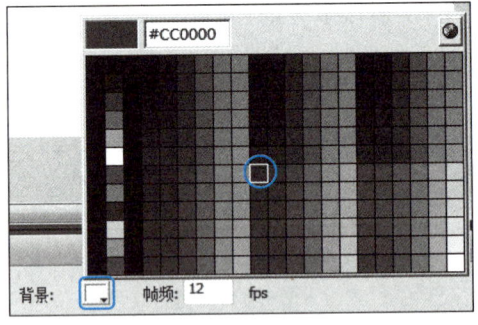

图 6.106　设置背景颜色

步骤 3 使用工具箱中的"文本工具",在属性栏设置字体为"隶书",字号为 80,文本填充颜色为黑色,在舞台中间打出"新年快乐"4 个字,如图 6.107 所示。

步骤 4 使用"选择工具",选中文字,选择"修改→分离"命令,把 4 个字分开,如图 6.108 所示。右击文字,在弹出的快捷菜单中选择"分散到图层"命令,获得每个字一个独立的图层,如图 6.109 所示。

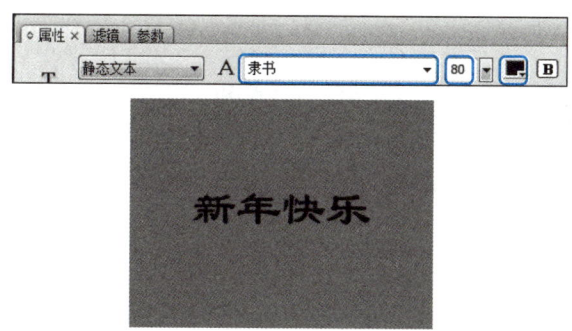

图 6.107　设计文本

图 6.108　分离文本

图 6.109　各个字的图层

步骤 5　编制"新"字图层的动画,锁定其他图层。在图层的第 5 帧和第 8 帧分别插入关键帧,如图 6.110 所示。修改第 1 帧,缩小"新"字为 10%。修改第 5 帧,放大"新"字为 120%。分别在第 1 帧和第 5 帧补间动画。

步骤 6　锁定"新"字图层,打开"年"字图层,把"年"的第 1 帧,拖动到第 9 帧。在第 9~16 帧,如图 6.111 所示,制作与"新"字相同的缩放动画。

图 6.110　插入"新"图层的关键帧图

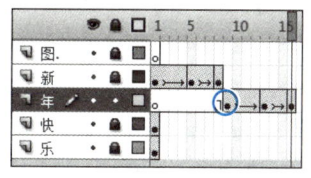

图 6.111　插入"年"图层的关键帧

步骤 7　使用相同的方法制作"快"、"乐"两个图层的动画,起始位置分别是第 17 帧和第 25 帧。分别在前 3 个字的第 32 帧插入帧,如图 6.112 所示。

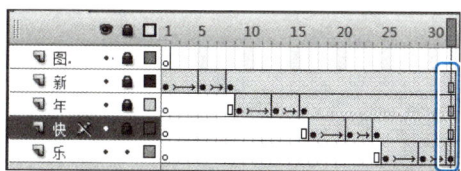

图 6.112　各个字的图层的关键帧

步骤 8　把图层 1 命名为"白框",在第 32 帧插入关键帧,如图 6.113 所示。锁定其他图层。使用工具箱中的"矩形工具",设置笔触颜色为白色,笔触高度为 3,填充颜色为透明,画一个矩形把文字框起来,如图 6.114 所示。

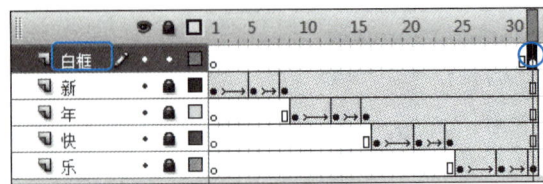
图 6.113 "白框"图层

图 6.114 将文字框起

步骤 9　使用工具箱中的"选择工具",选中整个矩形,复制粘贴一份。调整第二个矩形的位置,与第一个矩形错开。删除左上和右下角两个小线段,如图 6.115 所示。

【小提示】

可以使用键盘的方向键来调整位置。

步骤 10　在最上面插入新图层,命名为"遮罩",在第 32 帧插入关键帧,锁定其他图层。在第 32 帧绘制笔触透明、填充黑色的图形,宽度和高度约为白框的两倍,如图 6.116 所示。

图 6.115 设计文字框线

图 6.116 设计遮罩

步骤 11　调整第 32 帧黑色图形的位置,如图 6.117 所示,水平方向可以遮盖上面两条白线。在第 32 帧、第 40 帧、第 43 帧分别制作补间形状动画,让黑色图形先水平向右移动遮盖上面两条白线,再垂直向下移动遮盖 4 条竖线,最后再水平向右移动直到遮盖所有白框,如图 6.118 所示。

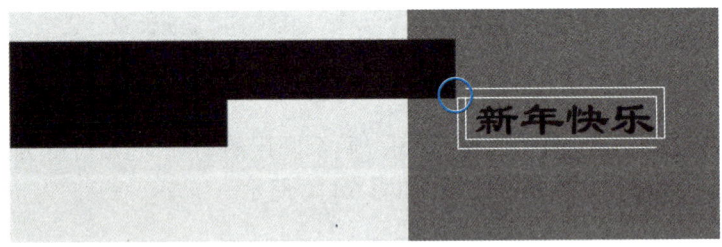
图 6.117 设计遮罩的位置

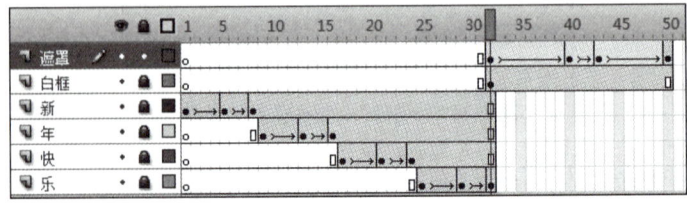
图 6.118 设计遮罩图层的帧

步骤 12 右击"遮罩"图层,在弹出的快捷菜单选择"遮罩层"命令。分别在 4 个字图层的第 50 帧插入帧,如图 6.119 所示。

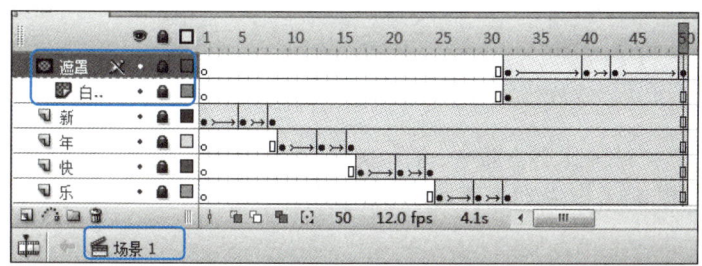

图 6.119　设计各个字图层的遮罩

步骤 13 选择"插入→场景"命令,插入场景 2。把图层 1 重命名为"灯笼",如图 6.120 所示。按 Ctrl+R 键导入"灯笼 .png",缩小为 30%,将其复制粘贴,调整位置,如图 6.121 所示。

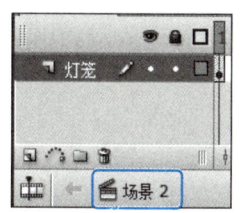

图 6.120　设计灯笼图层

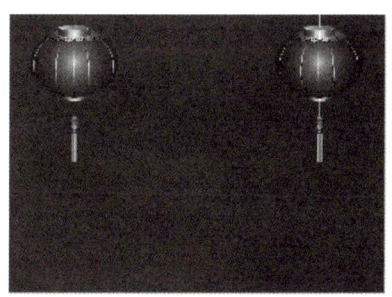

图 6.121　灯笼图层效果

步骤 14 锁定"灯笼"图层,插入新图层,命名为"文字",如图 6.122 所示。按 Ctrl+R 键导入"万事如意 .gif",缩小为 20%。使用菜单命令将位图转换为矢量图,把图片中的白色去掉,如图 6.123 所示。

图 6.122　设计文字图层

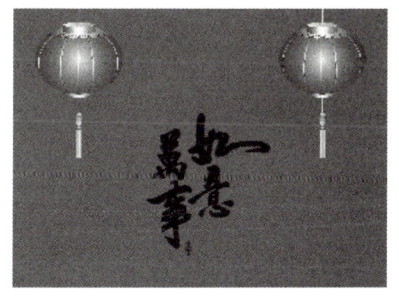

图 6.123　图层效果

步骤 15 在"文字"图层的第 10 帧插入关键帧,返回到第一帧,缩小文字为 10%。从第 1 帧到第 10 帧制作补间形状动画。在"灯笼"图层的第 10 帧插入帧,如图 6.124 所示。选中"文字"图层的第 10 帧,选择"窗口→动作"命令,插入代码"stop();",如图 6.125 所示。

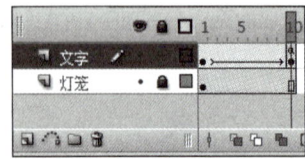　　　　　　　

图 6.124　制作文字图层动画　　　　　　　图 6.125　插入代码

步骤 16　选择"文件→保存"命令,保存文件,命名名为"新年贺卡 .fla"。选择"控制→测试影片"命令(Ctrl+Enter),生成动画播放的 swf 文件。

模块 7　微课的设计与制作

任务 1　项目管理与屏幕录制

1. 任务目标

① 掌握项目文件的新建、保存、打开等管理操作。
② 理解项目文件的作用。
③ 掌握录制屏幕操作。
④ 了解录制屏幕的设置操作。
⑤ 了解录制微课准备工作。

2. 任务要求

建立一个 Camtasia 项目文件，保存为"我的微课.camproj"。在该项目中录制一段屏幕微课，录制内容为 PPT 课程的演示与讲解，PPT 课件"计算机的组成.pptx"已经给出。录制结果如图 7.1 所示。

图 7.1　屏幕录制结果

3. 任务步骤

步骤1 准备工作。

① 打开课件文件"计算机的组成.pptx"并熟悉课件内容,如图7.2所示。

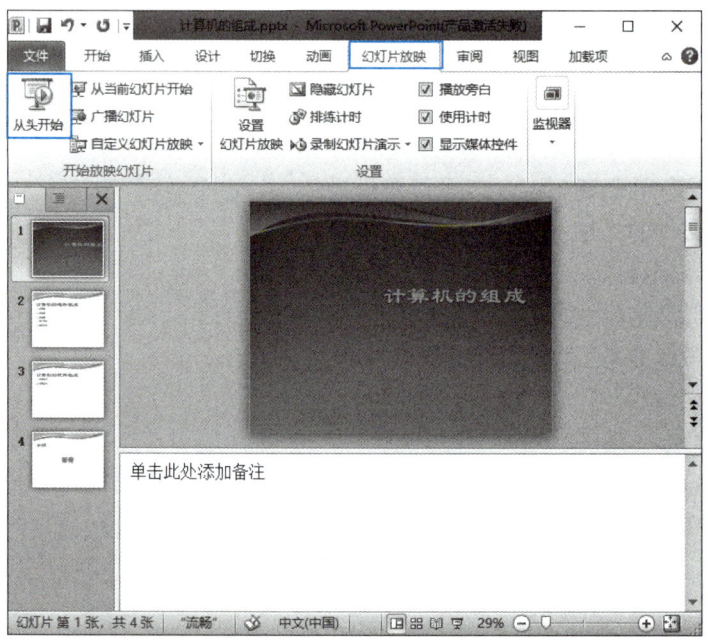

图7.2 幻灯片首页

② 在PowerPoint中,选择"幻灯片放映→从头开始"命令放映幻灯片。放映同时演练讲解过程。

【小提示】

课件包含4个幻灯片,首页(如图7.3所示)不需要旁白;第二页(如图7.4所示)需要配旁白,内容为"计算机硬件包含运算器、控制器、存储器、输入和输出设备,运算器和控制器组成为中央处理器";第三页(如图7.5所示)的旁白内容为"计算机软件包含系统软件和应用软件";第四页(如图7.6所示)的旁白内容为"这节课讲到这里,谢谢观看"。

图7.3 幻灯片首页

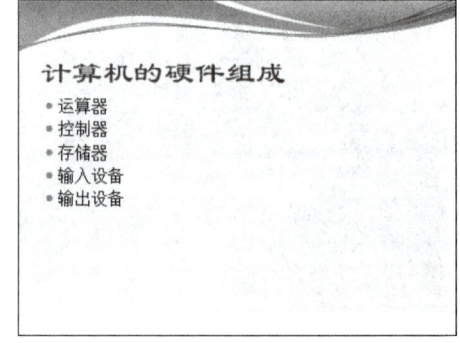

图7.4 幻灯片第二页

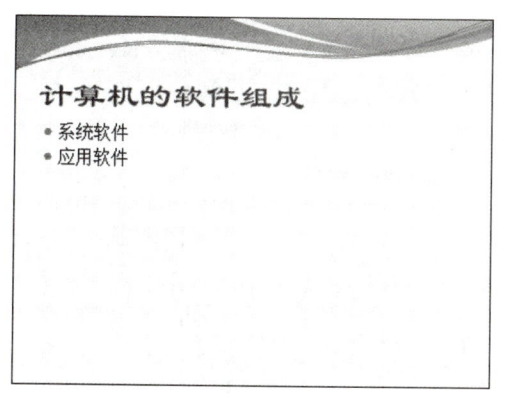
图 7.5　幻灯片第三页

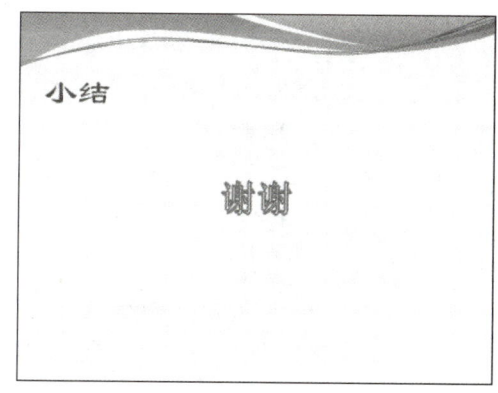
图 7.6　幻灯片第四页

步骤 2　管理项目文件。
① 在 D 盘新建一个文件夹,命名为"Camtasia 微课"。

【小提示】

该文件夹将用来保存制作微课过程中可能使用的所有文件,如项目文件、录屏文件、图片、音频和视频等。

② 在 Camtasia Studio 中,选择"文件→新建项目"命令创建一新项目,如图 7.7 所示。选择"文件→保存项目"命令,弹出"另存为"对话框,如图 7.8 所示,在"另存为"对话框中,设置保存路径为"D:\ Camtasia 微课",设置文件名为"我的微课 .camproj",单击"保存"按钮完成项目文件的保存。

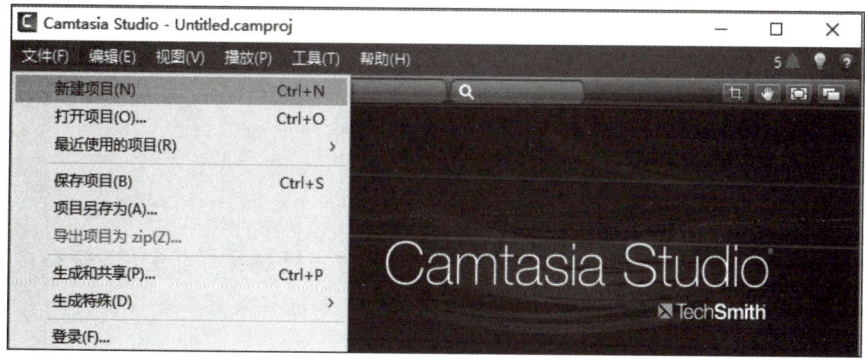
图 7.7　新建项目

【小知识】

项目文件是一种管理型文件,用该文件管理制作微课过程中使用的文件资源。当项目保存完毕之后,下一次要继续修改或编辑微课,只需要双击项目文件即可。

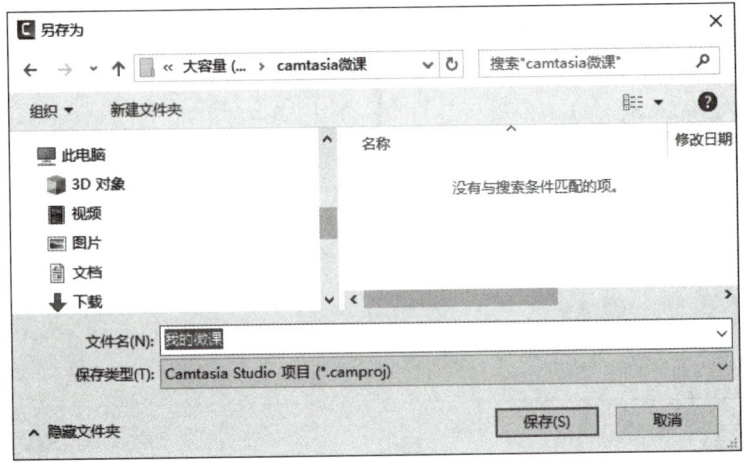

图 7.8　保存项目

步骤 3　设置录制参数。

选择"工具→录制屏幕"命令（也可以单击  按钮）打开录屏设置窗格，如图 7.9 所示。选择"全屏幕"（因为幻灯片放映为全屏状态），单击"音频开"右边的箭头按钮，在弹出的列表中选择"麦克风"（用来录制旁白语音），选择"录制系统音频"（用来录制课件里面的音频，如背景音乐）。

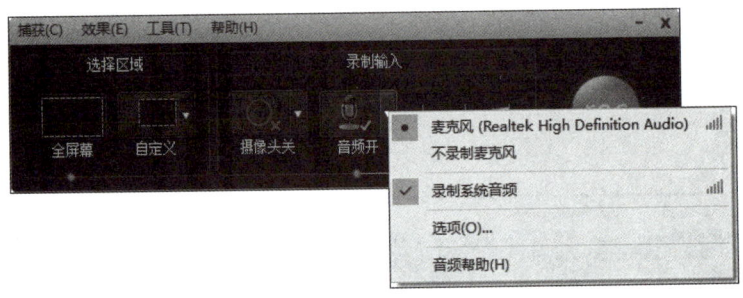

图 7.9　录屏设置窗格

【小技巧】

若要录制非全屏视频，如某窗口或屏幕局部区域，可通过选择"自定义"命令实现。如果要同时录制摄像头视频，可选择"录制输入→摄像头关"命令进行设置。

步骤 4　对幻灯片的放映与讲解进行录制。

① 单击"录制"按钮启动录制倒计时，如图 7.10 所示。倒计时完毕时，即进入录制状态。

② 进入录制状态后，打开"计算机的组成.pptx"文件，按照"准备工作"中的演练，放映幻灯片并阅读旁白。当录制结束时，按 F10 键或者在录制控制窗格中单击"停止"按钮完成录制，如图 7.11 所示。

③ 录制结束后，弹出如图 7.12 所示的预览窗格。在该窗格中可以预览播放录制的视频，如果不满意可单击"删除"按钮放弃保存，然后重新录制。这里单击"保存并编辑"按钮保存录屏视频，弹出"保存"对话框，设置保存路径为"D:\camtasia 微课"，设置文件名为"幻灯片录屏"，如

图 7.13 所示,单击"保存"按钮完成保存。

图 7.10 录制倒计时

图 7.11 录制控制窗格

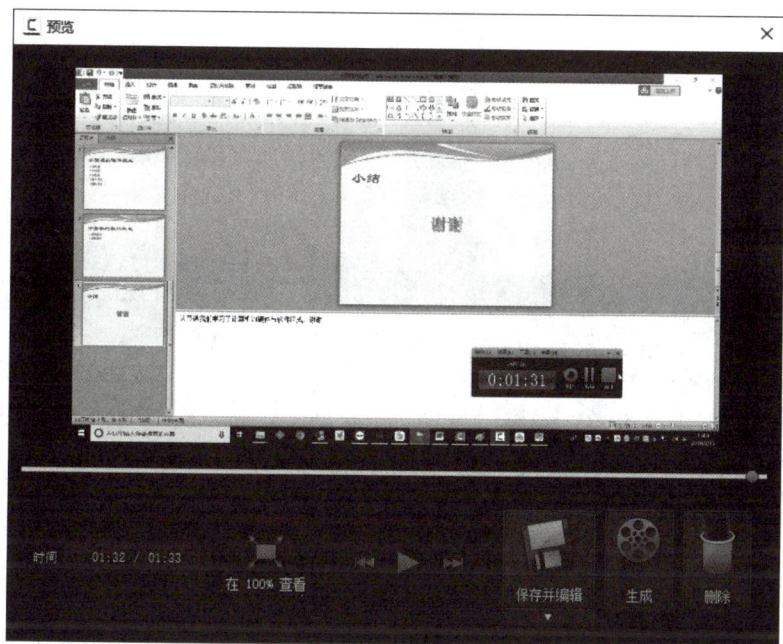

图 7.12 预览窗格

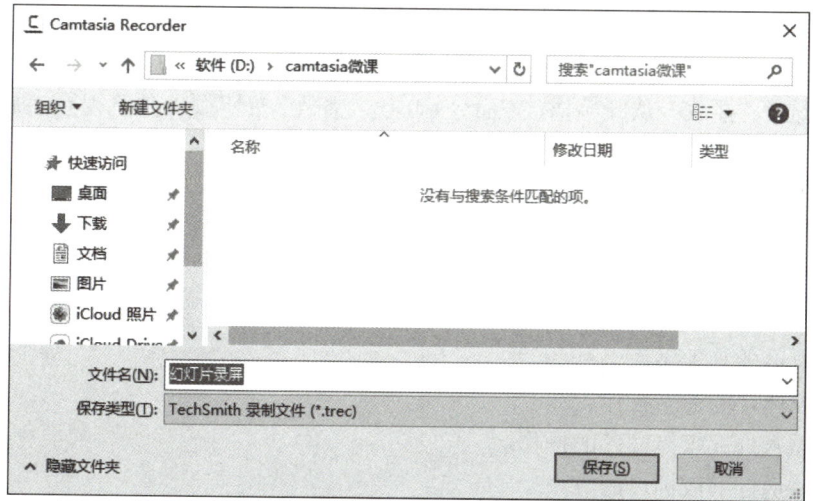

图 7.13 保存录屏文件

【小提示】

保存录屏文件后,自动返回到 Camtasia 主界面,如图 7.14 所示。可以看到,刚保存的录屏文件被自动加入到剪辑箱中,并自动加载到轨道 1 和轨道 2 中。轨道 2 中显示的是视频和旁白媒体块,轨道 1 中显示的是系统音频(比如幻灯片中的背景音乐)媒体块。

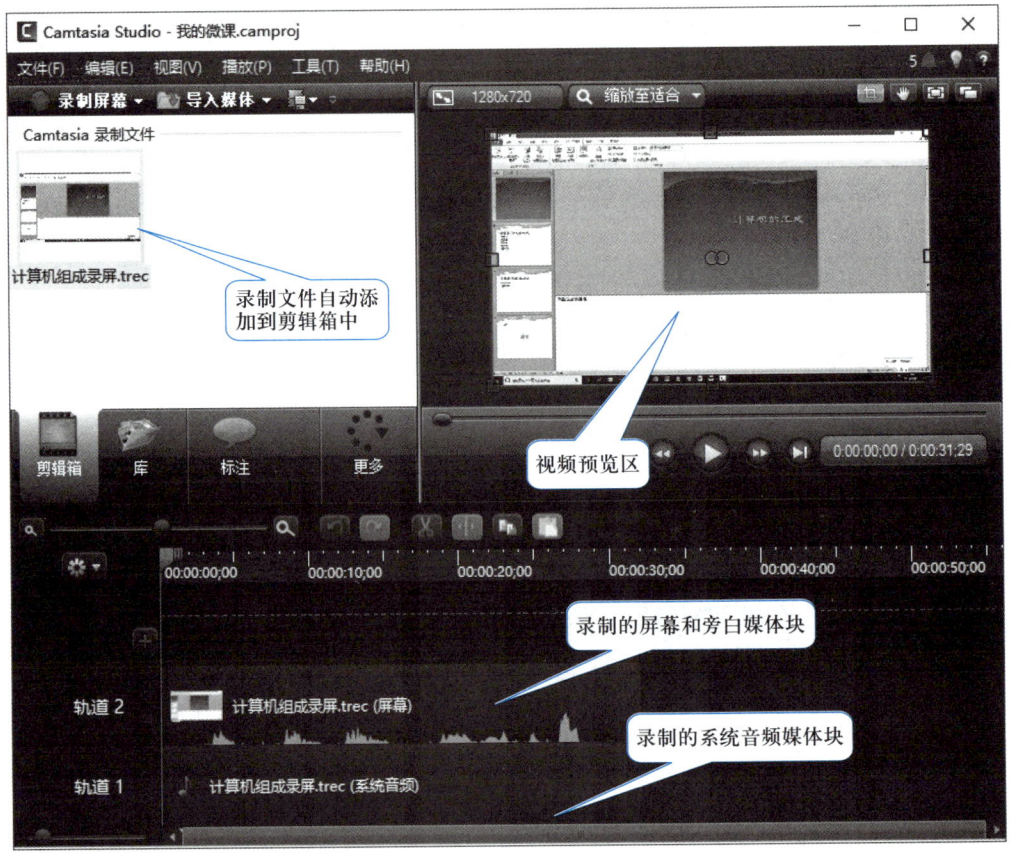

图 7.14　显示的保存的录屏文件

步骤 5　选择"播放→从开始播放"命令(单击"播放"按钮),预览视频播放效果。

任务 2　轨道管理与媒体剪辑

1. 任务目标

① 掌握轨道的管理操作。
② 掌握媒体块的剪辑操作。
③ 掌握插入外部媒体文件的操作。
④ 了解轨道区缩放标尺的方法。

2. 任务要求

打开项目"我的微课 .camproj",删除系统音频及其所在轨道。将录屏视频中放映幻灯片之前的无用片段删除掉。在录屏视频中播放第三页和第四页幻灯片之间插入一张试题图片(试题 .png),图片播放时间为 10 秒。

3. 任务步骤

步骤 1 删除系统音频及其所在轨道。

① 双击打开项目文件"我的微课 .camproj",在轨道 1 中的"计算机组成录屏 .trec(系统音频)"上方右击鼠标,在弹出的菜单中选择"删除"命令,如图 7.15 所示。

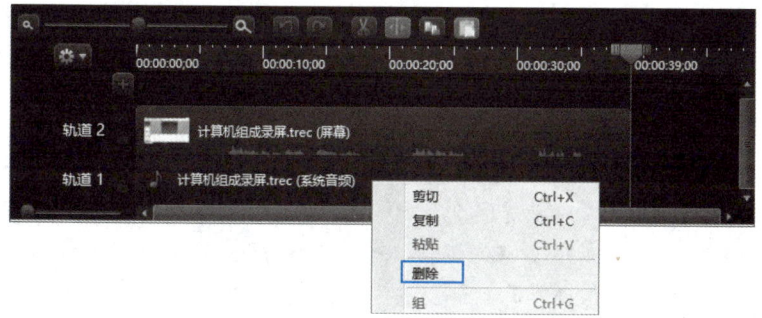

图 7.15　删除"系统音频"媒体块

🔑【小技巧】

除了删除媒体块操作之外,还可以通过右击媒体块,在弹出的菜单中执行复制、移动和粘贴操作,以实现媒体块的移动和复制操作。

② 在轨道 1 上右击鼠标,在弹出的菜单中选择"删除空轨道"命令,如图 7.16 所示。

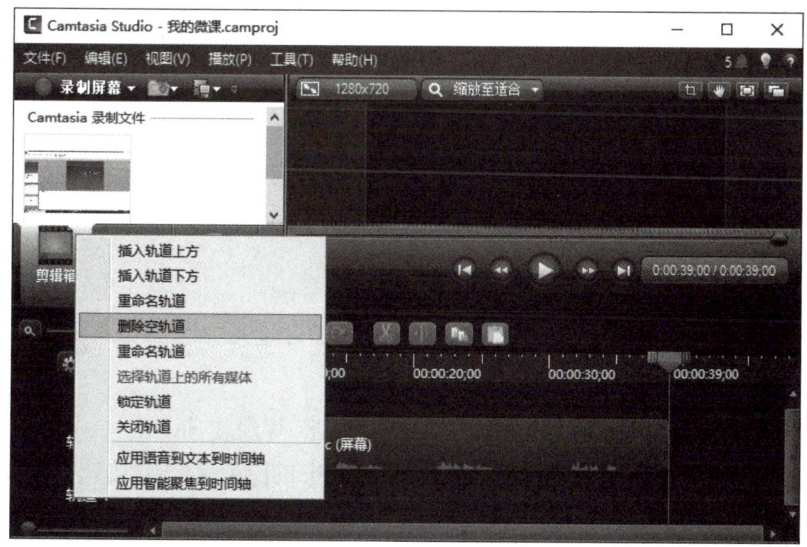

图 7.16　删除空轨道

【小技巧】

除了删除轨道操作之外，还可以通过右击轨道，在弹出的菜单中执行插入、重命名、锁定和关闭等操作。

步骤 2 对录屏视频进行分割，删除放映幻灯片之前的无用片段。

① 用鼠标拖曳游标中间灰色的部位（不要拖曳绿色或红色块），将其调整到时间标尺大约 2 秒的位置，如图 7.17 所示。

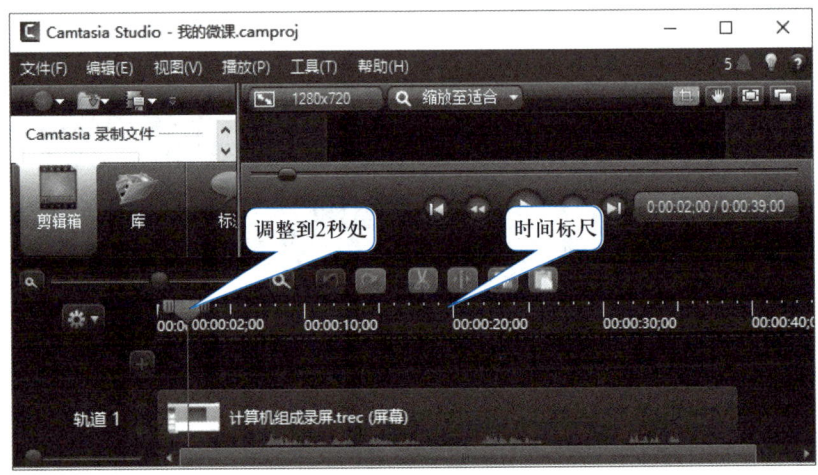

图 7.17 调整游标位置

【小知识】

时间标尺是轨道上面的时间刻度尺。轨道中游标的定位操作、媒体块播放起止时间的调整操作，都要通过对照时间标尺完成。

② 选中轨道 1 中的"计算机组成录屏 .trec(屏幕)"媒体块，选择"编辑→分割"命令（或单击标尺上面的 ⊩ 按钮）完成媒体块的分割。右击分割得到的第一个媒体块，在弹出的菜单中选择"删除"命令，如图 7.18 所示。

③ 将游标移动到播放第三页和第四页幻灯片之间（"小结"页开始时）的位置，选中轨道 1 上的媒体块，选择"编辑→分割"命令，如图 7.19 所示。

【小技巧】

上面的分割操作需要精确地定位游标，这可以通过单击标尺上面的"放大"按钮 🔍 放大标尺，并在键盘上按左右键移动游标实现。

步骤 3 将图片导入到剪辑箱，将图片插入到"小结"片段之前。

① 选择"文件→导入媒体"命令（或单击工具栏中的 导入媒体 按钮），在弹出的"打开"对话框中双击"试题 .png"文件，如图 7.20 所示。

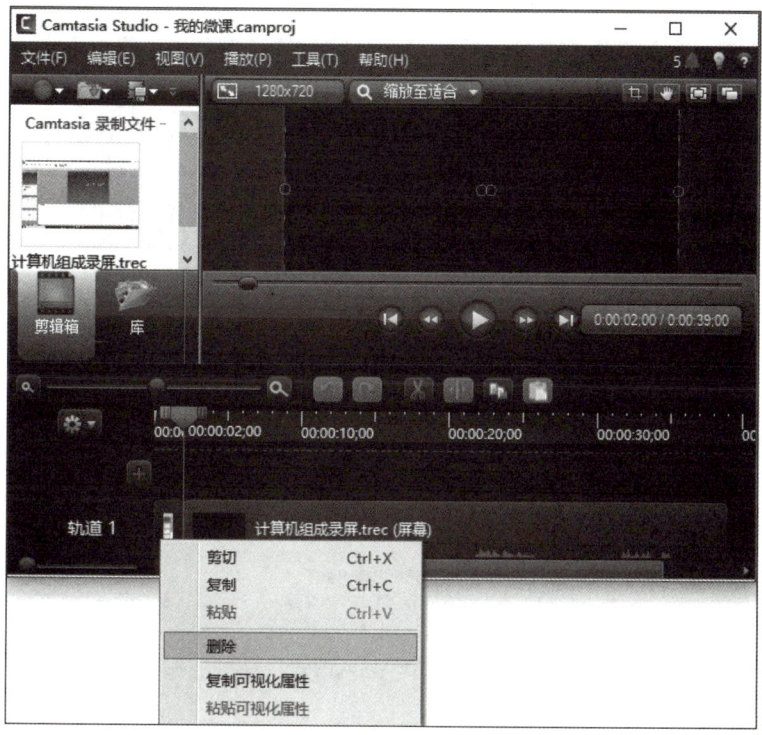

图 7.18　删除无用的片段

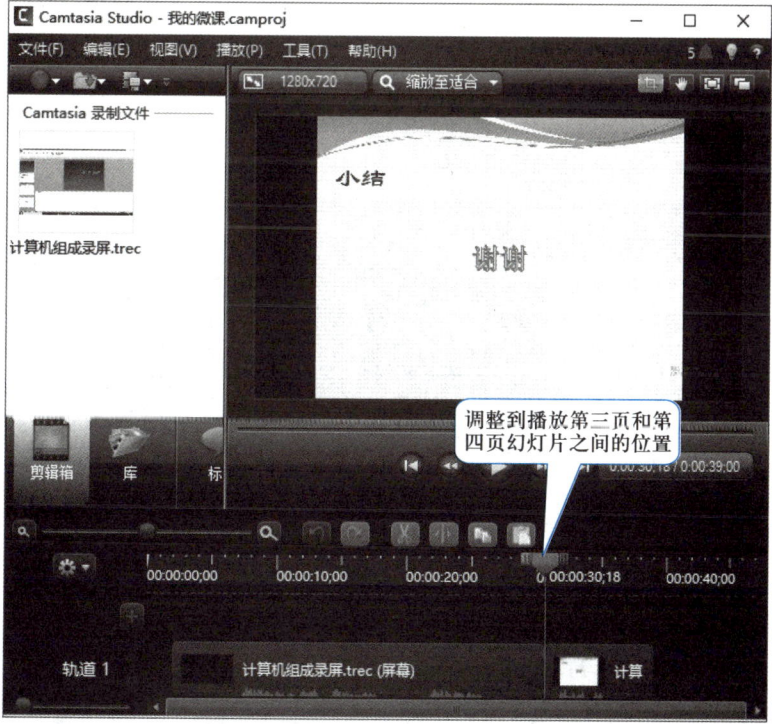

图 7.19　分割媒体块

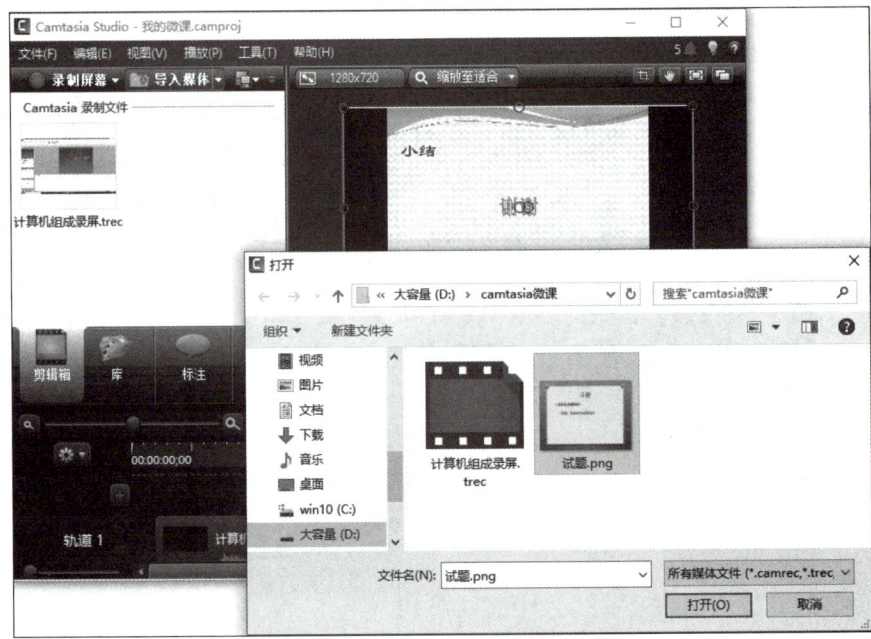

图 7.20　导入图片

🔵 【小提示】

若要使用外部媒体资源,比如视频、音频、图片等文件,必须先将外部媒体文件导入到剪辑箱,然后再从剪辑箱中将媒体文件拖曳到轨道中使用。

② 将轨道 1 中第二个媒体块(小结片段)向后移动一段距离,然后把剪辑箱中的"试题.png"图片拖曳到轨道 1 中两个媒体块之间的位置,如图 7.21 所示。

图 7.21　将图片插入到轨道

③ 在轨道 1 中拖曳第一个媒体块到最左边位置,继续拖曳后面两个媒体块以实现首尾连接,调整结果如图 7.22 所示。

图 7.22 调整媒体块位置

步骤 4 选择"播放→从开始播放"命令,预览播放效果。

任务 3　库和标注的使用

1．任务目标

① 掌握利用"库"工具制作片头的方法。
② 掌握利用"库"工具制作标题的方法。
③ 掌握标注的创建和编辑方法。

2．任务要求

打开项目"文件操作微课 .camproj",利用"库"工具中的标注对象为微课制作片头,为 3 段视频片段(文件的复制、文件的移动、文件的重命名)制作节标题。利用"标注"工具制作标注,用来提示右键单击操作。

3．任务步骤

步骤 1 利用"库"工具制作片头。

① 双击打开项目文件"文件操作微课 .camproj",选择"视图→库"命令(或者单击 按钮)打开库工具。将库列表中 Theme-Calling Lights 的 Animated Title 图标拖曳到轨道 1 的上方(加号的后面)。这样将自动创建轨道 2,并且在该轨道上创建了媒体块 Animated Title,如图 7.23 所示。

图 7.23　插入动画标题

② 用鼠标拖曳标题标注块 Animated Title 的右边框,将其持续时间调整为 8 秒,如图 7.24 所示。

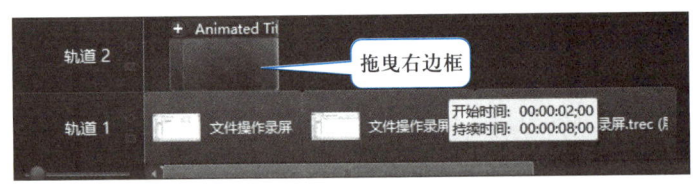

图 7.24　调整持续时间

③ 将游标移动到标注块 Animated Title 中间的位置,此时在 Camtasia 的预览窗格中可以看见默认标题文本 Enter Title Hear,双击标题文本 Enter Title Hear 进入标注的编辑状态,如图 7.25 所示。在左侧标注编辑区中,将文字内容 Enter Title Hear 更改为"文件操作",单击标注块 Animated Title 左上角的减号完成修改,如图 7.26 所示。

【小提示】

在标注的编辑区中除了可以修改显示的文本外,还可以设置标注的边框、填充、效果、字体、字号、字色、字形、水平对齐方式、垂直对齐方式等效果。

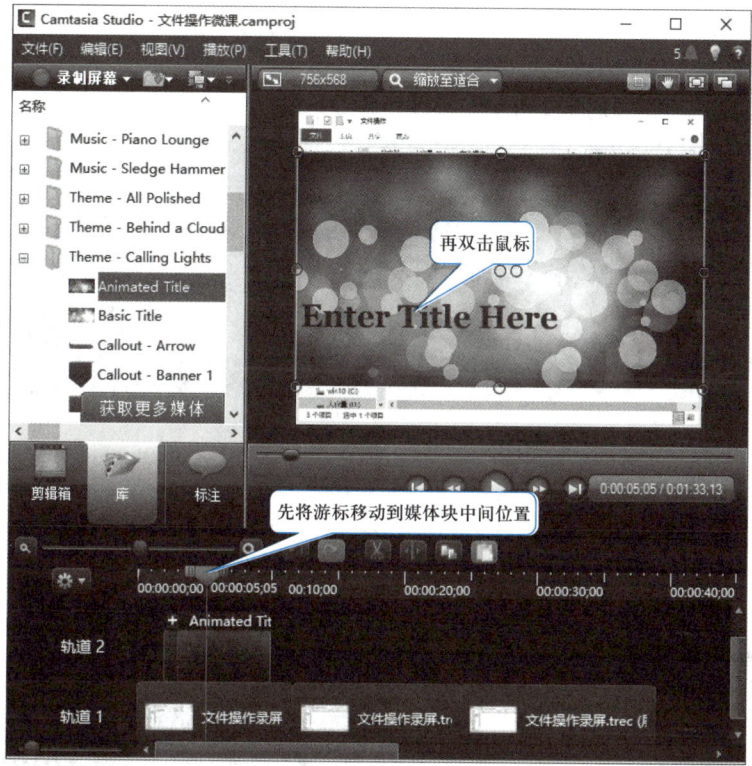

图 7.25 查看标注标题

图 7.26 修改标注文本

④ 用鼠标在轨道中拖曳各媒体块,将各媒体块调整为如图 7.27 所示的位置。其中原轨道 2 中的片头标注块 Animated Title 被调整到了轨道 1 开始的位置,4 个媒体块间隔调整为大于 5 秒的间隔(这些间隔作为后续插入标注的预留空间)。

图 7.27　调整媒体块位置与间隔

步骤 2　利用"库"工具制作节标题。

① 选择"视图→库"命令,将标注 Callout-Banner5 重复拖曳(3 次)到 4 个媒体块中间的位置,如图 7.28 所示。

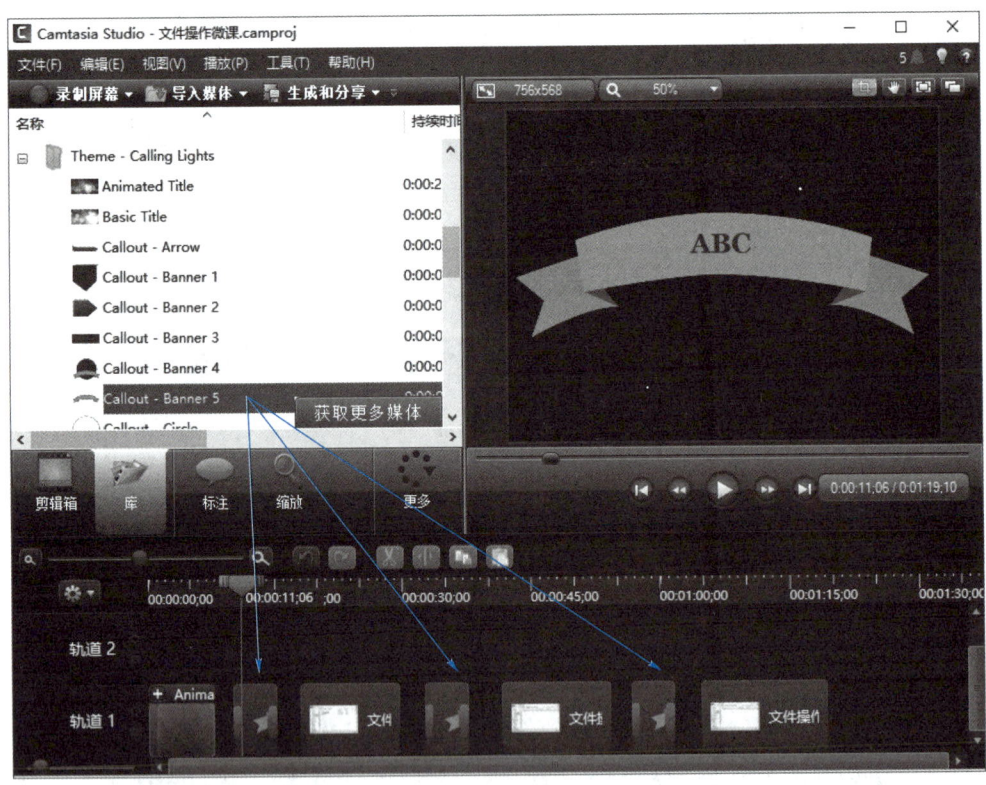

图 7.28　插入 3 个 Callout-Banner5 标注

【小提示】

"库"工具的标注中,Animated Titled 标注经常用来制作片头,Basic Title 标注用来制作节标题,其他带有标题的 Callout 既可以用来制作节标题也可以制作提示信息。

② 将游标移动到第二个媒体块,双击预览窗格中的"ABC",将标注编辑区文本"ABC"修改为"复制文件"。利用同样的方法,将第四个和第六个媒体块的标注文本分别设置为"移动文件"和"重命名",如图7.29所示。

图7.29 设置3个标注的文本

③ 通过拖住轨道1中每个媒体块,将这些媒体块调整为首尾相连状态,如图7.30所示。

图7.30 连接所有媒体块并靠左

步骤3 选择"播放→从开始播放"命令,预览播放效果。

任务4　制作字幕

1. 任务目标

① 掌握制作字幕和格式化字幕方法。

② 了解字幕标题文本的删除等操作。

2. 任务要求

打开项目"文件操作微课.camproj",利用"字幕"工具为"复制文件"视频片段添加字幕,对字幕进行格式化。

3. 任务步骤

步骤1 利用"字幕"工具添加字幕。

① 双击打开项目文件"文件操作微课.camproj",选择"工具→标题"命令(或者单击 按钮),进入字幕编辑状态。拖曳轨道1下方的滚动条显示第三个媒体块(复制文件片段),将标尺定位到第13秒的位置,如图7.31所示。

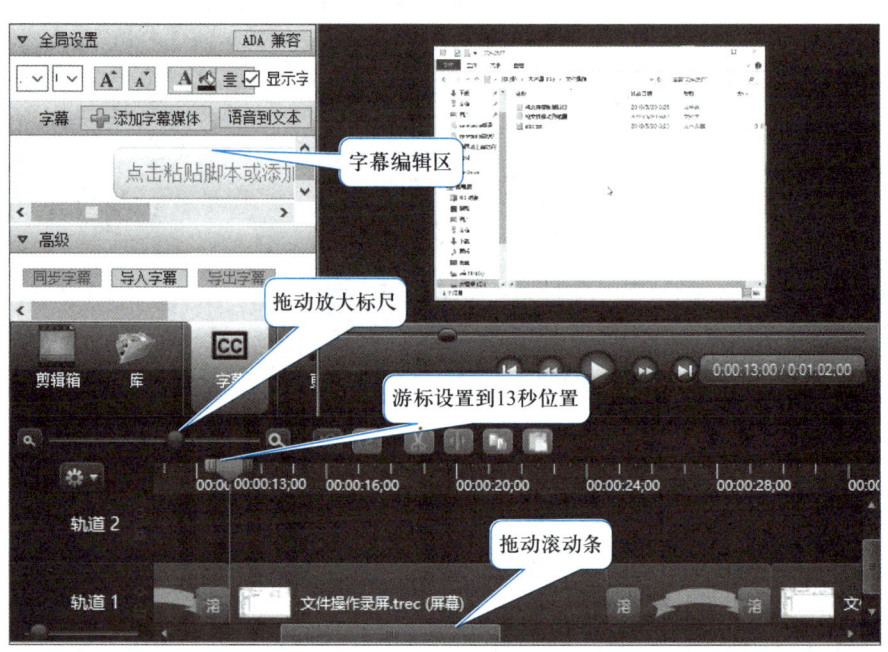

图 7.31 进入字幕编辑状态并定位游标

② 在字幕编辑区按顺序分别录入5行字幕文本,文本内容分别是"右击鼠标 abc.txt"、"在弹出菜单中选择'复制'命令"、"双击'将文件复制到这里'文件夹"、"在空白位置右击鼠标,选择'粘贴'命令"、"这样即完成了文件的复制"。在轨道2中生成与该字幕对应的媒体块,如图7.32所示。

【小提示】

轨道2中的字幕媒体块与轨道1中的媒体块将会同步播放,轨道2中的字幕在顶层显示播放,轨道1中的视频在底层播放。

③ 拖曳游标预览视频,将游标定位到"右键单击 abc.txt"操作大概结束的位置(15秒19附

近),如图 7.33 所示。将鼠标放到轨道 2 中第一句话与第二句话之间分界线上,当鼠标变成双箭头时向左拖曳鼠标,将分界线调整到与游标对齐的位置,结果如图 7.34 所示。

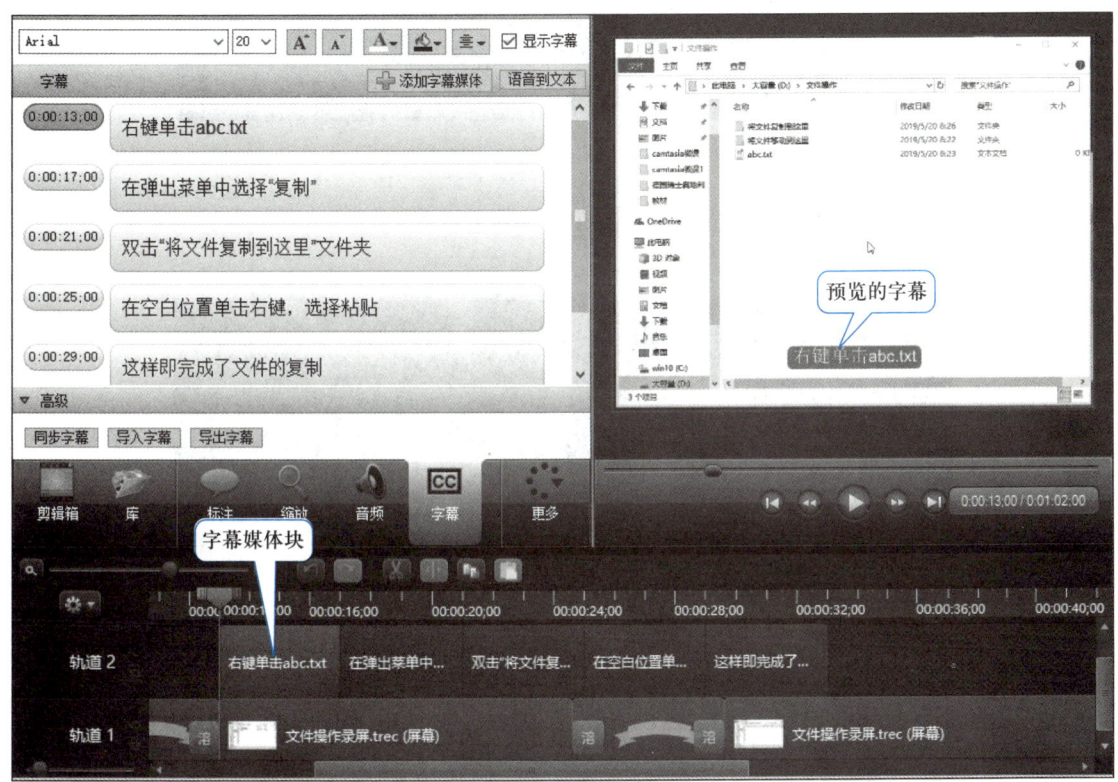

图 7.32　输入 5 行字幕文本

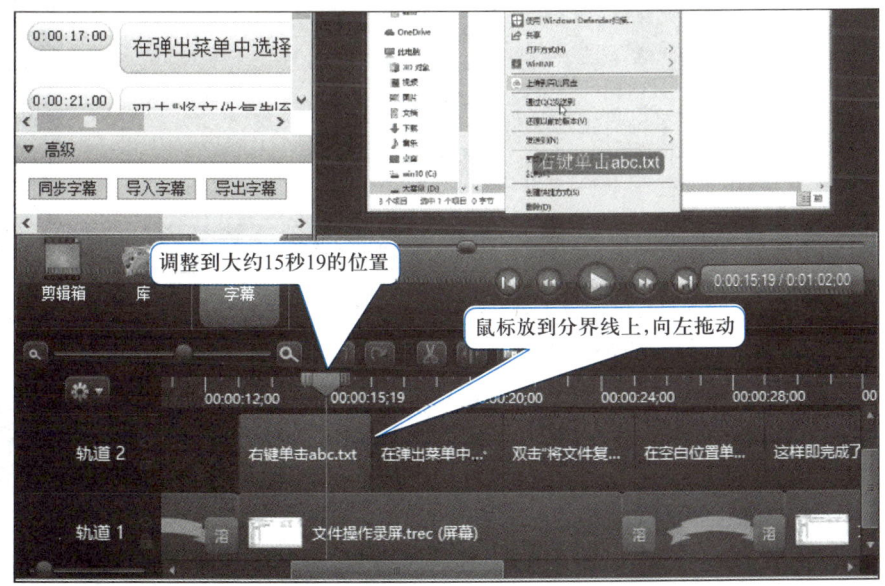

图 7.33　游标定位到右键操作结束的位置

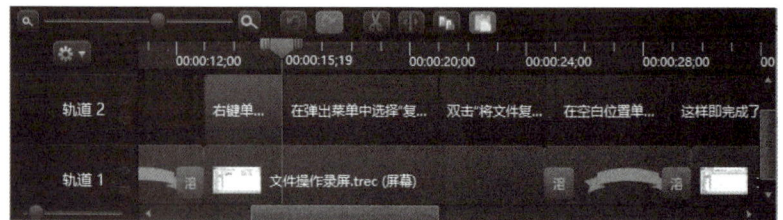

图 7.34　调整第一句与第二句字幕文本分界线

④ 继续调整其他字幕媒体块界线,调整结果如图 7.35 所示。

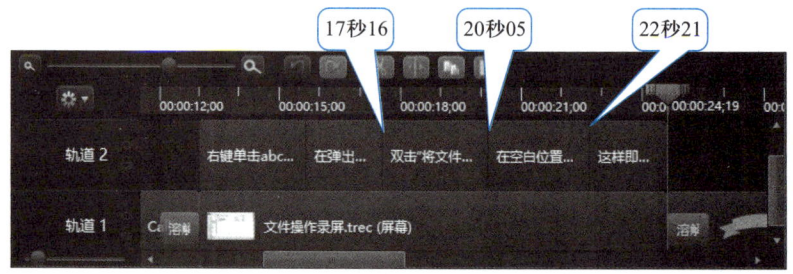

图 7.35　调整其他字幕文本分界线

步骤 2　对字幕进行格式化。

通过字幕编辑区上方的格式化工具,将字幕字体设置为"黑体",字号设置为 26,字色设置为黑色(Black),背景色设置为绿色(Green),如图 7.36 所示。

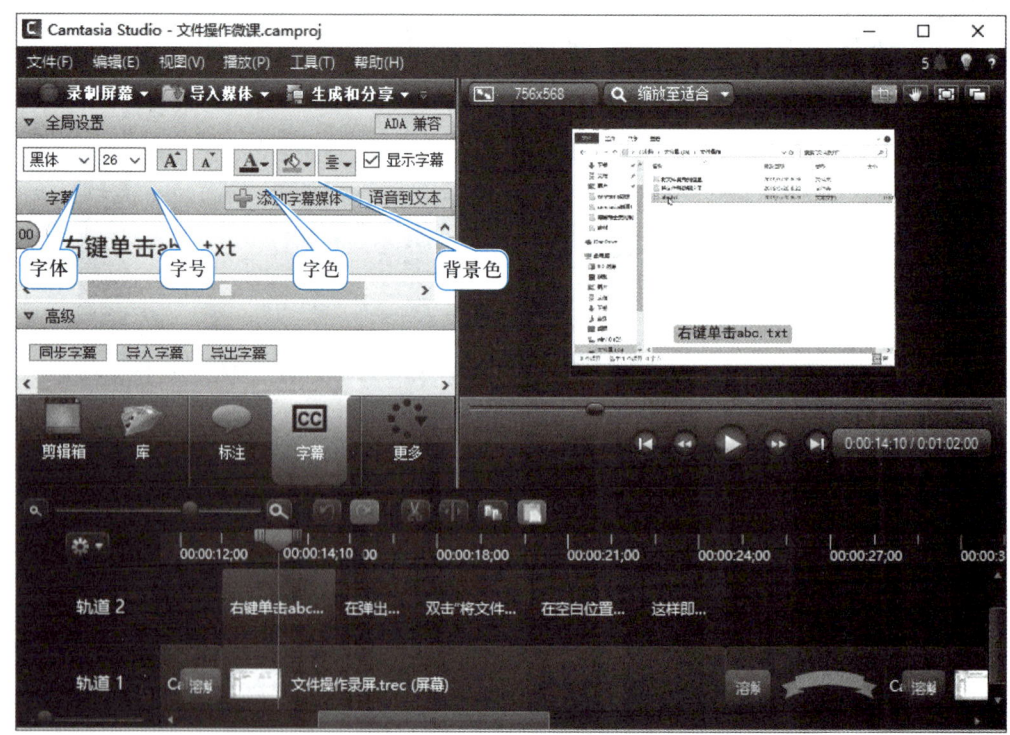

图 7.36　设置字幕格式

步骤 3　选择"播放→从开始播放"命令,预览播放效果。

任务 5　制作背景音乐及音频处理

1. 任务目标

① 掌握插入音频的方法。
② 掌握音频的编辑方法。
③ 掌握制作音频淡入淡出效果方法。

2. 任务要求

打开项目"文件操作微课.camproj",导入音频文件"背景音乐雨的印记.wma"作为背景音乐,利用"音频"工具编辑音乐时长,制作音频淡入淡出效果。

3. 任务步骤

步骤 1　在新轨道上插入音频文件。

① 双击打开项目"文件操作微课.camproj",选择"文件→导入媒体"命令,在弹出的"打开"对话框中双击"背景音乐雨的印记.wma"完成文件导入,如图 7.37 所示。

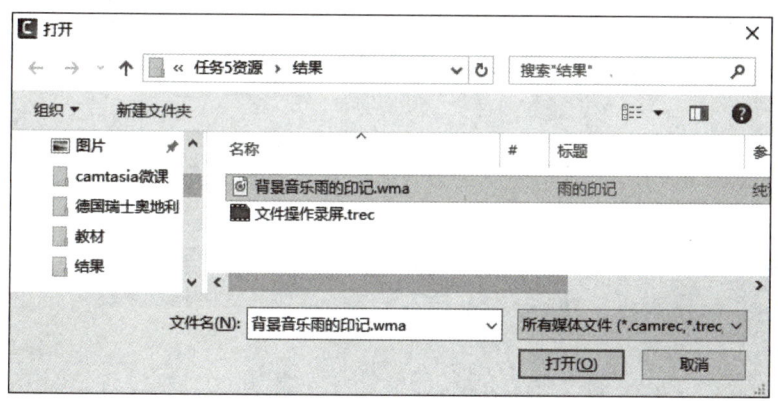

图 7.37　导入音频文件

② 单击轨道 2 上方的"插入轨道"按钮插入新轨道(轨道 3),从剪辑箱中将"背景音乐雨的印记.wma"拖曳轨道 3 中,如图 7.38 所示。

③ 将轨道 3 中的音频体块拖曳到最左边(左对齐),将游标定位到与轨道 1 中媒体块的结尾处对齐的位置,如图 7.39 所示。选中轨道 3 中的媒体块,选择"编辑→分割"命令分割音频,右击分割得到的后面的音频块,选择"删除"命令,如图 7.40 所示。

步骤 2　用"音频"工具编辑背景音乐。

① 选择"工具→音频"命令,进入音频编辑状态,如图 7.41 所示,在音频编辑状态下可以发现,轨道 3 和轨道 1 中的音频成绿色显示。

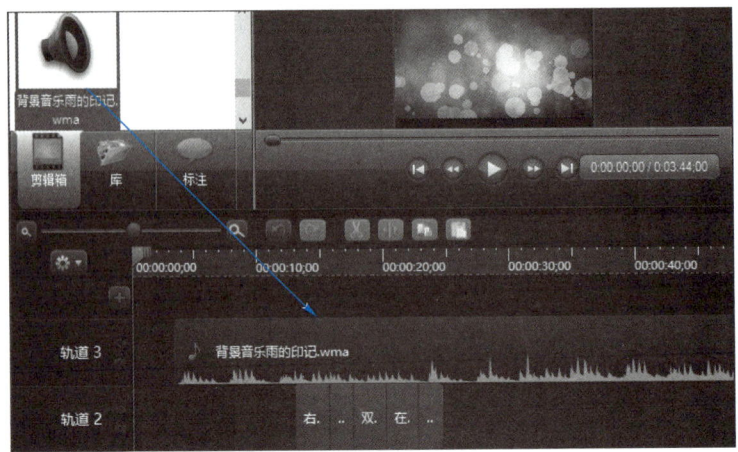

图 7.38 将音频拖曳到轨道 3 中

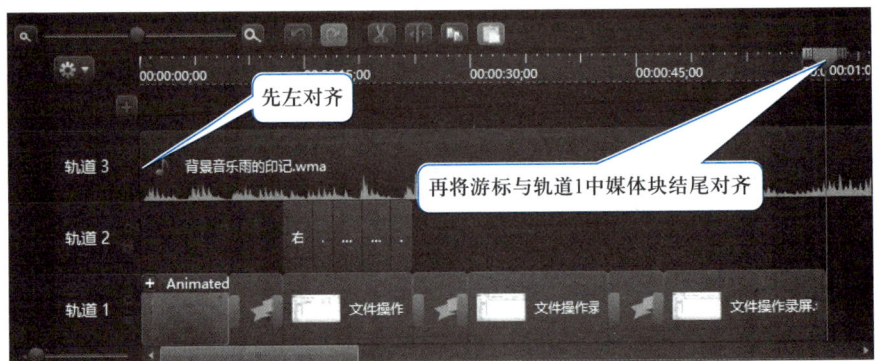

图 7.39 左对齐音频块与调整游标位置

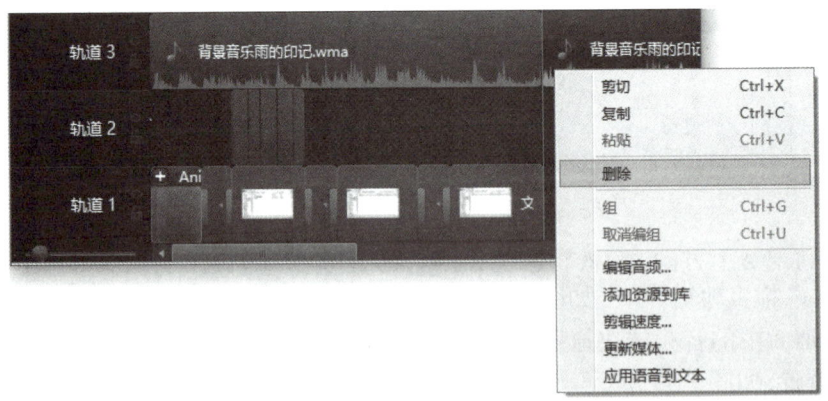

图 7.40 删除多余的音频块

② 将鼠标光标移动到轨道 3 中绿色音量块的上边缘,当光标变成双箭头时向下拖曳适度减小音量,如图 7.42 所示。

图 7.41 音频编辑状态

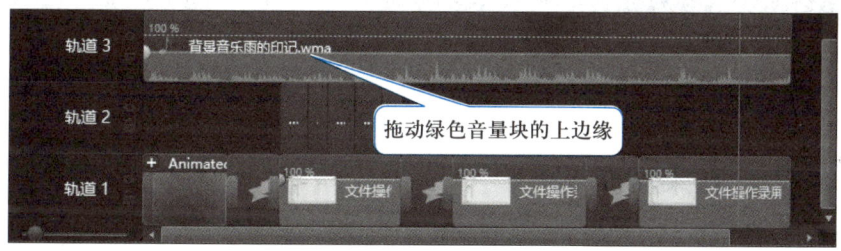

图 7.42 调整音量

【小提示】

因为声音较高的背景音乐将会影响主视频旁白的播放效果,所以微课中的背景音乐音量要低于主视频中的旁白音量。

③ 选中轨道 3 中的音频块,在音频编辑区先后选择"淡入"和"淡出"效果,如图 7.43 所示。

【小知识】

"淡入"效果可以实现声音从无到有逐渐变大,"淡出"则实现相反的效果。另外,可以通过拖曳绿色音量块边缘上的"圆圈"按钮来调整淡入或淡出的过渡时长。

步骤 3 选择"播放→从开始播放"命令,预览播放效果。

图 7.43　设置淡入淡出效果

任务 6　可视化效果制作

1．任务目标

① 掌握制作运动效果的方法。
② 掌握制作放缩效果的方法。
③ 掌握制作旋转效果的方法。
④ 掌握制作透明变化效果的方法。
⑤ 了解调整动画播放起止时间的方法。

2．任务要求

打开项目"可视化.camproj",其中轨道 1 中已经存在一张图片。利用"可视化属性"工具为图片设计缩小、移动、旋转、变透明等效果。

3．任务步骤

步骤 1　为图片制作缩小动画效果。

① 双击打开"可视化.camproj"项目,选中轨道 1 中的图片,选择"工具→可视化属性"命令(或单击  按钮),进入动画编辑状态,如图 7.44 所示。

图 7.44　动画编辑状态

② 选中轨道 1 中的图片,将游标定位到大约 13 秒处,单击"添加动画"按钮,这样在轨道 1 的图片媒体块中生成一个动画控制条,如图 7.45 所示。拖曳动画控制条两端的"圆圈"按钮(关键帧),将起止时间大概调整为 0 到 13 秒,如图 7.46 所示。

【小提示】

刚创建的动画控制条两端的小圆圈对应着两个关键帧,只要将两个关键帧处的图片对象设置为不同的状态(尺寸、位置或旋转角度),当播放时系统自动会生成从第一个关键帧状态变化到下一个关键帧状态的平滑过渡动画效果。

③ 双击动画控制条后面的关键帧(游标会自动移动到该位置),在动画编辑区设置尺寸为 30%,如图 7.47 所示。当预览视频时,图片会产生缩小到原来 30% 大小的动画效果。

步骤 2　为图片制作运动效果。

① 将游标定位到大约 25 秒的位置,单击"添加动画"按钮再创建一个动画控制条,调整动画控制条的开始时间为 14 秒,持续时间为 20 秒,如图 7.48 所示。

② 将游标定位到第 19 秒位置,在预览区将图片拖曳到左上角适当位置,此时会在动画控制条上创建一张新关键帧(与图片处于左上角的状态对应),如图 7.49 所示。当预览视频时,在第 14 秒时图片会从中间向左上角移动,第 19 秒之后又返回到原来位置的运动效果。

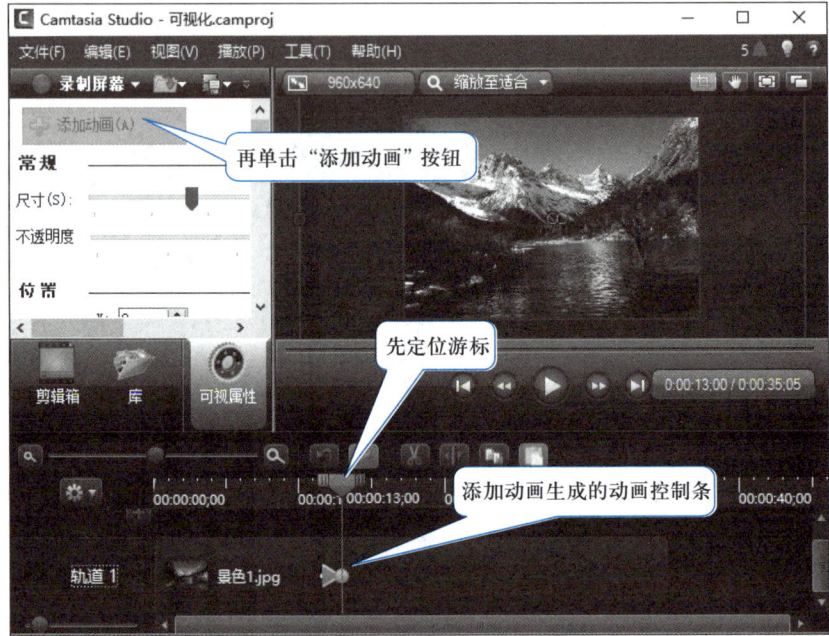

图 7.45　创建动画控制条

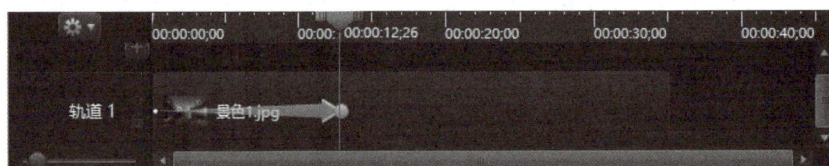

图 7.46　调整动画控制条

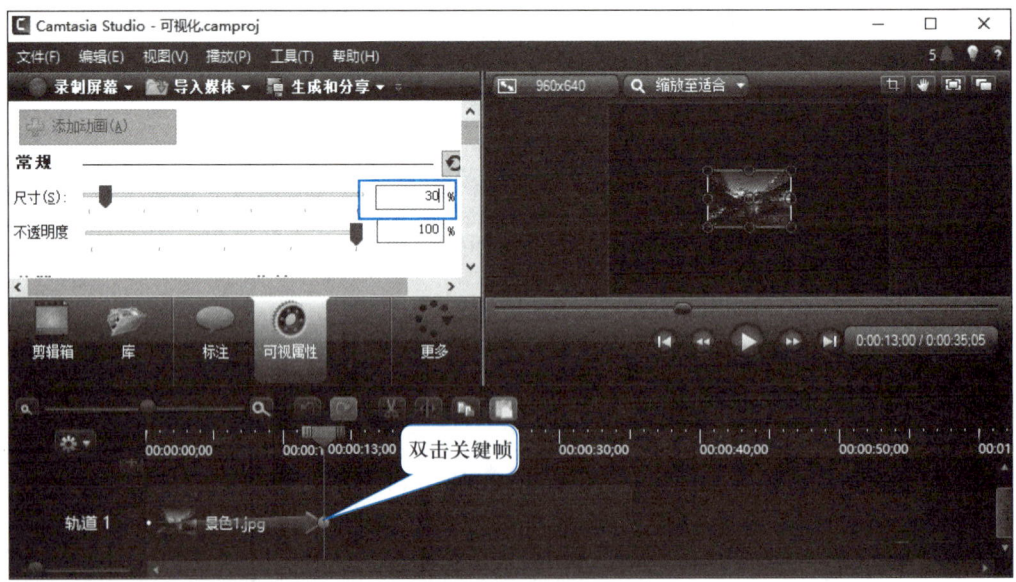

图 7.47　设置尺寸参数

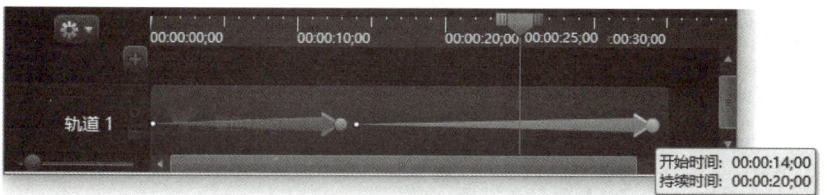

图 7.48 创建一个从 14 到 21 秒的动画控制条

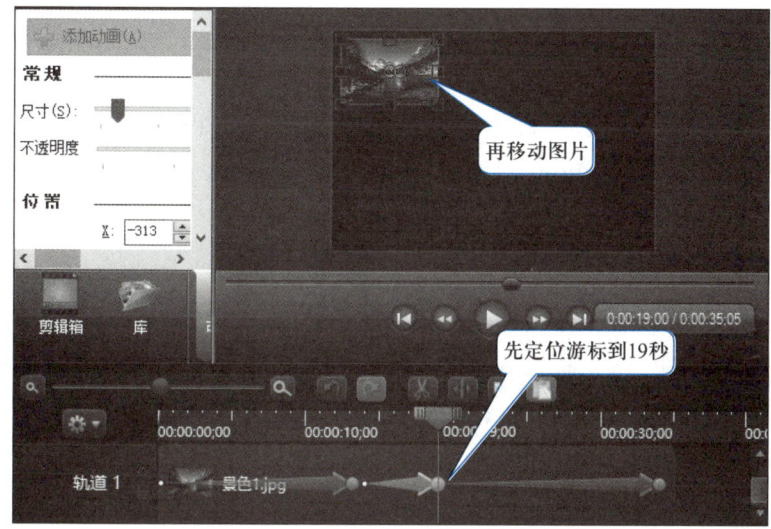

图 7.49 改变位置,创建中间关键帧

步骤 3 为图片制作旋转和变半透明效果。

将游标定位到第 27 秒位置,在动画编辑区设置"不透明度"为 50%,旋转的 X 值为 180,旋转的 Y 值为 360,此时在 27 秒位置创建一关键帧,如图 7.50 所示。当预览视频时,从第 19 帧开始图片开始旋转并逐渐变透明,第 27 秒图片按相反的方向旋转和逐渐变成非透明。

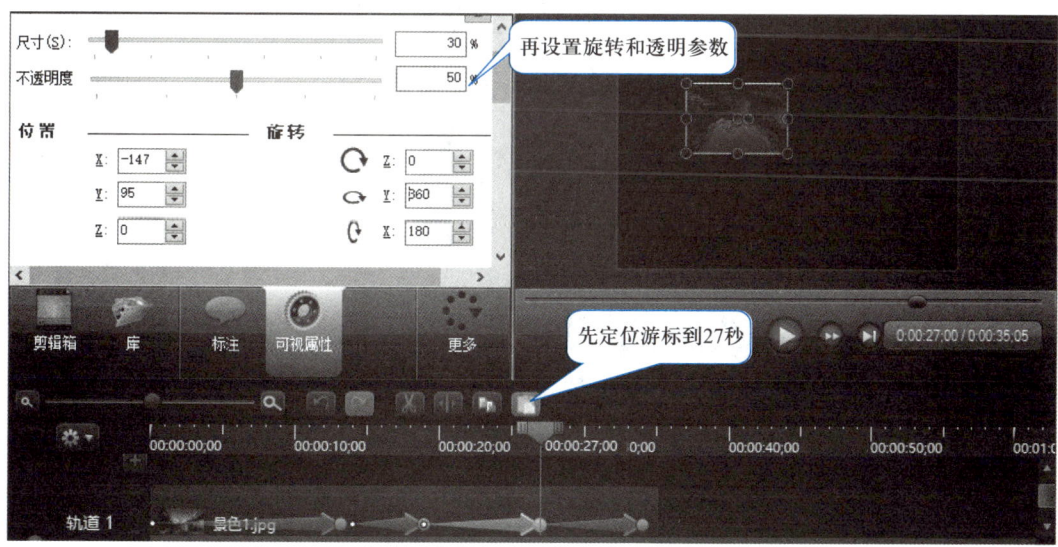

图 7.50 设置旋转角度和透明度参数,创建中间关键帧

【小提示】

如果要删除动画,可以在动画控制条上右击鼠标,在弹出的菜单中选择"删除"命令即可。

步骤 4 选择"播放→从开始播放"命令,预览播放效果。

任务 7 制作光标与转场效果

1. 任务目标

① 掌握制作光标的单击效果、高亮光标、放大效果、声音效果的方法。
② 掌握制作转场效果的方法。
③ 了解转场的删除方法。

2. 任务要求

打开项目"文件操作微课.camproj",为项目中录屏视频制作鼠标光标效果,具体为第一段录屏视频中光标成高亮显示;第二段录屏视频中单击鼠标时,光标处显示圆圈且播放单击声音;第三段录屏视频中光标放大到原来的两倍。在第一段视频与第二段视频之间制作"溶解"转场效果,在第二段视频与第三段视频之间制作"翻转"转场效果。

3. 任务步骤

步骤 1 为第一段制作光标高亮效果。

双击打开"文件操作微课.camproj"项目,选中轨道 1 中的第一段视频,选择"工具→光标效果"命令(或单击 按钮),在光标编辑区设置"高亮效果"为"高亮",如图 7.51 所示。

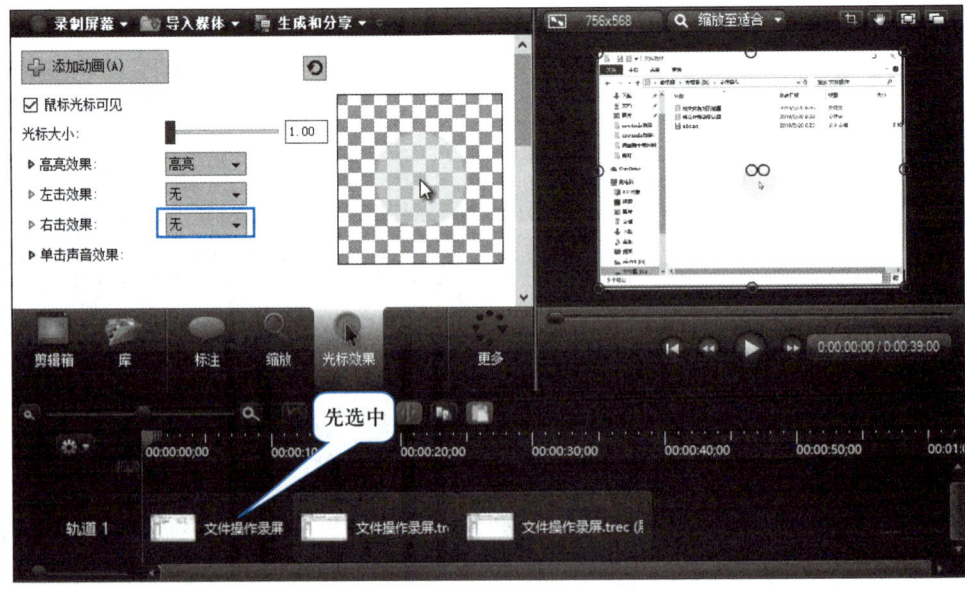

图 7.51 制作光标高亮效果

步骤 2 为第二段制作单击效果与单击声效。

选中第二段视频,在光标编辑区设置"左击效果"为"圆",设置"单击声音效果"中的"左击"为 Mouse click,如图 7.52 所示。

图 7.52 制作光标单击效果和单击声效

步骤 3 为第三段制作光标放大效果。

选中第三段视频,在光标编辑区设置"光标大小"为"2.00",如图 7.53 所示。

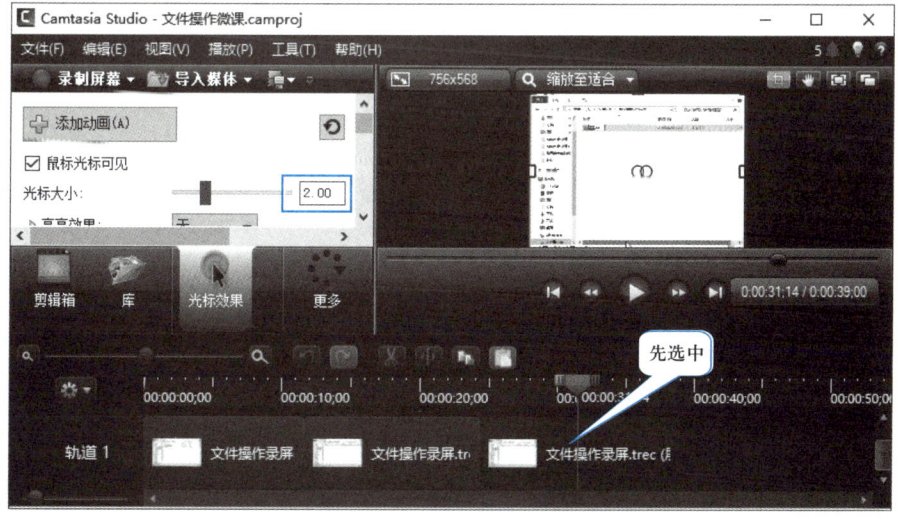

图 7.53 制作光标放大效果

步骤 4 在 3 段视频之间制作转场效果。

选择"工具→转场"命令(或单击 ![转场] 按钮),在转场列表中将"溶解"选项拖曳到轨道 1 中第一段视频与第二段视频之间,再将"翻转"选项拖曳到第二段视频与第三段视频之间,如图 7.54 所示。

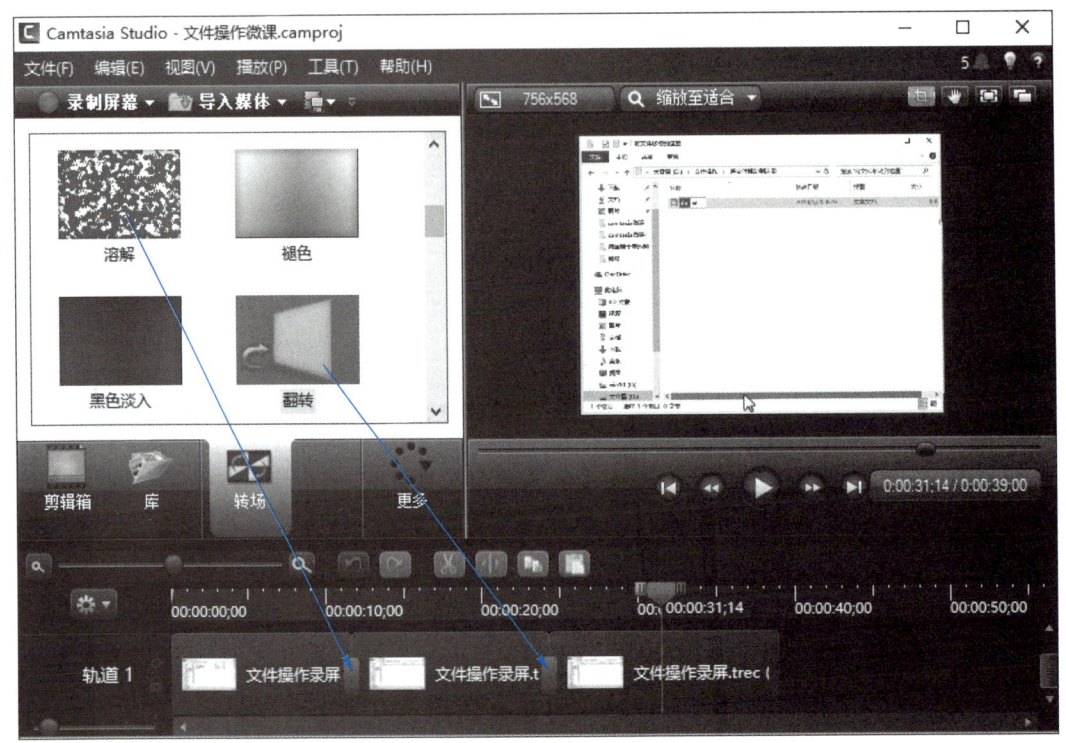

图 7.54 制作转场效果

步骤 5 选择"播放→从开始播放"命令,预览播放效果。

任务 8　制作旁白与生成视频

1. 任务目标

① 掌握插入旁白的方法。
② 掌握生成视频的方法。

2. 任务要求

打开项目"文件操作微课.camproj",为项目中的视频录制旁白,旁白文本内容和字幕内容一致。为项目生成最终视频文件(mp4 格式)。

3. 任务步骤

步骤 1 根据字幕录制旁白。

① 双击打开"文件操作微课.camproj"项目,选择"工具→语音旁白"命令(或单击 按钮)进入旁白录制准备状态,将游标定位到字幕块"右击鼠标 abc.txt"之前,如图 7.55 所示,单击"开始录制"按钮,进入录制状态(此时通过麦克风阅读字幕文字内容"右击鼠标 abc.txt"),阅读完毕时单击"停止录制"按钮,弹出"旁白另存为"对话框,在对话框中设置文件名为"旁白 1"并保存,如图 7.56 所示。生成的旁白被自动地插入到轨道 3 开始的位置,如图 7.57 所示。

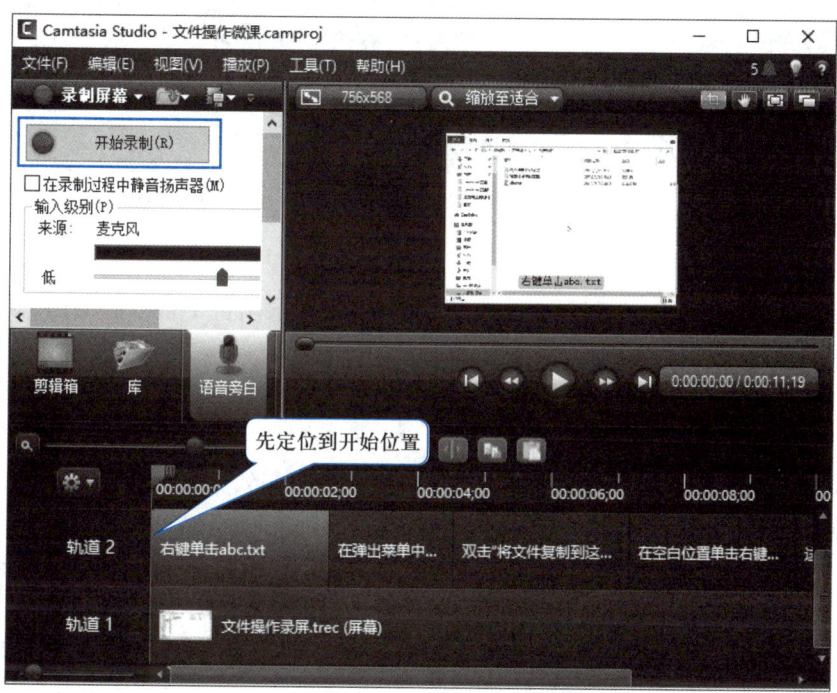

图 7.55　录制旁白准备状态

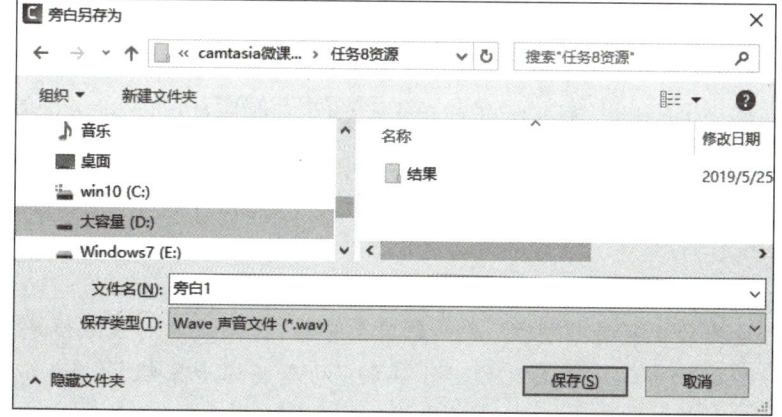

图 7.56　保存旁白文件

【小提示】

录制旁白时,要注意旁白与视频演示内容对应一致,可以分配录制(比如一句录一次),也可以整体录制。

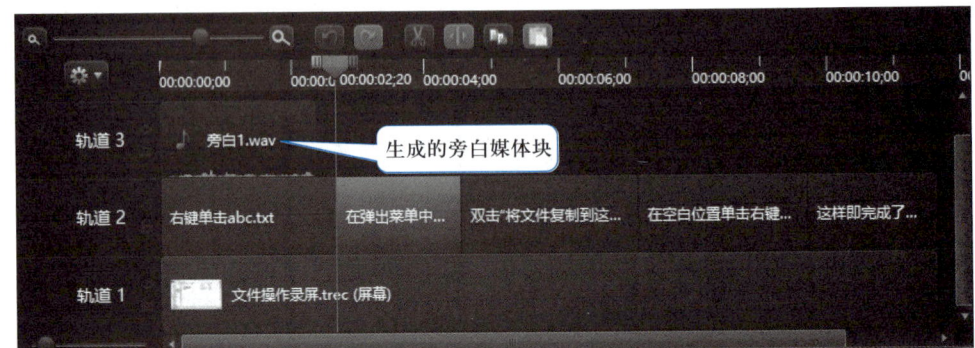

图 7.57　生成的旁白媒体块

② 继续将游标定位到其他字幕媒体块开始的位置,并根据各字幕录制旁白,录制结果如图 7.58 所示。

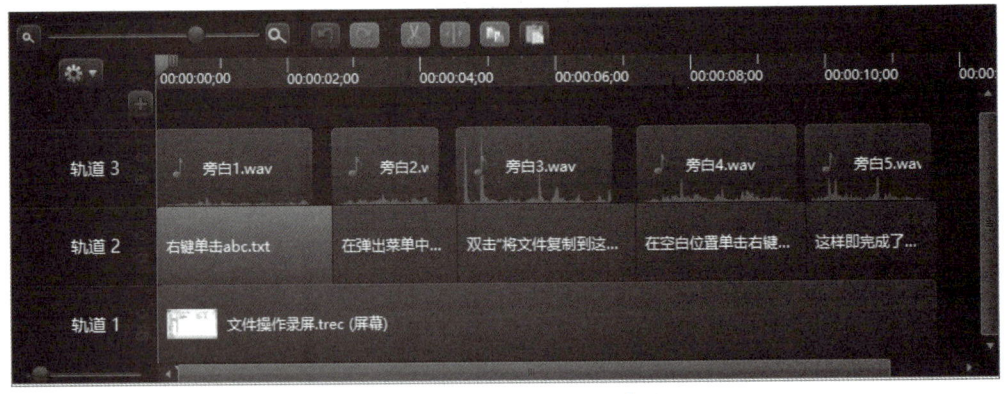

图 7.58　录制的所有旁白媒体块

步骤 2　生成 mp4 视频。

① 选择"文件→生成和共享"命令(或单击 生成和分享 按钮),进入生成向导,选择"自定义生成设置",如图 7.59 所示,单击"下一步"按钮。

② 选择推荐中的"MP4- 智能播放器 (Flash/HTML5)",单击"下一步"按钮,如图 7.60 所示。

【小知识】

MP4 是一种通用的视频音频格式,是一套用于音频、视频信息的压缩编码标准,由国际标准化组织(ISO)和国际电工委员会(IEC)下属的"动态图像专家组"(Moving Picture Experts Group)制定。

③ 取消选中"生成使用控制器"复选框,单击"下一步"按钮,如图 7.61 所示。

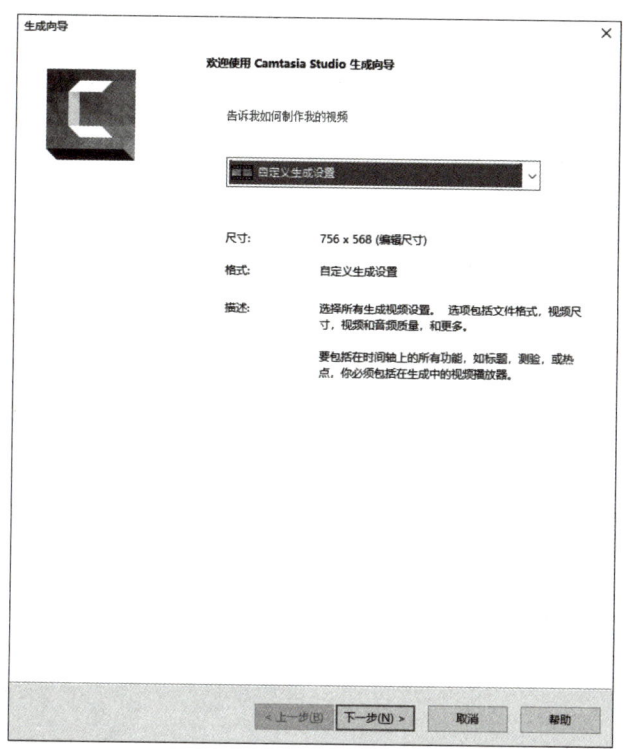

图 7.59　生成向导

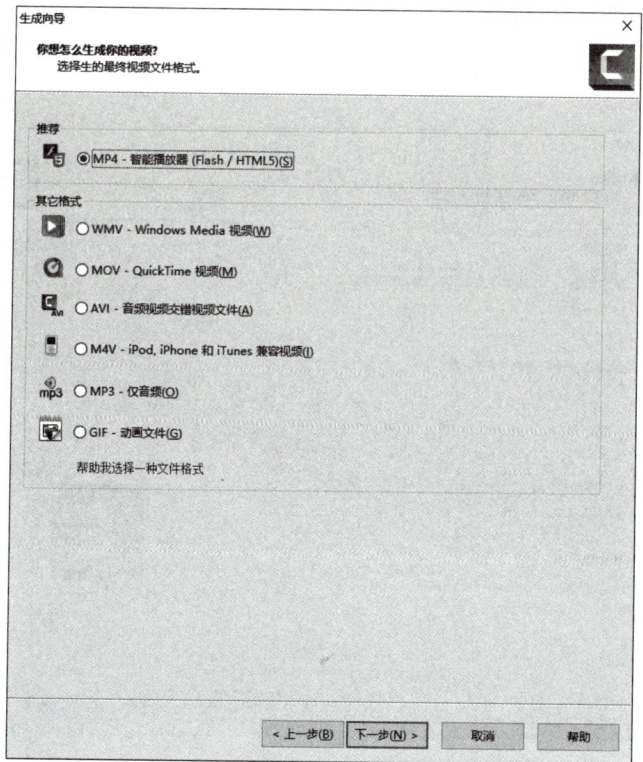

图 7.60　生成向导之选择格式设置

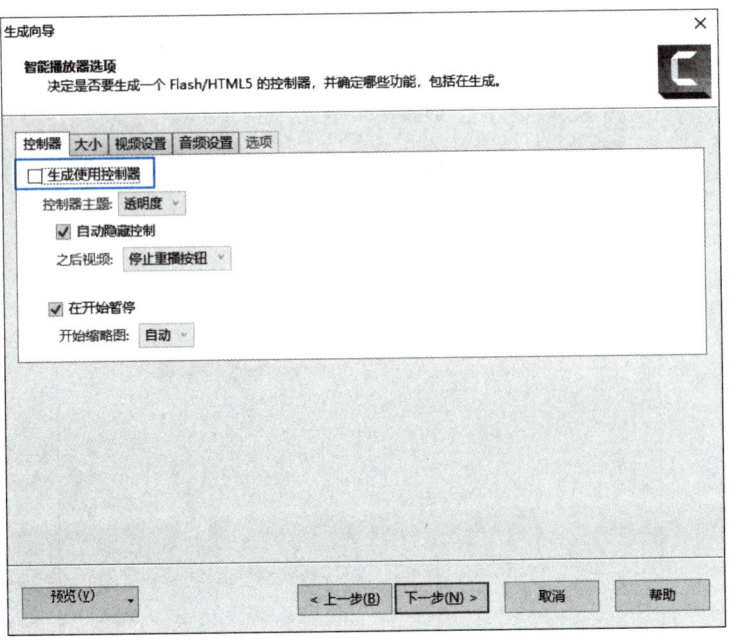

图 7.61　生成向导之播放选项设置

【小提示】

如果不取消选中"生成使用控制器"复选框,那么利用网页浏览器播放 mp4 文件时,会在视频窗口下面显示播放控制工具条。

④ 取消选中"包括水印"复选框,单击"下一步"按钮,如图 7.62 所示。

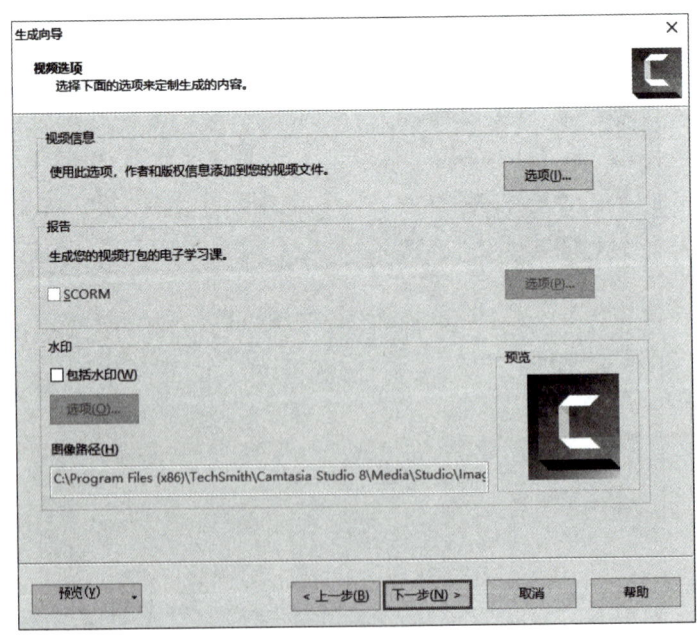

图 7.62　生成向导之视频选项设置

⑤ 设置输出文件的文件名称为"文件操作微课.mp4",单击"输出文件夹"按钮设置保存路径(建议设置为与项目文件相同的文件夹路径),取消选中"生成后播放视频(之后上传)"复选框,单击"完成"按钮,如图7.63所示。随后Camtasia将对项目进行渲染并生成mp4文件。

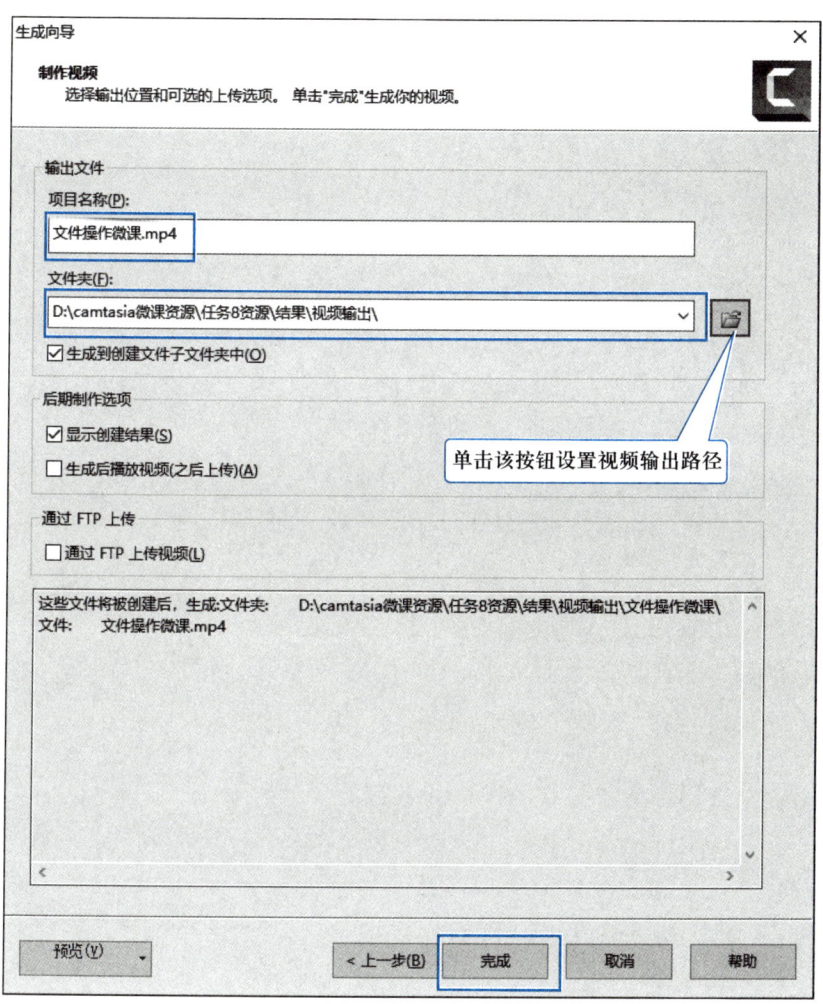

图7.63 生成向导之输出选项设置

附录　数字媒体必备知识

一、图形与图像

图形又称矢量图。矢量图是根据几何特性来绘制图形,矢量可以是一个点或一条线。矢量图只能靠软件生成。这种类型的图像文件包含独立的分离图像,可以自由无限制地重新组合。矢量图的特点是放大后图像不会失真,与分辨率无关,文件占用空间较小,适用于图形设计、文字设计和一些标志设计、版式设计等,如图 1 所示。

图像又称位图或点阵图像。位图由称作像素的单个点组成,点可以进行不同的排列和染色以构成图样。位图用数字描述像素点的强度和颜色等信息,因此占用存储空间较大,一般要进行数据压缩。当放大位图时,可以看见赖以构成整个图像的无数单个方块,图像会产生锯齿,如图 2 所示。扫描仪、摄像机等输入设备捕捉实际的画面产生的数字图像,是由像素点阵构成的位图。

图 1　放大后的矢量图

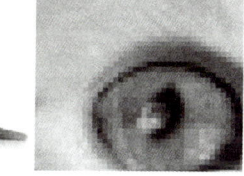

图 2　放大后的位图

矢量图和位图的区别如表 1 所示。

表 1　位图与矢量图比较

图像类型	组成	优点	缺点	常用制作工具
矢量图	数学向量	文件容量较小,在进行放大、缩小或旋转等操作时图像不会失真	不易制作色彩变化太多的图像	Flash、CorelDraw 等
位图	像素	只要有足够多的不同色彩的像素,就可以制作出色彩丰富的图像,逼真地表现自然界的景象	缩放和旋转容易失真,同时文件容量较大	Photoshop、画图等

二、图像的基本属性

1. 像素和分辨率

像素和分辨率是图像的两个基本属性。通常所说的像素就是显示器上显示光点的单位,它也用来衡量一幅图像的画面质量。单位长度上所包含的像素的多少称为分辨率。分辨率有很多种，如显示分辨率、图像分辨率等。

① 图像分辨率：指组成一幅图像的像素密度的度量方法，图像分辨率以像素/英寸表示。对同样大小的一幅图像，如果组成该图的图像像素数目越多，则说明图像的分辨率越高，图像看起来就越逼真。相反，图像显得越粗糙。在同样大小的图像上，图像的分辨率越高，则组成图像的像素点越多，像素点越小，图像的清晰度越高。

② 显示分辨率：显示分辨率是显示器在显示图像时的分辨率，通常以"点/英寸"来衡量。显示分辨率的数值是指整个显示器所有可视面积上水平像素和垂直像素的数量。例如800×600的分辨率，是指在整个屏幕上水平显示800个像素，垂直显示600个像素。分辨率越高，像素的数目越多，感应到的图像越精密。而在屏幕尺寸一样的情况下，分辨率越高，显示效果就越精细和细腻。在相同大小的屏幕上，分辨率越高，显示就越小。

通常情况下，如果图像仅用于显示，可将其分辨率设置为72像素/英寸；若图像用于打印输出，则应将其分辨率设置为150像素/英寸或更高。

2. 图像深度

图像深度是指存储每个像素所用的二进制位数，也用于度量图像的色彩分辨率。图像深度确定彩色图像的每个像素可能有的颜色数，或者确定灰度图像的每个像素可能有的灰度级数。它决定了彩色图像中可出现的最多颜色数，或灰度图像中的最大灰度等级。比如，一幅单色图像，若每个像素有8位，则最大灰度数目为2的8次方，即256；一幅彩色图像RGB的3个分量的像素位数分别为4、4、2，则最大颜色数目为2的4+4+2次方，即1 024，就是说像素的深度为10位，每个像素可以是1 024种颜色中的一种。

例如：一幅图像的尺寸是1 024*768，深度为16，则它的数据量为1.5 MB。

计算方法如下：1 024*768*16 bit=(1 024*768*16)/8 字节 = 1.5 MB。

3. 图像的色彩模式

色彩模式是数字世界中表示颜色的一种算法。为了表示各种颜色，人们通常将颜色划分为若干分量。常用的几种色彩模式有位图模式、灰度模式、RGB模式、CMYK模式、Lab模式、HSB模式等。

① 位图模式：使用黑白两种颜色之一来表示图像中的像素。位图模式的图像也叫作黑白图像，因为图像中只有黑白两种颜色。当需要将彩色模式转换为位图模式时，必须先转换为灰度模式，由灰度模式才能转换为位图模式。

② 灰度模式：如果选择了灰度模式，则图像中没有颜色信息，色彩饱和度为零，图像有256个灰度级别，从亮度0（黑）到255（白）。如果要编辑处理黑白图像，或将彩色图像转换为黑白图像，可以制定图像的模式为灰度，由于灰度图像的色彩信息都从文件中去掉了，所以灰度相对彩色来讲文件大小要小得多。

③ RGB模式：RGB是色光的色彩模式。R代表红色，G代表绿色，B代表蓝色，3种色彩叠加形成了其他的色彩。因为3种颜色都有256个亮度水平级，所以3种色彩叠加就形成1 670万种颜色了，也就是真彩色，以再现绚丽的世界。在RGB模式中，由红、绿、蓝相叠加可以产生其他颜色，因此该模式也叫加色模式。所有显示器、投影设备以及电视机等都依赖于这种加色模式来实现。

④ CMYK 模式：当阳光照射到一个物体上时，这个物体将吸收一部分光线，并将剩下的光线进行反射，反射的光线就是所看见的物体颜色。这是一种减色色彩模式，同时也是 CMYK 与 RGB 模式的根本不同之处。不但在看物体的颜色时用到了这种减色模式，而且在纸上印刷时应用的也是这种减色模式。CMYK 代表印刷上用的 4 种颜色，C 代表青色，M 代表洋红色，Y 代表黄色，K 代表黑色。

⑤ Lab 模式：Lab 模式是国际照明委员会（CIE）于 1976 年公布的一种色彩模式。这种模式既不依赖光线，也不依赖于颜料，它是 CIE 组织确定的一个理论上包括了人眼可以看见的所有色彩的色彩模式。Lab 模式弥补了 RGB 和 CMYK 两种色彩模式的不足。Lab 模式由 3 个通道组成，它的一个通道是亮度，即 L，另外两个是色彩通道，用 A 和 B 来表示。A 通道包括的颜色是从深绿色（低亮度值）到灰色（中亮度值）再到亮粉红色（高亮度值）；B 通道则是从亮蓝色（低亮度值）到灰色（中亮度值）再到黄色（高亮度值）。因此，这种色彩混合后将产生明亮的色彩。Lab 模式所定义的色彩最多，且与光线及设备无关并且处理速度与 RGB 模式同样快，比 CMYK 模式快很多。因此，可以在图像编辑中使用 Lab 模式。

⑥ HSB 模式：根据日常生活中人眼的视觉对色彩的观察而制定的最接近于人类视觉的一种色彩模式。所有的颜色都是用色彩三属性来描述的。H 代表色相，是指从物体反射或透过物体传播的颜色；S 代表饱和度，是指颜色的强度或纯度，表示色相中灰色成分所占的比例；B 代表亮度，是指颜色的相对明暗程度。

三、图像的文件格式及其转换

1. 图像的文件格式

（1）BMP 文件

BMP 是一种与硬件设备无关的图像文件格式，使用范围广泛。它采用位映射存储格式，除了图像颜色深度可选以外，不采用其他压缩，所占用的空间较大。BMP 文件的图像颜色深度可选 1 bit、4 bit、8 bit 和 24 bit。BMP 文件格式是 Windows 环境中交换与图有关的数据的一种标准，在 Windows 环境中运行的图形图像软件都支持 BMP 图像格式。

BMP 是 Windows 位图，可以用各种颜色深度（从黑白到 24 位颜色）存储每个栅格的颜色信息。Windows 位图文件格式与其他 Microsoft Windows 程序兼容。BMP 不支持文件压缩，也不适用于 Web 页。从总体上看，Windows 位图文件格式的缺点超过了它的优点。想要得到高质量的图像，可以使用 PNC、JPEG、TIFF 文件。BMP 文件适用于 Windows 中的墙纸，但是 BMP 文件不支持 Web 浏览器。

（2）JPEG 文件

JPEG 是 Joint Photographic Experts Group 的缩写，文件扩展名为 .jpg 或 .jpeg，是最常用的图像文件格式。这种格式由一个软件开发联合会组织制定，是一种有损压缩格式，能够将图像信息压缩在很小的存储空间中，图像中重复或不重要的资料会被忽略，因此也容易造成图像数据的损伤。使用过高的压缩比例，将使最终解压缩后恢复的图像质量明显降低。如果希望获得高品质的图像，不宜采用过高压缩比例。JPEG 压缩技术十分先进，它用有损压缩方式去除冗余的图像数据，可以用较少的磁盘空间得到较好的图像品质。而且 JPEG 是一种很灵活的格式，具有调节图像质量的功能,允许用不同的压缩比例对文件进行压缩,支持多种压缩级别,压缩比通常在10∶1到40∶1之间。通常可以把1 MB大小的BMP位图文件压缩至20 KB左右。JPEG格式压缩的主要是高频信息,对色彩的信息保存较好,适合应用于互联网,可减少图像的传输时间。同时这种图像格式也越来越多地被用作手机和数码相机拍摄照片的保存格式。

JPEG格式是目前最流行的图像格式,Photoshop软件以JPEG格式存储时,提供11级压缩级别,以0~10级表示。其中0级压缩比最高,图像品质最差。即使采用细节几乎无损的10级质量保存时,压缩比也可达5∶1。通常采用第8级压缩作为存储空间与图像质量兼得的最佳比例。JPEG不适用于颜色很少、具有大块颜色相近区域的简单的图片,相对来说更适于需要表现连续色调的图像。

(3)GIF文件

GIF是Graphics Interchange Format的缩写,是CompuServe公司开发的图像文件格式。GIF文件的数据,是一种基于LZW算法的连续色调的无损压缩格式,其压缩率一般在50%左右。目前几乎所有相关软件都支持它,公共领域有大量的软件在使用GIF图像文件。GIF的图像颜色深度从1 bit到8 bit,即GIF最多支持256种色彩的图像。GIF格式的另一个特点是其在一个GIF文件中可以存储多幅彩色图像,把这些幅图像数据逐幅读出并显示到屏幕上,就可构成一种最简单的动画。GIF图像的优点是图像的显示速度要比其他格式图像快。GIF格式通常用来表现那些形式和色彩简单的图像,目前网页上可以看到的小图标和小动画多为GIF图像。

(4)PNG文件

PNG是Portable Network Graphics的缩写,是网络上支持的新兴图像文件格式。PNG能够提供长度比GIF小30%的无损压缩图像文件。它同时提供24位和48位真彩色图像支持,以及其他诸多技术性支持。由于PNG比较新,所以并不是所有的程序都可以用它来存储图像文件,但Photoshop可以处理PNG图像文件,也可以用PNG图像文件格式存储。

(5)PSD文件

PSD是Photoshop图像处理软件的专用文件格式,文件扩展名是.psd,支持图层、通道、蒙版和不同色彩模式的各种图像特征,是一种非压缩的原始文件保存格式,因此比其他格式的图像文件还是要大得多。由于PSD文件保留所有原图像数据信息,因而修改起来较为方便,大多数排版软件不支持PSD格式的文件。

2. 图像文件的格式转换

由于图像文件的应用非常广泛,对图像文件的大小、质量等要求也不同,所以图像文件要经常进行格式的转换。图像文件的格式转换有两种办法,一是通过格式转换工具软件实现转换;二是通过图像编辑软件进行格式转换,即将要转换的文件打开,然后再另存为需要的目标格式即可。

四、音频的数字化

自然界中的声音是由于物体的振动产生的,通过空气传递振动,最后这种机械运动被传递到人的耳膜而被人感知。听觉是人类感知自然的一种重要手段,所以音频也就成为多媒体范畴中一个重要部分。

自然界的声音经过麦克风后,机械运动被转化为电信号,这时的电信号由许多正弦波组成,其中正弦波的频率取决于声音中含有的频率。对于计算机来说,处理和存储的只可以是二进制所表示的数,所以需要在计算机处理和存储声音之前把这些电信号转换为二进制数。这个转换过程在电子技术中称为模数转换(A/D)。模数转换的过程可以分成两个部分:第一部分是采样,第二部分称为量化,经过这个过程(如图3所示)处理后的音频电信号就变成了可以被计算机存储和处理的二进制序列,这个过程在计算机中是在声卡中完成的。

图 3　模数转换过程图

语音信号是典型的连续信号,不仅在时间上是连续的,而且在幅度上也是连续的。在时间上"连续"是指在一个指定的时间范围里声音信号的幅值有无穷多个,在幅度上"连续"是指幅度的数值有无穷多个。模拟信号就是指在时间和幅度上都是连续的信号。

在某些特定的时刻对这种模拟信号进行测量叫做采样(Sampling),由这些特定时刻采样得到的信号称为离散时间信号。采样得到的幅值是无穷多个实数值中的一个,因此幅度还是连续的。而对于固定位数的二进制数只能表示有限的几个值,所以要把这些可能的幅值为无穷的采样数值取值的数目加以限定,这种由有限个数值组成的信号就称为离散幅度信号,这个过程就叫作量化,这样处理势必会带来误差,这个误差就是量化误差。例如,假设输入电压的范围是 0.0 V ~ 1.5 V,并假设量化后二进制数为4位,这样只有16个采样值可以选取,它的取值只限定在 0、0.1、0.2、……、1.5 共 16 个值。如果采样得到的幅度值是 0.323 V,它的取值就应算作 0.3 V,如果采样得到的幅度值是 0.56 V,它的取值就算作 0.6,这种数值就称为离散数值,得到离散数值的过程被称为量化。数字信号就是指时间和幅度都用离散的数字表示的信号。模拟声音信号数字化的过程如图 4 所示。

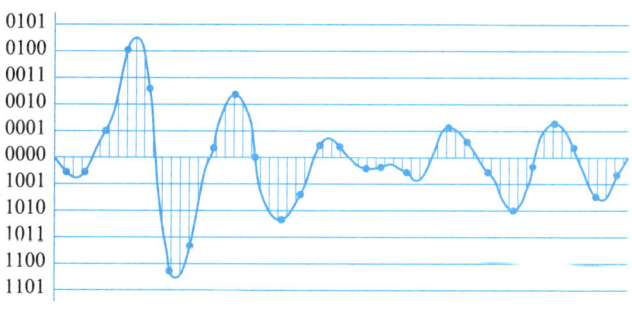

图 4　模拟声音信号的数字化

声音其实是一种能量波,因此也有频率和振幅的特征,频率对应于时间轴线,振幅对应于电平轴线。采样的过程就是抽取某点的幅度值,很显然,在一秒钟内抽取的点越多,获取的频率信息越丰富。为了复原波形,一次振动中必须有两个点的采样,并且人耳能够感觉到的最高频率为 20 kHz,因此要满足人耳的听觉要求,则需要至少每秒进行 40 k 次采样,用 40 kHz 表达,即 40 kHz 采样频率,它表示每秒钟需要采集多少个声音样本。所以,在声音信号的数字化中采样频率是一个重要概念。

目前通用的标准采样频率有 8 kHz、11.025 Hz、22.05 kHz、15 kHz、44.1 kHz 和 48 kHz,常见的 CD,采样率为 44.1 kHz。仅有频率信息是不够的,还必须获得该频率的能量值并量化,用于表示信号强度,即采样精度,指每个声音样本需要用多少位二进制数来表示,它反映出度量声音波形幅度值的精确程度。一个二进制位有 0 和 1 两种可能,显然量化电平数为 2 的整数次幂。常见的 CD 为 16 bit 的采样大小,即 2 的 16 次方。举个简单例子:假设对一个波进行 8 次采样,采样点分别对应的能量值分别为 A1~A8,但只使用 2 bit 的采样大小,结果只能保留 A1~A8 中 4 个点的值而舍弃另外 4 个。如果进行 3 bit 的采样大小,则刚好记录下 8 个点的所有信息。采样频率和采样精度的值越大,记录的波形越接近原始信号。

声道数是指所使用的声音通道的个数,它表明声音记录只产生一个波形(即单音或单声道)还是两个波形(即立体声或双声道)。虽然,立体声听起来要比单音丰满优美,但需要两倍于单音的存储空间。

采样频率、采样精度和声道数对声音的音质和占用的存储空间起着决定性作用。根据声音的频带宽度,通常把声音的质量分成 5 个等级,由低到高分别是电话(Telephone)、调幅(Amplitude Modulation,AM)广播、调频(Frequency Modulation,FM)广播、激光唱盘(CD-Audio)和数字录音带(Digital Audio Tape,DAT)的声音,如表 2 所示。如果希望音质越高越好,存储空间越少越好,则显然是一对矛盾,所以必须在音质和存储空间之间进行折中。数据量与上述三要素之间的关系可用下述公式表示:

$$数据量(bytes/s) = (采样频率(Hz/s) \times 量化位数(bit) \times 声道数)/8$$

表 2 采样频率、采样精度和声道数与数据量的对照

声音质量	采样频率(KHz)	采样精度(bit)	单声道/双声道	数据量(Mb/min)
电话音质	8	8	1	0.46
AM 音质	11.025	8	1	0.63
FM 音质	22.05	16	2	5.05
CD 音质	44.1	16	2	10.09
DAT 音质	48	16	2	10.99

五、音频的文件格式及转换

1. 常见格式

(1) PCM(脉冲编码调制)编码格式

PCM 是一种将模拟音频信号变换为数字信号的编码方式。主要经过抽样、量化和编码 3 个过程。抽样过程将连续时间模拟信号变为离散时间、连续幅度的抽样信号,量化过程将抽样信号变为离散时间、离散幅度的数字信号,编码过程将量化后的信号编码成为一个二进制码组输出。PCM 编码的最大优点就是音质好,最大的缺点就是体积大。常见的 Audio CD 就采用了 PCM 编码,一张光盘可容纳约 70 分钟的音乐信息。

（2）WAV 格式

WAV 是微软公司开发的通用音频格式，也叫波形声音文件。WAV 对音频流的编码没有硬性规定，除了 PCM 之外，还有几乎所有支持 ACM 规范的编码都可以为 WAV 的音频流进行编码。WAV 格式支持许多压缩算法，支持多种音频位数、采样频率和声道，可以达到较高的音质要求，是音乐编辑创作的首选格式。但是这种格式需要很大的存储空间，不便于交流和传播。WAV 通常也被作为一种"桥梁"格式，用于其他编码的相互转换之中。

（3）MP3 编码格式

MP3 是 MPEG（Moving Picture Experts Group）Audio Layer-3 的简称。MP3 可以做到 12∶1 的惊人压缩比并保持基本的音质，MP3 利用了人耳的特性，削减音乐中人耳听不到的成分，同时尽可能地维持原来的声音质量。

（4）MP3PRO 编码格式

MP3PRO 与 MP3 相比最大的特点是能在低达 64 kbps 的比特率下仍然能提供近似 CD 的音质。该技术在原来 MP3 技术的基础上专门针对原来 MP3 技术中损失了的音频细节进行独立编码处理并捆绑在原来的 MP3 数据上，在播放的时候通过再合成而达到良好的音质效果。

（5）WMA 格式

WMA（Windows Media Audio）是 Windows Media Audio 编码后的文件格式。WMA 格式是以减少数据流量但保持音质的方法来达到更高的压缩率目的，其压缩率一般可以达到 1∶18。WMA 支持防复制功能，支持通过 Windows Media Rights Manager 加入保护，可以限制播放时间和播放次数甚至于播放的机器，可有力地防止盗版，保护版权。WMA 同样也可以支持网络流媒体技术，即一边读一边播放，因此 WMA 可以很轻松地实现在线广播。

（6）ASF 格式

ASF（Audio Steaming Format）是一种支持在各类网络和协议上的数据传输的标准。它支持音频、视频及其他多媒体类型。ASF 格式在录制时可以对音质进行调节，可以获得接近 CD 的音质，压缩比较高的文件可用于网络广播。

（7）RA/RM 格式

RA（RealAudio）和 RM（RealMedia）格式的特点是可以在非常低的带宽下（低达 28.8 kbps）提供足够好的音质，可以根据带宽的不同而改变声音的质量，在保证流畅的前提下尽可能提高音质。RA 不但都支持边读边放，也同样支持使用特殊协议来隐匿文件的真实网络地址，从而实现只在线播放而不提供下载的播放方式。

（8）MIDI 格式

记录 MIDI 音乐的文件格式。与波形文件相比较，它记录的不是实际声音信号采样、量化后的数值，而是演奏乐器的动作过程及属性，因此，数据量很小。

（9）OGG 编码格式

OGG 全称应该是 OGG Vorbis，是一种新的完全免费、开放源码和没有专利限制的音频压缩格式。OGG Vorbis 支持多声道，可以在相对较低的数据速率下实现比 MP3 更好的音质。OGG Vorbis 是一个音频编码框架，可以不断导入新技术逐步完善，文件可以在未来的任何播放器上播放。

（10）AIFF 格式

AIFF 格式是苹果公司 Macintosh 平台上的标准音频格式，属于 QuickTime 技术的一部分。

AIFF 虽然是一种很优秀的文件格式,但由于它是 Macintosh 平台上的格式,因此在 PC 平台上并没有得到很大的流行。

（11）APE 格式

APE 是一种无损压缩格式,一般用 APE 或 MAC 为扩展名。这种格式的压缩比远低于其他格式,但能够做到真正无损,因此获得了不少要求保真效果的用户的青睐。在现有不少无损压缩方案中,APE 是一种有着突出性能的格式,是交流音乐的主要选择。

（12）AU 格式

AU（Audio 音频）是一种主要在 Internet 上使用的多媒体声音文件。AU 文件是 UNIX 操作系统下的数字声音文件,这种格式本身也支持多种压缩方式,但文件结构的灵活性就比不上 AIFF 和 WAV。目前可能唯一必须使用 AU 格式来保存音频文件的就是 Java 平台。

2. 格式转换

音频文件的格式很多,在音频的处理过程中,往往要进行各种格式之间的相互转换。音频格式的转换可以通过以下两种途径。

（1）通过常用软件实现转换

常用软件指格式工厂、全能音频转换器、音频格式转换器等,这些工具能很方便地实现音频格式转换。例如,图 5 所示的就是格式工厂的主界面。当然,如果有专用的针对某些格式转换的工具也可以尝试使用,以便获得更好的转换质量。例如,Power MP3 WMA Converter 是特别适用于 MP3、WMA、WAV、OGG、APE 音频文件相互之间格式转换的。

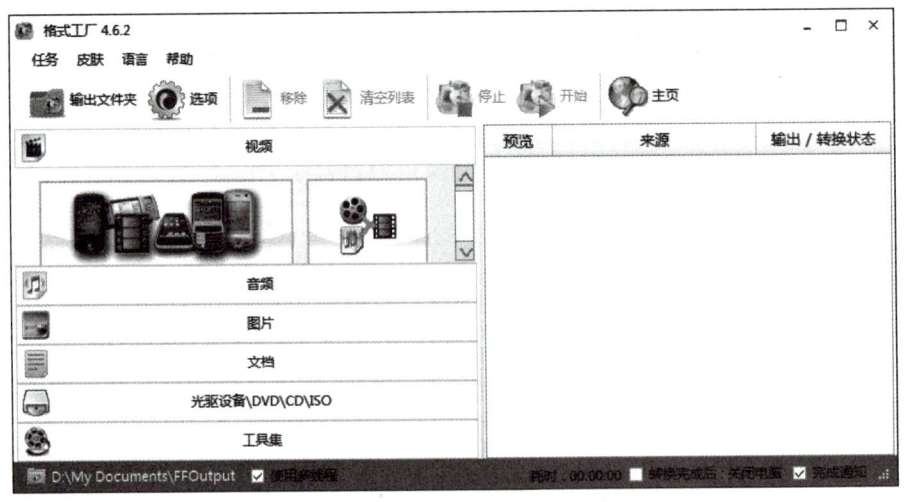

图 5　格式工厂

（2）通过音频编辑软件进行格式转换

音频编辑软件都支持读取多种音频格式,这种转换方法比较简单,只需要将要转换的文件打开,然后再另存为需要的目标格式即可。

六、视频的数字化

视频数字化就是将视频信号经过视频采集卡转换成数字视频文件。视频数字化的过程是将录像机、电视机、电视卡等模拟视频输出的设备输出的模拟视频信号进行采集、量化和编码,一般由专门的视频采集卡来完成。视频采集卡不仅提供接口以连接模拟视频设备和计算机,而且具有把模拟信号转换成数字数据的功能。需要指出的是视频数字化的概念是建立在模拟视频占主角的时代,现在通过数字摄像机摄录的信号本身已是数字信号。数字视频的来源有很多,如摄像机、录像机、影碟机等视频源的信号。

七、视频拍摄的基本知识

1. 景别

景别是指由于摄影机与被摄体的距离不同,而造成被摄体在电影画面中所呈现出的范围大小的区别。景别的划分,一般可分为5种,由远至近分别为远景(被摄体所处环境)、全景(人体的全部和周围背景)、中景(人体膝部以上)、近景(人体胸部以上)、特写(人体肩部以上)。

(1) 远景

远景是景别中视距最远、表现空间范围最大的一种景别。在远景中,人物在画幅中的大小通常不超过画幅高度的一半,用来表现开阔的场面或广阔的空间,因此这样的画面在视觉感受上更加辽阔深远,节奏上也比较舒缓,一般用来表现开阔的场景或远处的人物,如图6所示。

从表现功能上分,远景还可以包含大远景和远景两个层次。

大远景一般用来表达宏大的场面,像连绵的山峦、浩瀚的海洋、无垠的沙漠以及从高空俯瞰的城市等,它的画面有时幽远辽阔,有时气势磅礴,一般节奏舒缓,易于抒情。

远景画面并不像大远景那样强调画面的独立性,而是更强调环境与人物之间的相关性、共存性以及人物存在于环境中的合理性。在这一景别中,画面主体视觉突出,除了光影、色阶、明暗、动势关系的强调外,还需要注意构图形式的作用。

(2) 全景

全景主要用来表现被摄对象的全貌或被摄人体的全身,同时保留一定范围的环境和活动空间。对于景物而言,全景是表现该景物全貌的画面。对于人物来说,全景是表现人物全身形貌的画面。它既可以表现单人全貌,也可以同时表现多人。从表现人物情况来说,全景又可以称作"全身镜头",在画面中,人物的比例关系大致与画幅高度相同,如图7所示。

图6 远景

图7 全景

与场面宏大的远景相对比,全景所表现的内容更加具体和突出。无论是表现景物还是人物,全景比远景更注重具体内容的展现。对于表现人物的全景,画面中会同时保留一定的环境内容,但是这时画面中的环境空间处于从属地位,完全成为一种造型的补充和背景衬托。

（3）中景

中景画面中人物整体形象和环境空间降至次要位置,它更重视具体动作和情节。中景画面一般表现人物的多半身形貌,由于拍摄人物时候往往都要表现面部情况,所以通常意义上的中景指人物膝盖以上的部分,如图8所示。

和远景、全景相比较,中景可以看到更多的画面细节,观众的注意力更加集中在主体上面,因此会产生相对于前者更多的感染力。中景是叙事功能最强的一种景别。在包含对话、动作和情绪交流的场景中,利用中景景别可以最有利最兼顾地表现人物之间、人物与周围环境之间的关系。中景的特点决定了它可以更好地表现人物的身份、动作以及动作的目的。表现多人时,可以清晰地表现人物之间的相互关系。

（4）近景

近景常被用来细致地表现人物的面部神态和情绪,是表现人物胸部以上或者景物局部面貌的画面。因此,近景是将人物或被摄主体推向观众眼前的一种景别,如图9所示。

图8　中景

图9　近景

近景画面通常是用来表现人物面貌,表达人物情感,刻画人物心理活动,揭示人物感情世界的主要景别。在电视节目中,通常使用近景景别来加强画面内人物和观众之间的交流感和亲近感,拉近他们之间的距离,更好地向观众传达画面内人物的内心情感和心理世界,吸引观众产生身临其境的意识。如《新闻联播》等新闻节目,主持人就以近景画面形象出现在观众面前,使得他们播报的新闻内容更利于被观众接受。

（5）特写

特写是表现人物身体某个局部细节或者某被摄景物局部细节部分的画面。如果用一个词来形容的话,就是"表现细节",如图10所示。

图10　特写

特写镜头中被摄对象充满画面,比近景更加接近观众。特写镜头能提示信息,营造悬念,能细微地表现人物面部表情,刻画人物,表现复杂的人物关系,它具有生活中不常见的特殊的视觉感受。特写画面所表达的,除了人物局部特征和景物细节这一表面实际状况之外,还可能被赋予了更深刻的意境。比如画面中一只握紧的拳头,除了表现拳头的细节之外,它还可以进一步地象征一种权利,或者一种力量,一种决心等心理情绪。

2. 拍摄角度

拍摄角度一般分为水平角度和垂直角度。水平拍摄角度分为正面角度、侧面角度、斜侧角度和背面角度。垂直拍摄角度分为平角、俯角和仰角 3 种。

(1)水平拍摄角度

水平拍摄角度是指以被摄对象为中心,在同一水平面上围绕被摄对象四周选择摄影点。在拍摄距离和拍摄高度不变的条件下,不同的拍摄方向可展现被摄对象不同的侧面形象,以及主体与陪体、主体与环境的不同组合关系变化。水平拍摄的各种角度如图 11 所示。

① 正面角度。正面角度是指摄像机在被摄主体正前方的拍摄。正面角度拍摄能毫无保留地再现被摄体正面的全貌,容易显示庄重、稳定、端庄、静穆的气氛,并有利于表现被摄对象的横向线条和对称物的画面结构。但它不利于空间感和立体感的表达,不利于动感和线条的展现,如图 12 所示。

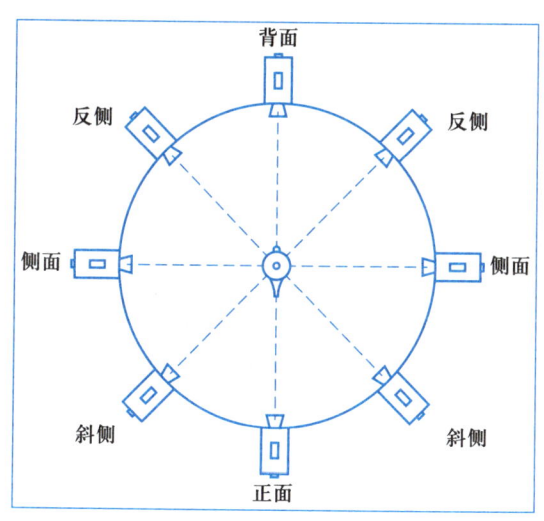

图 11　水平拍摄角度

图 12　正面角度

② 斜侧角度。斜侧角度是指摄像机介于被摄主体正面和侧面之间的角度进行的拍摄。这种角度能够表现被摄体的正面、侧面两个方面的特征,有明显的形体透视变化,使画面生动活泼,有较强的透视感和立体感,有利于表现物体的立体形态和空间深度,如图 13 所示。

③ 侧面角度。侧面角度是指摄像机在被摄主体侧面方向的拍摄。这种角度有利于表现被摄物体的运动姿态及富有变化的外沿轮廓线条,有利于表现人与人之间对话和交流的神情、动作、姿态和手势,给人以客观、平等的感觉,如图 14 所示。

图 13　斜侧角度

图 14　侧面角度

④ 反侧角度。反侧角度是指摄像机介于被摄主体背面和侧面之间的角度进行的拍摄。在与常用的正面、侧面、斜侧面角度的对比下,它有出其不意的效果,往往能获得很生动的形象,如图 15 所示。

⑤ 背面角度。背面角度是指摄像机在被摄主体后面的拍摄。这种角度可以把被摄主体的背面与主体注视的对象一起表现出来,有较强的主观参与感。同时,这种角度看不到所拍人物的表情,具有一定的悬念和神秘感,如图 16 所示。

图 15　反侧角度

图 16　背面角度

(2) 垂直拍摄角度

垂直拍摄角度分为平角、俯角和仰角 3 种。垂直拍摄的各种角度如图 17 所示。

① 平角。平角是指摄像机与被摄主体在同一水平线上的拍摄。这种角度的视觉效果与日常生活观察事物的角度一致,会使观众产生一种身临其境的感觉,使人感到平等、客观、公正、亲切。这种角度容易使地平线平均分割画面,拍摄时应加以注意,如图 18 所示。

② 仰角。仰角是指摄像机在低于被摄主体水平线的角度进行拍摄。这种角度使地平线处于画面的下端,常出现以天空为背景的画面,可以简化背景,达到突出主体之功用,如图 19 所示。

③ 俯角。俯角是指摄像机在高于被摄主体水平线的角度进行拍摄。以这种角度拍摄,由于水平线上升至画面上端,具有居高临下,视觉开阔、空间透视感强的特点,有利于表现广阔,有气魄及规模宏大的场面。俯角拍摄人物时,会给人以矮小、萎缩的感觉,因此俯角拍摄常被用作

表现反面人物,如图 20 所示。

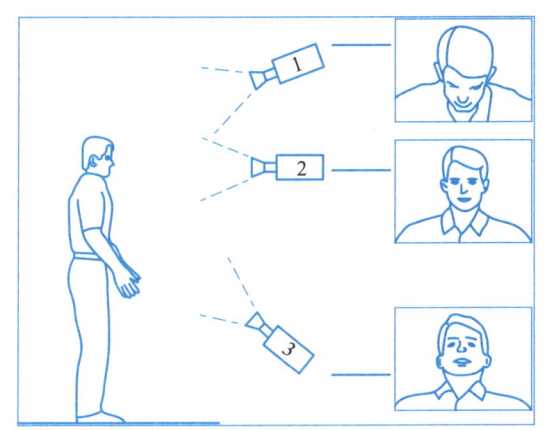

图 17　垂直拍摄角度

图 18　平角拍摄

图 19　仰角拍摄

图 20　俯角拍摄

3. 运动摄像

运动摄像指在拍摄一个镜头时,摄影机的持续性运动。即在一个镜头中通过移动摄影机机位,或者变动镜头光轴,或者变化镜头焦距所进行的拍摄称为运动摄像。通过这种方式所拍到的画面为运动画面。运动摄像分为推摄、拉摄、摇摄、移摄、跟摄、升降拍摄等。

（1）推摄

推摄是摄像机向被摄主体方向推进,或者变动镜头焦距使画面框架由远而近向被摄主体不断接近的拍摄方法。用这种方式拍摄的运动画面,称为推镜头。

推镜头形成的镜头向前运动是对观众视觉空间的一种改变和调整,景别由大到小对观众的视觉空间既是一种改变也是一种引导,但要注意推镜头的推进速度要与画面内的情绪和节奏相一致。

（2）拉摄

拉摄是摄像机逐渐远离被摄主体,或变动镜头焦距使画面框架由近至远与主体拉开距离的拍摄方法。用这种方法拍摄的运动画面叫拉镜头。

拉镜头的拍摄镜头运动的方向与推镜头正相反,但它们有着基本一致的创作规律和一般要求。不同的是,推镜头要以落幅为重点,拉镜头应以起幅为核心。

（3）摇摄

摇摄是指当摄像机机位不动,借助于三脚架上的活动底盘或拍摄者自身的人体,变动摄像机光学镜头轴线的拍摄方法。用摇摄的方式拍摄的运动画面叫摇镜头。

摇镜头犹如人们转动头部环顾四周或将视线由一点移向另一点的视觉效果。一个完整的摇镜头包括起幅、摇动、落幅3个相互贯连的部分。一个摇镜头从起幅到落幅的运动过程,迫使观众不断调整自己的视觉注意力。

（4）移摄

移摄是将摄像机架在活动物体上随之运动而进行的拍摄。用移动摄像的方法拍摄的运动画面称为移动镜头,简称移镜头。

移动摄像主要分两种拍摄方式,一种是摄像机安放在各种活动的物体上；一种是摄像者肩扛摄像机,通过人体的运动进行拍摄。这两种拍摄形式都应力求画面平稳、保持画面的水平。在实际拍摄时尽量利用摄像机的变焦镜头中视角最广的那一端镜头。因为镜头视角越广,它的特点体现得越明显,画面也容易保持稳定。

（5）跟摄

跟摄是摄像机始终跟随运动的被摄主体一起运动而进行的拍摄。用这种方式拍摄的运动画面称跟镜头。

跟镜头的画面始终跟随一个运动的主体,被摄对象在画框中的位置相对稳定,跟镜头不同于摄像机位置向前推进的推镜头,也不同于摄像机位置向前运动的前移动镜头。

移镜头与跟镜头的区别如下。

移镜头画面中并没有一个具体的主体,而随着摄像机向前运动,表现了镜头从开始到结束的整个空间或整个群体形象。

跟镜头画面始终有一个具体的运动主体,摄像机跟随这个主体一起移动,并根据主体的运动速度决定镜头的运动速度,一般情况下主体在镜头开始至结束都相对处于一个稳定的景别。

总体来说,移镜头有利于表现画面空间完整和连贯性,而跟镜头表现的是被摄主体。

（6）升降拍摄

摄像机借助升降装置等一边升降一边拍摄的方式叫升降拍摄。用这种方法拍摄到的画面叫升降镜头。

升降镜头的升降运动带来了画面视域的扩展和收缩,升降镜头视点的连续变化形成了多角度、多方位的多构图效果。升降镜头常用以展示事件或场面的规模、气势和氛围。

八、视频的文件格式及转换

1. 常见视频格式

视频文件可以分成影音文件和流媒体视频文件两类。影音文件常见的有 AVI、MOV、MPG、DAT 等格式,流媒体视频文件常见的有 RM、RMVB、ASF、WMV、FLV 等格式。

（1）AVI 格式

AVI 是由 Microsoft 公司开发的一种数字音频与视频文件格式,只能有一个视频轨道和一个音频轨道。原先仅仅用于微软的视窗视频操作环境(VFW, Microsoft Video for Windows),现在已被大多数操作系统直接支持。AVI格式允许视频和音频交错在一起同步播放,但AVI文件没有限定压缩标准,即后缀名同是AVI,却由不同的算法压缩,由此就造成了AVI文件格式不具有兼容性。不同压缩标准生成的AVI文件,就必须使用相应的解压缩算法才能将之播放出来。这就是有些AVI能够顺利播放,有些则只有图像没有声音,甚至根本无法播放的原因。

（2）MOV格式

MOV格式是Apple公司开发的一种音频、视频文件格式,用于保存音频和视频信息。MOV格式跨平台、存储空间要求小等技术特点,得到业界的广泛认可,目前已成为数字媒体软件技术领域的事实上的工业标准。

（3）MPEG / MPG /DATA/ 3GP/MP4格式

此格式是Moving Pictures Experts Group(动态图像专家组)的缩写。MPEG是运动图像压缩算法的国际标准,现已被几乎所有的计算机平台共同支持。MPEG压缩标准是针对运动图像而设计的,其基本方法是:在单位时间内采集并保存第一帧信息,然后只存储其余帧相对第一帧发生变化的部分,从而达到压缩的目的。MPEG的平均压缩比为50：1,最高可达200：1。MPEG的简化版本3GP格式和MP4格式还广泛地用于3G手机上。

（4）RM (Real Media) 格式

RM格式是RealNetworks公司开发的一种新型流式视频文件格式。RealMedia可以根据网络数据传输速率的不同制定不同的压缩比率,从而实现在低速率的广域网上进行影像数据的实时传送和实时播放。目前,Internet上网站利用该格式进行实况转播。

（5）RMVB格式

RMVB的前身为RM格式,它们是Real Networks公司所制定的音频视频压缩规范,根据不同的网络传输速率,而制定出不同的压缩比率,即保证平均压缩比的基础上,采用浮动比特率编码的方式,将较高的比特率用于复杂的动态画面,而在静态画面中则灵活地转为较低的采样率,从而合理地利用了比特率资源,使RMVB最大限度地压缩了影片的大小,最终拥有了近乎完美的接近于DVD品质的视听效果。

（6）MOV文件格式(QuickTime)

MOV也可以作为一种流文件格式。Apple公司开发的QuickTime播放器能够通过Internet提供实时的数字化信息流、工作流与文件回放功能,能够在浏览器中实现多媒体数据的实时回放,用户不需要等到全部下载完毕就能进行欣赏,能够自行选择不同的连接速率下载并播放影像,当然,不同的速率对应着不同的图像质量。

（7）ASF (Advanced Streaming Format)格式

Microsoft公司推出的Advanced Streaming Format (ASF,高级流格式),是一个在Internet上实时传播多媒体的技术标准。ASF的主要优点包括本地或网络回放、可扩充的媒体类型、部件下载以及扩展性等。

（8）WMV格式

一种独立于编码方式的在Internet上实时传播多媒体的技术标准,Microsoft公司希望用其取代QuickTime之类的技术标准以及WAV、AVI之类的文件扩展名。WMV的主要优点在于可扩充的媒体类型、本地或网络回放、可伸缩的媒体类型、流的优先级化、多语言支持、扩展性等。

（9）FLV 格式

FLV 格式是 Macromedia 公司开发的流式视频格式。FLV 格式可以轻松的导入 Flash 中，几百帧的影片可以编码为两秒钟的视频信息，可以流式播放。视频共享网站大多采用这种格式，不提供下载地址，但可以通过各种工具进行下载。

（10）F4V 格式

F4V 是 Adobe 公司为了迎接高清时代而推出继 FLV 格式后的支持 H.264 的 F4V 流媒体格式。与 FLV 相比较，F4V 格式容量更小质量更清晰更流畅，也更利于在网络上传播，已经被大多数主流播放器兼容。

（11）MKV 格式

该格式的视频文件在网络上出现频繁，它可在一个文件中集成多条不同类型的音轨和字幕轨，而且其视频编码的自由度也非常大，它是一种全称为 Matroska 的新型多媒体封装格式，这种先进的、开放的封装格式具有非常好的应用前景。

2. 视频格式转换

由于不同的播放器软件支持不同的视频文件格式的播放，手机、MP4、iPad 等外部播放装置也通常支持有限的视频格式，因此，需要通过视频格式的转换解决视频播放的问题。另外，网络上传的视频也限制文件格式，通过视频格式转换器转换成规定的格式，就可以解决上传的问题。具有代表性的视频转换器有格式工厂、超级转换秀、MP4/RM 转换专家、魔影工场等。

九、动画的基本原理

所谓动画实质上就是采用连续播放静止画面的方法，利用人眼视觉的滞留效应呈现出运动的效果。使用动画可以清楚地表现出一个事件的过程，或是展现一个活灵活现的画面。

按照图形、图像的生成方式动画可以分为两种：实时动画和逐帧动画。

实时动画也称算法动画，它是采用各种算法来实现运动物体的运动控制；逐帧动画也称帧动画，是通过计算机产生动画所需的每一帧画面并记录下来，然后一帧一帧显示动画的图像序列而实现运动的效果。

十、动画的文件格式

1. AVI 格式

目前主要用来保存电影、电视等影像信息，应用范围非常广泛，有时也会出现在 Internet 上，供用户下载、播放。

2. GIF 格式

主要用于图像文件的网络传输，目的是在不同的平台上交流使用，是 Internet 上 WWW 的重要文件格式之一。

3. FLIC 格式

FLIC 是 FLC 和 FLI 的统称，被广泛用于动画图形中的动画序列、计算机辅助设计和计算机游戏应用程序。

4. SWF 格式

SWF 基于矢量技术,采用曲线方程描述动画内容,不是由点阵组成内容,因而在缩放时不会失真,非常适合描述由几何图形组成的动画。

5. DIR 格式

Director 的动画格式,扩展名为 DIR,也是一种具有交互性的动画,可加入声音,数据量较大,多用于多媒体游戏中。

参考文献

[1] 张岩,刘冰,邹丽娜. 大学计算机基础实训[M]. 2版. 北京:高等教育出版社,2012.

[2] 安晓飞,张岩. 大学计算机基础实训[M]. 北京:高等教育出版社,2008.

[3] 王必友,杨俊,韦伟,等. Office高级应用教程[M]. 北京:高等教育出版社,2018.

[4] 龚沛曾,杨志强. 大学计算机上机实验指导与测试[M]. 7版. 北京:高等教育出版社,2017.

[5] 李凤霞,陈宇峰,李仲君,等. 大学计算机实验[M]. 北京:高等教育出版社,2013.

[6] 陈焕东,宋春晖,薛以胜,等. 多媒体技术与应用[M]. 2版. 北京:高等教育出版社,2016.

郑重声明

高等教育出版社依法对本书享有专有出版权。任何未经许可的复制、销售行为均违反《中华人民共和国著作权法》，其行为人将承担相应的民事责任和行政责任；构成犯罪的，将被依法追究刑事责任。为了维护市场秩序，保护读者的合法权益，避免读者误用盗版书造成不良后果，我社将配合行政执法部门和司法机关对违法犯罪的单位和个人进行严厉打击。社会各界人士如发现上述侵权行为，希望及时举报，本社将奖励举报有功人员。

反盗版举报电话　（010）58581999　58582371　58582488
反盗版举报传真　（010）82086060
反盗版举报邮箱　dd@hep.com.cn
通信地址　北京市西城区德外大街4号
　　　　　高等教育出版社法律事务与版权管理部
邮政编码　100120